中国高职院校计算机教育课程体系规划教材

丛书主编：谭浩强

计算机辅助设计

高文胜　编著

中国铁道出版社
CHINA RAILWAY PUBLISHING HOUSE

内 容 简 介

本教材是“中国高职院校计算机教育课程体系规划教材”之一。本书结合 AutoCAD 2009 的强大功能，以室内设计实例为主导，内容由浅入深，以整个设计过程贯穿全书，详细讲解了 AutoCAD 的基本知识、操作方法、绘图工具、编辑命令以及在设计过程中所应用的绘制命令和绘制技巧等。语言简洁，重点突出，并配有室内外建筑设计理论中的室内立面图、室内平面图、服装专卖店布置图和建筑平面图，在讲解各种功能和使用方法的同时，带领读者边学边练、学练结合，在实战中逐步学会设计和绘图方法，使读者迅速提高设计技巧和综合运用能力。

本书适合作为高职高专的学生学习计算机相关专业课程的教材，也可以作为计算机技术培训教材。

图书在版编目（CIP）数据

计算机辅助设计 / 高文胜编著. —北京：中国铁道出版社，2010.1

中国高职院校计算机教育课程体系规划教材

ISBN 978-7-113-10934-9

Ⅰ.①计… Ⅱ.①高… Ⅲ.①计算机辅助设计－应用软件，AutoCAD 2009－高等学校：技术学校－教材 Ⅳ.①TP391.72

中国版本图书馆 CIP 数据核字（2009）第 244400 号

书　　名：计算机辅助设计
作　　者：高文胜　编著

策划编辑：秦绪好
责任编辑：翟玉峰　李庆祥　　**编辑部电话：**（010）63583215
特邀编辑：孙海亮　于江红
封面设计：付　巍　　**封面制作：**李　路
责任印制：李　佳　　**版式设计：**郑少云

出版发行：中国铁道出版社（北京市宣武区右安门西街 8 号　　邮政编码：100054）
印　　刷：三河市华业印装厂
版　　次：2010 年 2 月第 1 版　　2010 年 2 月第 1 次印刷
开　　本：787mm×1092mm　1/16　**印张：**13　**字数：**308 千
印　　数：5 000 册
书　　号：ISBN 978-7-113-10934-9
定　　价：20.00 元

中国高职院校计算机教育课程体系规划教材

编审委员会

近年来，我国的高等职业教育发展迅速，高职学校的数量占全国高等院校数量的一半以上，高职学生的数量约占全国大学生数量的一半。高职教育已占了高等教育的半壁江山，成为高等教育中重要的组成部分。

大力发展高职教育是国民经济发展的迫切需要，是高等教育大众化的要求，是促进社会就业的有效措施，是国际上教育发展的趋势。

在数量迅速扩展的同时，必须切实提高高职教育的质量。高职教育的质量直接影响了全国高等教育的质量，如果高职教育的质量不高，就不能认为我国高等教育的质量是高的。

在研究高职计算机教育时，应当考虑以下几个问题：

（1）首先要明确高职计算机教育的定位。不能用办本科计算机教育的办法去办高职计算机教育。高职教育与本科教育不同。在培养目标、教学理念、课程体系、教学内容、教材建设、教学方法等各方面，高职教育都与本科教育有很大的不同。

高等职业教育本质上是一种更直接面向市场、服务产业、促进就业的教育，是高等教育体系中与经济社会发展联系最密切的部分。高职教育培养的人才的类型与一般高校不同。职业教育的任务是给予学生从事某种生产工作需要的知识和态度的教育，使学生具有一定的职业能力。培养学生的职业能力，是职业教育的首要任务。

有人只看到高职与本科在层次上的区别，以为高职与本科相比，区别主要表现为高职的教学要求低，因此只要降低程度就能符合教学要求，这是一种误解。这种看法使得一些人在进行高职教育时，未能跳出学科教育的框框。

高职教育要以市场需求为目标，以服务为宗旨，以就业为导向，以能力为本位。应当下大力气脱开学科教育的模式，创造出完全不同于传统教育的新的教育类型。

（2）学习内容不应以理论知识为主，而应以工作过程知识为主。理论教学要解决的问题是“是什么”和“为什么”，而职业教育要解决的问题是“怎么做”和“怎么做得更好”。

要构建以能力为本位的课程体系。高职教育中也需要有一定的理论教学，但不强调理论知识的系统性和完整性，而强调综合性和实用性。高职教材要体现实用性、科学性和易学性，高职教材也有系统性，但不是理论的系统性，而是应用角度的系统性。课程建设的指导原则“突出一个‘用’字”。教学方法要以实践为中心，实行产、学、研相结合，学习与工作相结合。

（3）应该针对高职学生特点进行教学，采用新的教学三部曲，即“提出问题——解决问题——归纳分析”。提倡采用案例教学、项目教学、任务驱动等教学方法。

（4）在研究高职计算机教育时，不能孤立地只考虑一门课怎么上，而要考虑整个课程体系，考虑整个专业的解决方案。即通过两年或三年的计算机教育，学生应该掌握什么能力？达到什么水平？各门课之间要分工配合，互相衔接。

（5）全国高等院校计算机基础教育研究会于 2007 年发布了《中国高职院校计算机教育课程体系 2007》(China Vocational-computing Curricula 2007，简称 CVC 2007)，这是我国第一个关于高职计算机教育的全面而系统的指导性文件，应当认真学习和大力推广。

（6）教材要百花齐放，推陈出新。中国幅员辽阔，各地区、各校情况差别很大，不可能用一个方案、一套教材一统天下。应当针对不同的需要，编写出不同特点的教材。教材应在教学实践中接受检验，不断完善。

根据上述的指导思想，我们组织编写了这套“中国高职院校计算机教育课程体系规划教材”。它有以下特点：

（1）本套丛书全面体现 CVC 2007 的思想和要求，按照职业岗位的培养目标设计课程体系。

（2）本套丛书既包括高职计算机专业的教材，也包括高职非计算机专业的教材。对 IT 类的一些专业，提供了参考性整体解决方案，即提供该专业需要学习的主要课程的教材。它们是前后衔接，互相配合的。各校教师在选用本丛书的教材时，建议不仅注意某一课程的教材，还要全面了解该专业的整个课程体系，尽量选用同一系列的配套教材，以利于教学。

（3）高职教育的重要特点是强化实践。应用能力是不能只靠在课堂听课获得的，必须通过大量的实践才能真正掌握。与传统的理论教材不同，本丛书中有的教材是供实践教学用的，教师不必讲授（或作很扼要的介绍），要求学生按教材的要求，边看边上机实践，通过实践来实现教学要求。另外有的教材，除了主教材外，还提供了实训教材，把理论与实践紧密结合起来。

（4）丛书既具有前瞻性，反映高职教改的新成果、新经验，又照顾到目前多数学校的实际情况。本套丛书提供了不同程度、不同特点的教材，各校可以根据自己的情况选用合适的教材，同时要积极向前看，逐步提高。

（5）本丛书包括以下 8 个系列，每个系列包括若干门课程的教材：

① 非计算机专业计算机教材

② 计算机专业教育公共平台

③ 计算机应用技术

④ 计算机网络技术

⑤ 计算机多媒体技术

⑥ 计算机信息管理

⑦ 软件技术

⑧ 嵌入式计算机应用

以上教材经过专家论证，统一规划，分别编写，陆续出版。

（6）丛书各教材的作者大多数是从事高职计算机教育、具有丰富教学经验的优秀教师，此外还有一些本科应用型院校的老师，他们对高职教育有较深入的研究。相信由这个优秀的团队编写的教材会取得好的效果，受到大家的欢迎。

由于高职计算机教育发展迅速，新的经验层出不穷，我们会不断总结经验，及时修订和完善本系列教材。欢迎大家提出宝贵意见。

全国高等院校计算机基础教育研究会会长
“中国高职院校计算机教育课程体系规划教材”丛书主编 谭浩强

2008 年 8 月于北京清华园

FOREWORD

前 言

随着世界经济全球化趋势的明显加快，有专家预言，21世纪初将是国际跨国大公司大踏步进入经济市场的时期。计算机数字设计作为人类创意与科技相结合的数字内容已经成为 21 世纪知识经济的核心产业。

计算机辅助设计现在已经基本普及，主要用来辅助绘制室内外建筑设计图、装饰和室内平面图及立面图等。本书正是迎合当前用户需求从实际应用的角度出发，用典型精彩的案例、边讲边练的方式全面展示了 AutoCAD 2009 的强大功能。

本书特点：入门快，理论与实际相结合。内容丰富、全面、通俗易懂、学习轻松，学习目标明确，针对性强。特别是书中提供典型范例的设计规范、理念和制作流程，既激发了读者的学习兴趣，又培养了他们的动手能力。

本书从 AutoCAD 在住宅室内设计中的应用开始，结合 AutoCAD 的基本知识，系统讲解了室内设计平面图及室内平面布置图的绘制，并对案例中涉及的绘图工具进行了详细的讲解，可以为读者后续的学习打下扎实的基础。

本书先简要介绍了基本操作，然后以企业设计任务为背景，通过大量的住宅室内设计实例，系统介绍了图形设计与构思的基本常识和设计方法。综合运用 AutoCAD 2009 的各项功能，以实例的方式阐述了 AutoCAD 2009 在室内外建筑领域中的具体应用，同时介绍了相关领域的设计常识。本书可使读者在理论、操作及设计技巧等方面有很大的提高，具有很强的实用性和可操作性。

全书共分 12 章，各章配有典型案例，有较高的学习、参考和借鉴价值，培养读者在作图中学习软件，在学习软件中了解图像设计，增强读者兴趣，加强教学效果。本书各章的主要内容如下：第 1 章介绍 AutoCAD 2009 中文版新功能基本概况；第 2 章介绍 AutoCAD 2009 基础知识与基本操作；第 3 章是 AutoCAD 2009 辅助工具使用与技巧；第 4 章介绍 AutoCAD 2009 绘图工具的应用；第 5 章是 AutoCAD 2009 编辑命令的使用技巧；第 6 章介绍绘制常用图例；第 7 章介绍尺寸标注与编辑；第 8 章介绍 AutoCAD 2009 创建三维模型；第 9 章介绍绘制室内设计立面图；第 10 章介绍绘制室内设计平面图；第 11 章介绍绘制专卖店布置图；第 12 章介绍绘制建筑平面图。

笔者在把广告领域中积累的多年实践经验及潜心钻研软件的使用技巧、使用方法等应用于教学中。在案例操作过程中，使读者在具体步骤上得到提高，在设计理念上有质的飞跃。在本书的编写过程中得到了浩强创作室谭浩强教授和丁桂芝教授的多次帮助，他们提出了很多有价值的建议，在此表示衷心的感谢。

本教材由高文胜编著，参加编写的还有丁力、李湘逸、李金风、张树龙。作者在编写本书的过程中参考了大量资料，其中部分被列在参考文献中。书稿完成后，丁桂芝、孟祥双、郝玲、王维、安捷、武琨、王继华等帮助阅读过全部或部分书稿，并对书稿提出了修改意见和建议，在此表示衷心的感谢。同时欢迎广大读者通过文胜计算机多媒体工作室网站（天津指南针多媒体设计中心）与作者交流，网站提供了解答问题的留言板和供下载的案例。网站网址为：www.gaowensheng.com。

作 者

2009 年 11 月

前言

[illegible]

第1篇 基础部分

第2篇 应用部分

第1篇 基础部分

第 1 篇为“基础部分”，由 8 章组成，讲解内容包括：AutoCAD 2009 中文版新功能基本概况，AutoCAD 2009 基础知识与基本操作，AutoCAD 2009 辅助工具使用与技巧，AutoCAD 2009 绘图工具的应用，AutoCAD 2009 编辑命令的使用技巧，绘制常用图例，尺寸标注与编辑和 AutoCAD 2009 创建三维模型。

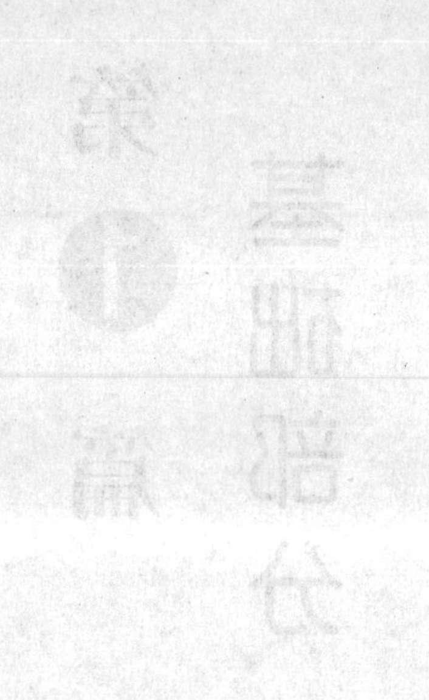

第1章 AutoCAD 2009 中文版新功能基本概况

学习目标

- 熟悉 AutoCAD 2009 工作界面
- 了解该软件的基本功能

1.1 AutoCAD 2009 概述

AutoCAD 是由美国 Autodesk 公司开发的通用计算机辅助绘图和设计软件，AutoCAD 是目前世界上应用最广的 CAD 软件，英文全称是 Auto Computer Aided Design（即“计算机辅助设计”，简称 AutoCAD）。自从 1982 年首次推出，就开始不断地进行完善，其功能也日益强大，由最初的二维绘图发展到现在的三维设计。2008 年 3 月份 Autodesk 正式推出 AutoCAD 2009，以帮助建筑师、工程师和设计师更充分地实现自己的想法。

AutoCAD 被广泛应用于机械、建筑、电子、航天、造船、石油化工、土木工程、冶金、气象、纺织、轻工等领域。在中国，AutoCAD 已成为工程设计领域应用最为广泛的计算机辅助设计软件之一。AutoCAD 2009 是适应当今科技快速发展和用户需要而开发的，是面向于 21 世纪的 CAD 软件，它为多用户合作提供便捷的工具、规范的标准以及方便的管理，以便用户与设计组密切而高效地共享信息。

1.2 AutoCAD 2009 新增功能

AutoCAD 2009 中文版是 Autodesk 公司推出的较新绘图软件版本，它提供了一个更加轻松和舒适的绘图环境。综合而言，AutoCAD 2009 新增了以下几个主要功能。

1. 快速属性

新的快速属性工具可以就地查看和修改对象属性，而不用求助于属性面板，也可以通过状态栏打开/关闭快速属性，只要选择一个对象，它的属性就会显示为可以编辑，如图 1-1 所示。

在状态栏中选择“设置”选项，在弹出的“草图设置”对话框中有一个新的选项卡“快捷特性”选项卡可用来对快速属性进行详细的设置，如图 1-2 所示。

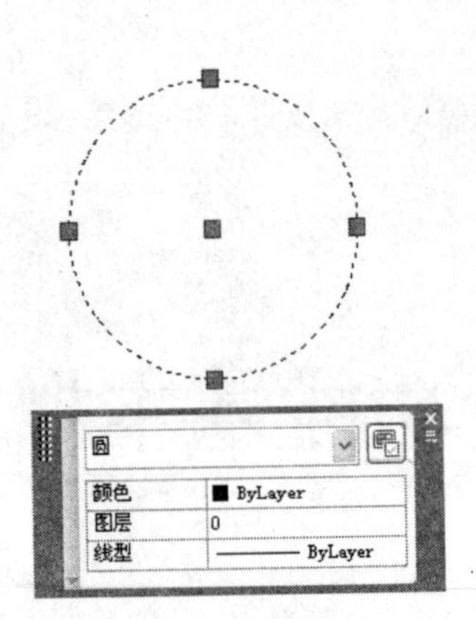

图 1-1　快速属性

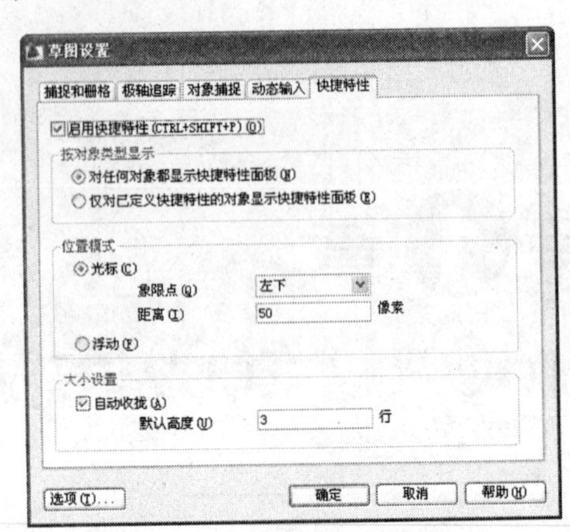

图 1-2　“草图设置”对话框

2．动作记录器

动作记录器如图 1-3 所示。可以录制命令行、工具栏、Ribbon 面板、下拉菜单、属性窗口、层属性管理器和工具面板等的动作。

完成录制后，选择“停止”命令会提示输入一个宏名，然后宏会以文本的形式出现在一个框中。宏的扩展名为.actm，其会被保存在“动作宏”对话框（通过“选项”命令打开）中设定的目录下，如图 1-4 所示。

3．3D 导航立方体

在 3D 中查看效果比以往更加容易。新的 CUBE 命令会显示非常直观的 3D 导航立方体（见图 1-5）。当在这个交互立方体上移动光标的时候，它会变成活动的，在沿着立方体移动光标时，热点会亮显，单击一个热点来恢复相关的视图。用户可以很容易地从 Home 标签上的“查看”面板上选择“查看立方体”命令。

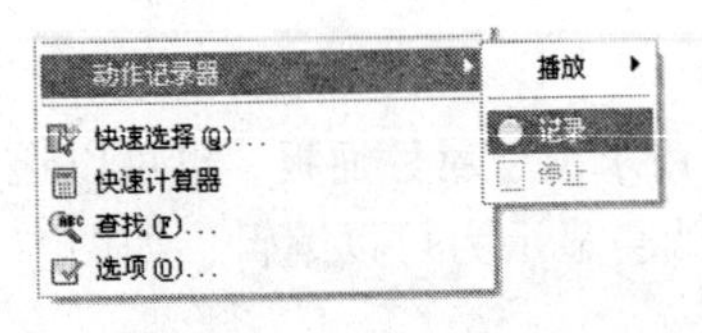

图 1-3　动作记录器

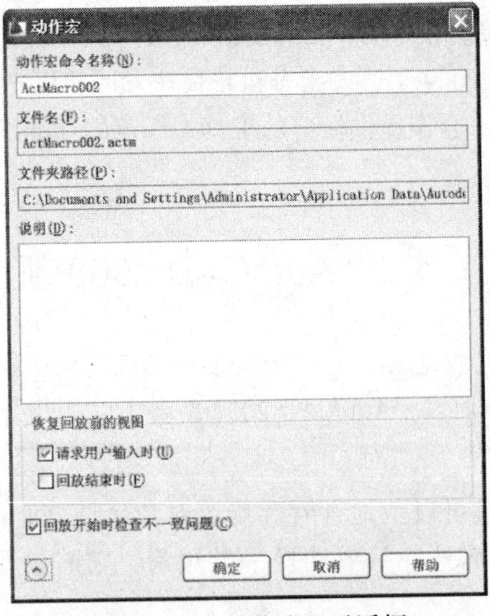

图 1-4　“动作宏”对话框

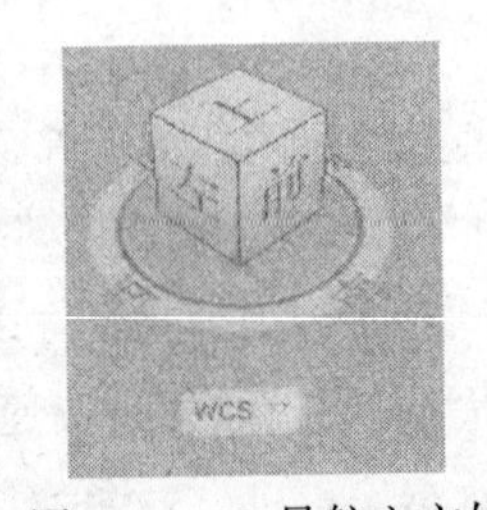

图 1-5　3D 导航立方体

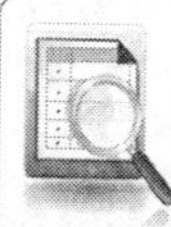

注　意

3D 导航立方体只有当图形被设置为任意 3D 可视样式时才能被使用。

使用 3D 导航立方体底部的罗盘在视图之间进行切换，选择并拖动罗盘上任意字母在同一个平面上旋转当前视图。在坐标系统的下拉列表中可以选择 UCS 或 WCS（可以在这个下拉列表中创建一个新的 UCS）。

提　示

单击 3D 导航立方体上的房子标记，可以快速返回到初始视图。

4．菜单浏览器

AutoCAD 2009 用户界面包含一个位于左上角的菜单浏览器。菜单浏览器可以方便访问不同的项目，包括命令和文档，如图 1-6 所示。

菜单浏览器显示一个垂直的菜单项列表，它用来代替前往水平显示在 AutoCAD 窗口顶部的菜单，可以选择相应的子菜单项来调用相应的命令，如图 1-7 所示。

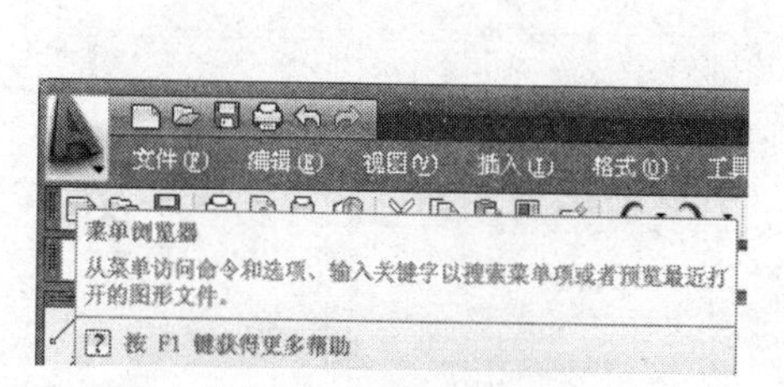

图 1-6　菜单浏览器

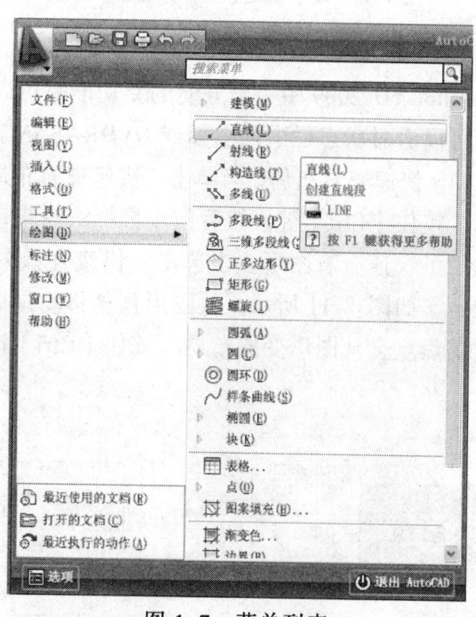

图 1-7　菜单列表

除了调用命令外，菜单浏览器还可以查看和访问最近使用或打开的文档，可以以图标或小、中、大预览图来显示文档名，可以更好地分辨文档，如图 1-8 所示。

当鼠标指针在文档名上停留时，会自动显示一个预览图形和其他的文档信息。可以按顺序列表来查看最近访问的文档，也可以以日期或文件类型显示文档。

除了最近访问的文档，菜单浏览器还能方便地查看最近执行的动作，并从列表中进行选择，以重复执行。

菜单浏览器中的右键快捷菜单提供了额外的控制，包括在列表中保留一个最近访问的文档或执行的动作，如图 1-9 所示。也可以通过右键快捷菜单清除最近访问的文档或执行动作列表。

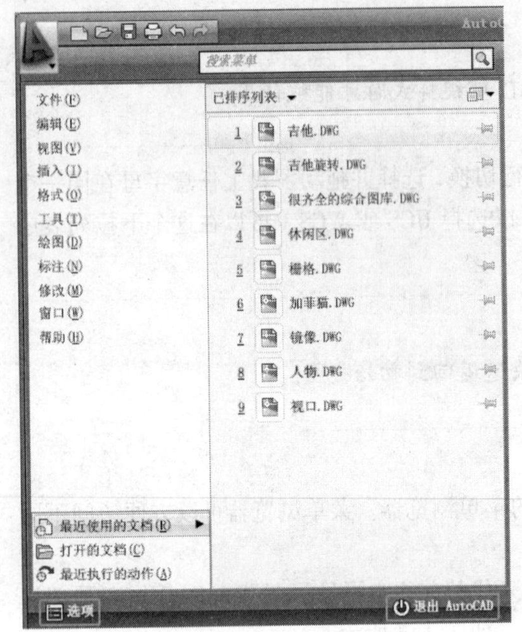

图 1-8 显示最近使用的文档

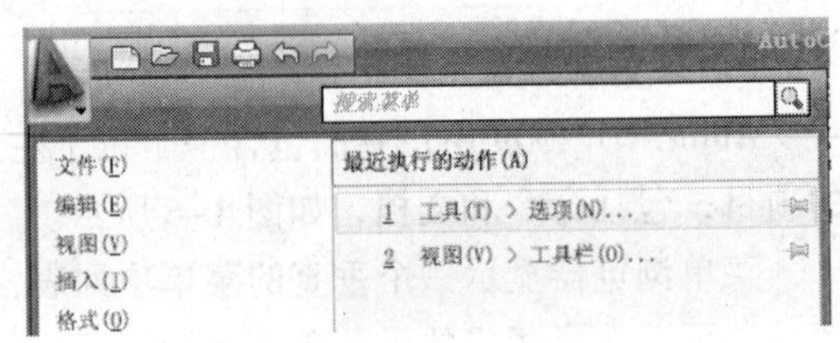

图 1-9 显示最近执行的动作

5．快速查看布局与图形

AutoCAD 2009 中一个方便的新功能是可以看到图形化的布局与打开的图形的预览。这两个功能可以通过状态栏中的图标或 QVDRAWING 和 QVLAYOUT 命令来实现。

（1）快速查看布局。当单击"快速查看布局"按钮后，可以看到布局的缩览图，如图 1-10 所示。按住【Ctrl】键，然后使用鼠标滚轮来动态改变图像的尺寸。

（2）快速查看图形。当单击"快速查看图形"按钮后，可以看到打开的图形和它们的布局预览，如图 1-11 所示。从图形预览移动鼠标指针到它的一个布局时，缩览图的大小会改变，查看的焦点会从图形变成布局。按住【Ctrl】键，然后用鼠标滚轮来动态改变图形的尺寸。

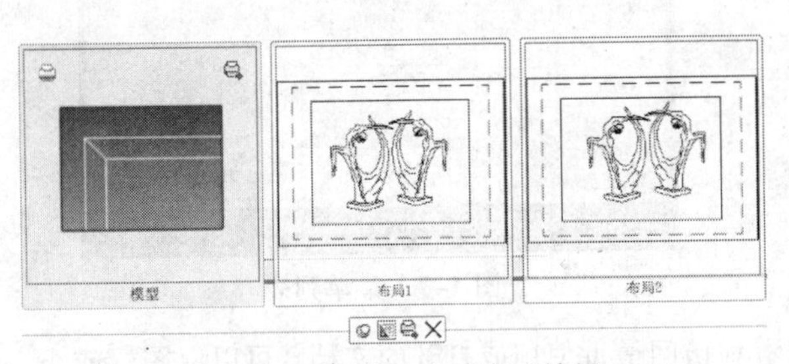

图 1-10 快速查看布局效果

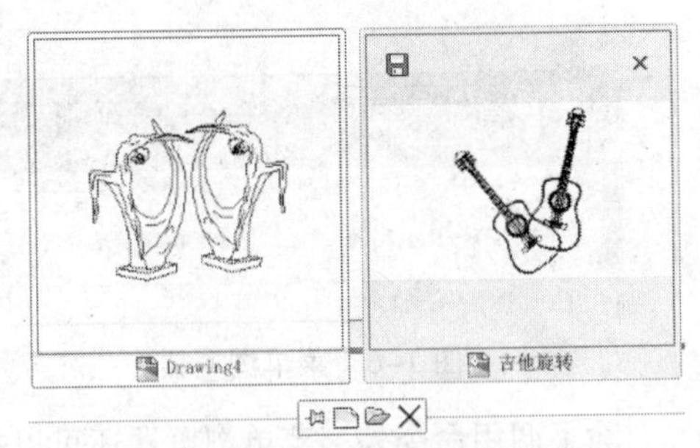

图 1-11 快速查看图形效果

6．快速访问工具栏

快速访问工具栏（QAT）显示在 AutoCAD 窗口的顶部，位于菜单浏览器的旁边。在默认情况下，它包含 6 个常用的工具：新建、打开、保存、打印、撤销和恢复，如图 1-12 所示。

在工具栏上右击并选择"自定义快速访问"工具栏，选择自定义选项会在一个下拉窗体中显示"自定义用户界面"对话框，这样会只显示命令列表。可以从命令列表中拖放工具到 QAT 中，如图 1-13 所示。

图 1-12　快速访问工具栏

图 1-13　“自定义用户界面”对话框

QAT 是基于工作空间存储的，它可以通过扩展每个工作空间下面的 QAT 节点来重新组织或移除工具。

除了自定义快速访问工具栏选项外，右键快捷菜单还能打开菜单栏，默认状态下它是关闭的。

QAT 是默认工作空间中唯一打开的工具栏。可以从右键快捷菜单中打开其他的工具栏。

1.3　了解 AutoCAD 2009

1.3.1　打开多个场景文件

（1）启动 AutoCAD 2009 软件。

（2）在快速访问工具栏中单击“打开”按钮，在弹出的“选择文件”对话框中选择“吉他.dwg”和“吉他旋转.dwg”文件，如图 1-14 所示。

（3）单击“打开”按钮，系统同时打开两个文件，如图 1-15 所示。

图 1-14　“选择文件”对话框

图 1-15　打开两个文件

1.3.2　转换“人物”文件视图

（1）启动 AutoCAD 2009 软件。

（2）在快速访问工具栏中单击“打开”按钮，在弹出的“选择文件”对话框中选择“人物.dwg”文件，打开的“人物”文件如图 1-16 所示。

（3）选择“视图”→“三维视图”→“西南等轴测”命令，将视图转换为三维视图，如图 1-17 所示。

图 1-16 打开“人物”文件

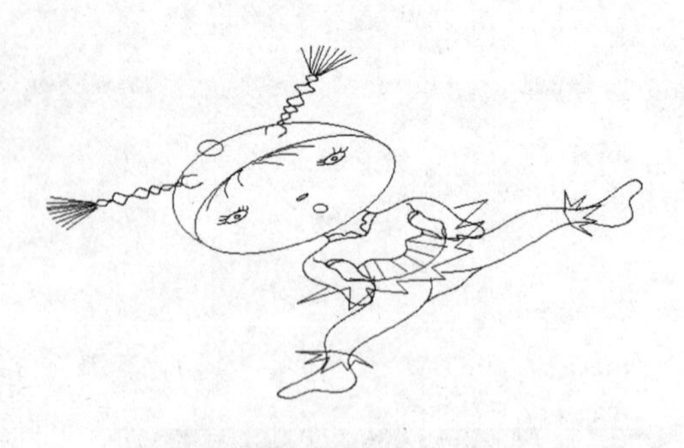

图 1-17 转换为三维视图

（3）选择“视图”→“视口”→“四个视口”命令，将图形在 4 个视图中分别显示，如图 1-18 所示。

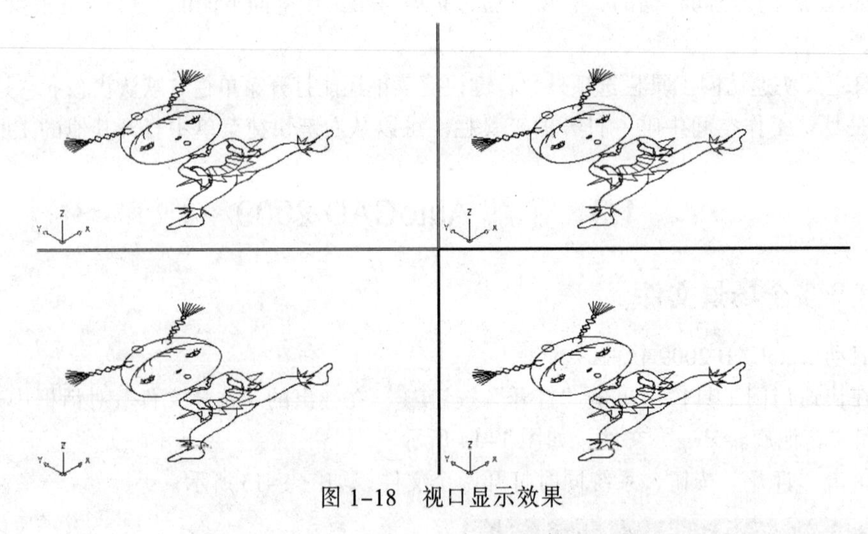

图 1-18 视口显示效果

1.4 AutoCAD 命令的基本调用方法

1.4.1 输入命令

AutoCAD 2009 命令的调用方法有多种，可以通过 AutoCAD 菜单栏中的菜单、屏幕菜单、工具栏、右键快捷菜单、命令行或快捷键来启动命令。命令行和快捷键是较常用的输入命令的方式。

有些命令只有一种输入方式，如重画命令只能通过命令行输入。

菜单、工具栏、快捷键输入命令的方式和 Windows 应用程序基本相同，在命令行的命令提示符下输入命令全名，然后按【Enter】键或者按【Space】键就可以启动命令。这种方法也适用于命令窗口和文本窗口。

AutoCAD 2009 还提供了常用命令的简写形式，在命令行输入这些简写命令后就可以启动相应的常规命令。

1.4.2 命令提示行

无论以哪种方法启动命令，AutoCAD 都会以同样的方式执行命令。执行命令后，命令行中会相应地出现命令提示，以帮助完成这个命令。

（1）单击工具箱中的“正多边形”按钮，在视图区域绘制一个多边形，如图 1-19 所示。

（2）输入命令后，“命令提示行”中会出现相应的命令提示，如图 1-20 所示。

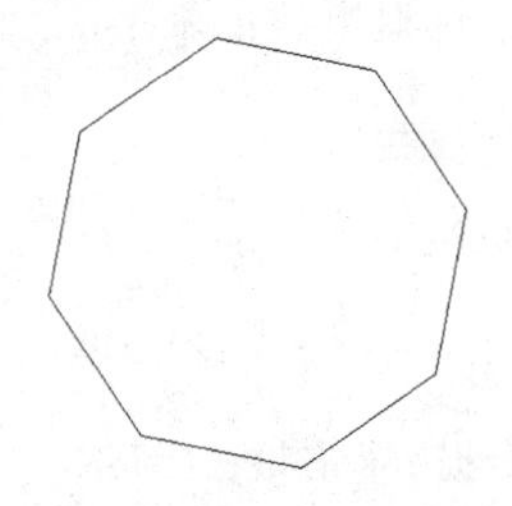

图 1-19　绘制多边形

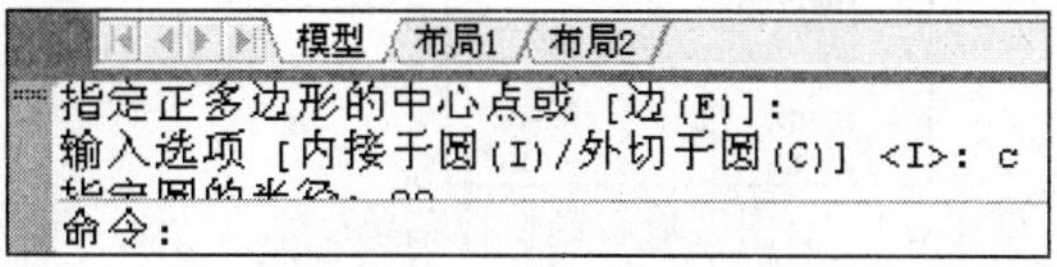

模型 / 布局1 / 布局2

指定正多边形的中心点或 [边(E)]:

输入选项 [内接于圆(I)/外切于圆(C)] <I>: c

命令:

图 1-20　显示命令提示行

1.4.3　退出命令和透明命令

1. 退出命令

有的命令在输入后会自动回到命令后的无命令状态，等待输入下一个命令，而有的命令则要求执行退出操作才能返回等待输入下一个命令的状态。

退出操作的方法有两种：一种是绘制完成时按【Enter】键，或者按【Esc】键；另一种是右击，在弹出的快捷菜单中选择“确认”命令。

2. 透明命令

很多命令可以“透明”使用，即在运行其他命令的过程中在命令行输入并执行命令。透明命令多为修改图形设置的命令，或者打开绘图辅助工具的命令，如“捕捉”、“栅格”、“窗口缩放”等命令。

（1）在快速访问工具栏中单击“打开”按钮，在弹出的“选择文件”对话框中选择“休闲区.dwg”文件，如图 1-21 所示。

（2）单击状态栏中的“栅格显示”按钮，视图区域显示栅格效果，如图 1-22 所示。

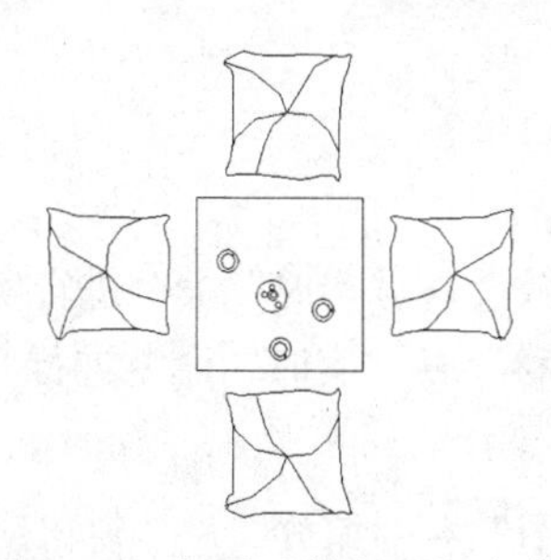

图 1-21　打开“休闲区”文件

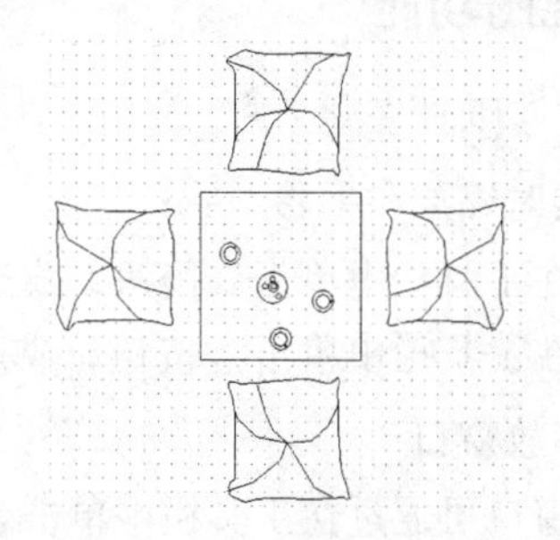

图 1-22　显示栅格效果

以透明方式使用命令，应在输入命令之前输入单引号“' ”。在命令提示行中，透明命令的提示前有一个双折号“>>”。执行完透明命令后将继续执行原命令。

1.4.4　重复执行命令

重复执行上一个操作命令，可以按【Enter】键或者【Space】键实现，也可以在绘图区域中右击，在弹出的快捷菜单中选择重复操作的命令，如图 1-23 所示。

要重复执行最近的 6 个命令之一，可以在命令提示行中右击，在弹出的快捷菜单中选择相应的命令，然后选择最近使用过的 6 个命令之一，如图 1-24 所示。

要多次重复执行同一个命令，可以在命令提示行中输入 Multiple，然后在下一提示的后面输入要重复执行的命令，AutoCAD 将重复执行这一命令直到按【Esc】键退出为止。

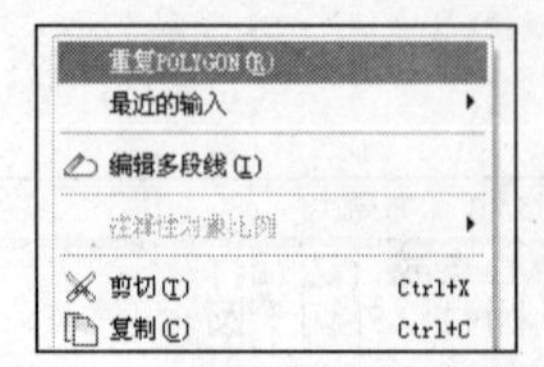

图 1-23 绘图区域右键快捷菜单

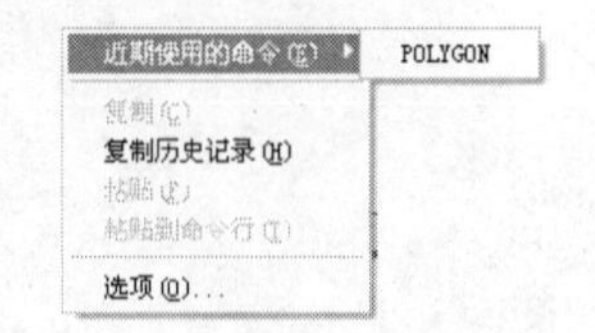

图 1-24 命令提示行右键快捷菜单

1.4.5 AutoCAD 文本窗口

AutoCAD 文本窗口是一个浮动窗口，如图 1-25 所示。按【F2】键可以显示或者关闭 AutoCAD 文本窗口。用户可以在文本窗口中输入命令、查看命令提示行和消息。在文本窗口中可以很方便地查看当前 AutoCAD 任务命令历史，另外还可以使用文本窗口查看较长的输出结果。

文本窗口中的内容是只读的，但是可以将文本窗口中的文字复制并粘贴到命令提示行中，这样也可以重复前面操作或重新输入前面输入过的数值。此外，在文本窗口的底部也有一个命令提示行，同样也能输入命令。

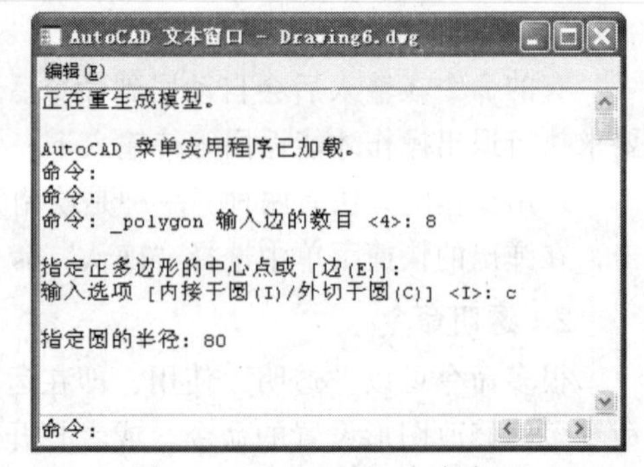

图 1-25 AutoCAD 文本窗口

1.5 其他功能操作

1.5.1 视图功能

"缩放"工具栏用于放大、缩小图形。

1. 实时缩放和平移

（1）在工具栏中单击按钮，或选择"视图"→"缩放"→"实时"命令进行实时缩放。

（2）在工具栏中单击按钮，或选择"视图"→"平移"→"实时"命令进行实时平移。

2. 缩放窗口

缩放窗口可通过在工具栏中单击按钮，或选择"视图"→"缩放"→"窗口"命令实现。

3. 显示前一视口

显示前一视口可通过在工具栏中单击按钮，或选择"视图"→"缩放"→"上一个"命令实现。

1.5.2 同时打开多个图形文件

绘图过程中，用户需要同时观察多个图形文件，AutoCAD 2009 提供了在一个窗口中同时打开多个图形文件并同时显示的功能。选择"窗口"→"垂直平铺"命令，系统会自动以垂直平铺方式显示文件，如图 1–26 所示，同时一个图形文件中的图形可直接用鼠标拖到另一个图形文件中，这给设计人员带来了极大的方便。

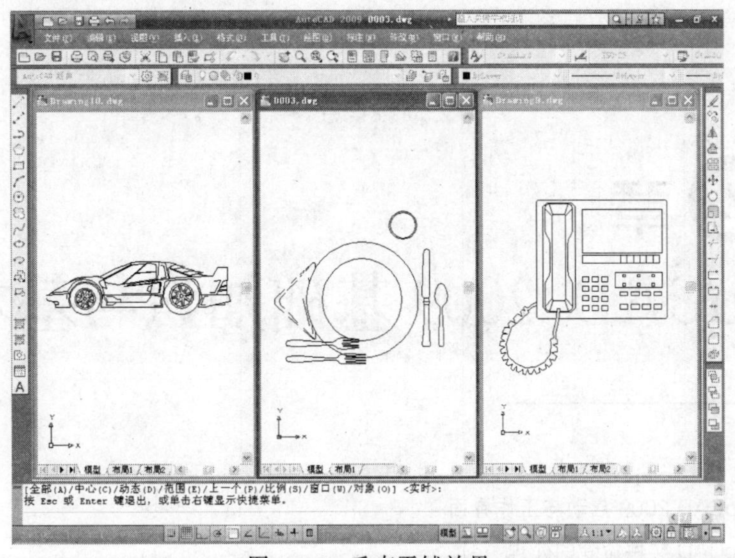

图 1–26　垂直平铺效果

1. 简述 AutoCAD 2009 的新增功能。
2. 简述 AutoCAD 2009 的特点。

第2章 AutoCAD 2009 基础知识与基本操作

学习目标

- 掌握 AutoCAD 2009 启动与工作界面
- 掌握 AutoCAD 文件命令的处理
- 掌握设置坐标系与坐标的方法
- 掌握插入图块命令的方法

2.1 AutoCAD 2009 基础知识

2.1.1 AutoCAD 2009 启动与工作界面

1．启动 AutoCAD 2009

启动 AutoCAD 2009 有如下 3 种方法：

- 双击桌面上的 AutoCAD 2009 图标。
- 选择“开始”→“所有程序”→“Autodesk”→“AutoCAD 2009”命令。
- 双击“我的电脑”→文件所在硬盘（如 D 盘）→“AutoCAD 2009”文件夹→“ACAD.EXE”程序。

2．工作界面

打开 AutoCAD 2009 进入绘图环境，这里就是设计工作空间，如图 2-1 所示，AutoCAD 2009 用户界面包括菜单栏、工具栏、状态栏、命令行窗口、绘图窗口等，下面将详细介绍。

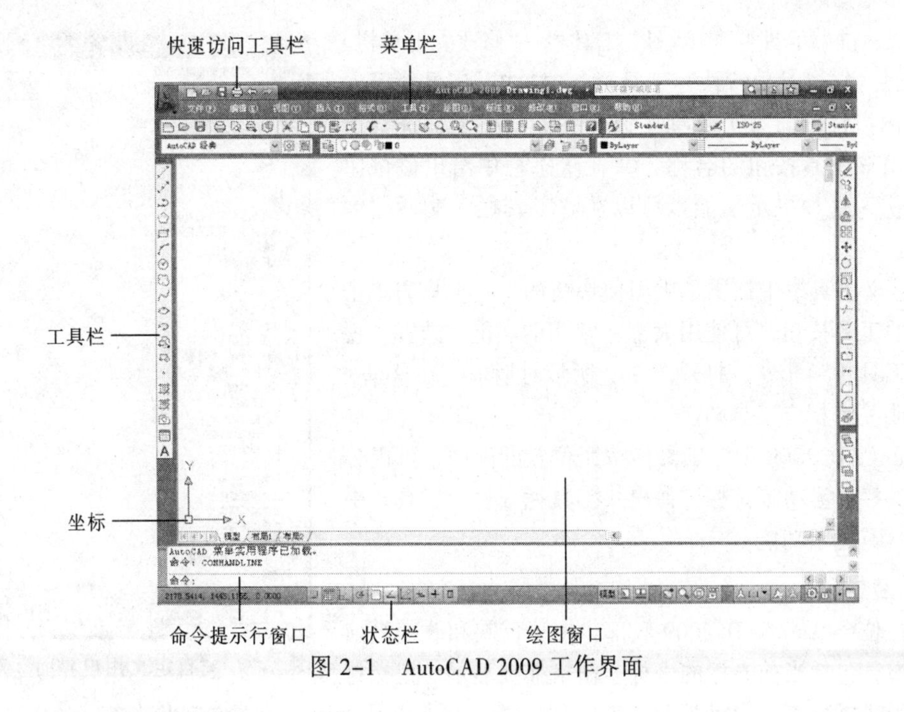

图 2-1 AutoCAD 2009 工作界面

2.1.2 标题栏与菜单栏

1. 标题栏

AutoCAD 2009 标题栏在用户界面的最上面，用于显示 AutoCAD 2009 的程序图标以及当前图形文件的名称。标题栏右面的各按钮可用来实现窗口的最小化、最大化/还原和关闭操作，操作方法与 Windows 中相同。标题栏中间部位用来显示当前正在运行的应用程序名称。

2. 菜单栏

菜单栏是 AutoCAD 2009 的主菜单，集中了大部分绘图命令，单击主菜单的某一项，会显示出相应的下拉菜单。下拉菜单有如下特点：

（1）菜单项后面有省略号“…”时，表示选择该命令后，会弹出一个对话框。

（2）菜单项后面有黑色的小三角时，表示该命令还有子菜单。

（3）有时菜单项为浅灰色时，表示在当前条件下，这些命令不能使用。

AutoCAD 2009 菜单栏包括 11 个菜单项，这些菜单包含了 AutoCAD 常用的功能和命令。

菜单操作技术是 Windows 风格软件的基本特点之一，它是将一组相关或相近的命令归纳为一个列表，方便用户查询和调用。移动鼠标，当鼠标指针指向菜单命令时选择即可调用。要退出下拉菜单，只需将光标移入绘图区单击或直接按【Esc】键，下拉菜单消失，命令行恢复等待输入状态。

下拉菜单的右端也有 3 个标准 Windows 窗口控制按钮：最小化按钮、最大化/还原按钮、关闭按钮。这 3 个控制按钮仅对当前打开的图形有效。

2.1.3 工具栏与状态栏

1. 工具栏

AutoCAD 2009 一共提供了 29 个工具栏，通过这些工具栏可以实现大部分操作。其中常用的工具栏为“标准”工具栏、“绘图”工具栏、“修改”工具栏、“图层”工具栏、“对象特性”工具栏、“样式”工具栏等。如果把鼠标指针指向某个工具按钮上并停顿一下，屏幕上就会显示出该工具按钮的名称，并在状态栏中给出该按钮的简要说明，这种提示功能也可以在“工具栏”对话框中进行设置。

在自定义工具栏中提供了更简便快捷的工具，只需单击工具栏上的工具按钮，可使用大部分常用的功能。选择“视图”→“工具栏”命令，打开图 2-2 所示对话框。在这里，可以打开或关闭相应工具栏。

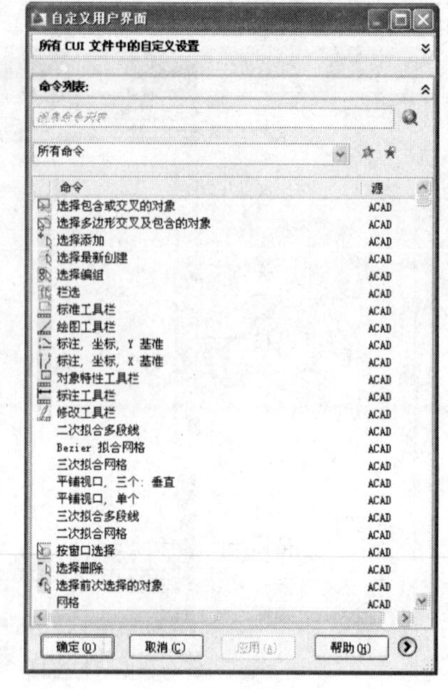

图 2-2 “自定义用户界面”对话框

在 AutoCAD 2009 中，工具栏按照位置的不同，可以分为固定工具栏、浮动工具栏、弹出式工具栏 3 种。工具栏中的按钮还具有提示功能。

2. 状态栏

状态栏位于 AutoCAD 2009 底部，用于反映和改变当前的绘图状态，包括当前光标的坐标、栅格捕捉显示、正交打开状态、极坐标状态、自动捕捉状态、线宽显示状态以及当前的绘图空间状态等。

AutoCAD 2009 还在状态栏右侧新增加了一个“快速查看布局与图形”按钮。利用该按钮，可以看到图形化的布局与打开的图形预览。状态栏右侧的小箭头可以打开一个菜单，并通过该菜单来删减状态栏上显示的内容。

当光标置于绘图区域时，状态栏左边显示的是当前光标所在位置的坐标值，这个区域称为坐标显示区域。状态栏右边是指示并控制用户工作状态的按钮。单击任意一个按钮均可切换当前的工作状态。当按钮被按下时表示相应的设置处于打开状态。状态栏使用如下：

（1）捕捉模式：用于设定鼠标指针移动的间距。单击状态栏上的“捕捉”按钮，或按下【F9】键可控制捕捉的开启或关闭。

（2）栅格显示：是一些标定位置的小点，即坐标纸，使用它可以作为直观的距离和位置的参照。单击状态栏上的“栅格”按钮，或按下【F7】键可控制栅格的开启或关闭。

（3）正交模式：单击状态栏上的“正交”按钮或按【F8】键可控制模式的开启或关闭，正交模式打开时，使用定标设备只能画水平线和垂直线。

（4）极轴追踪：单击状态栏上的“极轴”或按【F10】键可控制模式的开启或关闭，执行极轴追踪时，可以在对象的精确设置极轴角度的增量角和附加角，还可以在“草图设置”对话框中进行极轴的设置。

（5）对象捕捉：单击状态栏上的“对象捕捉”按钮，执行对象捕捉设置，可以在对象上精确位置指定捕捉点。可以在“草图设置”对话框中进行对象捕捉的设置。

（6）对象捕捉：利用“草图设置”对话框中的“对象捕捉”选项卡对其参数进行设置。

（7）显示/隐藏线宽：选择“格式”→“线型”命令，将弹出“线型管理器”对话框，利用该对话框可对线型进行设置。选择“格式”→“线宽”命令，或在命令行输入“LWEIGHT↙”，将弹出“线宽设置”对话框，利用该对话框用户可以对线宽进行设置。

2.1.4 绘图窗口与命令行窗口

1．绘图窗口

绘图窗口是用户的工作平台。它相当于桌面上的图纸，一切工作都将反映在该窗口中。绘图窗口包括绘图区、标题栏、控制菜单图标、控制按钮、滚动条、模型空间与布局标签等。

绘图区是用户进行图形绘制的区域。把光标移动到绘图区时，光标变成了十字形状，可用光标直接在绘图区中定位，在绘图区的左下角有一个用户坐标系的图标，它表明当前坐标系的类型，图标左下角为坐标的原点（0，0，0）。

2．命令行窗口

命令行窗口在绘图区下方，是用户使用键盘输入各种命令的直接显示，也可以显示出操作过程中的各种信息和提示。默认状态下，命令行窗口保留显示所执行的最后 3 行命令或提示信息。

2.1.5 光标与坐标

1．光标

屏幕上的光标会根据其所在区域不同而改变形状，在绘图区呈十字形状，十字光标主要用于在绘图区域标识拾取点和绘图点。还可以使用十字光标定位点、选择绘制对象。在绘图区以外呈白色箭头形状，此时，一般称为鼠标指针。

2．坐标

用户坐标系统显示的是图形方向。坐标系以 *X*、*Y*、*Z* 坐标为基础。AutoCAD 2009 有一个固定的世界坐标系和一个活动的用户坐标系。查看显示在绘图区域左下角的 UCS 图标，可以了解 UCS 的位置和方向。单击“模型”和“布局”标签可以在模型空间和图纸空间来回切换。一般情况下，先在模型空间创建和设计图形，然后创建布局以绘制和打印图纸空间中的图形。

2.1.6 模型标签和布局标签

绘图区的底部有“模型”、“布局 1”、“布局 2” 3 个标签。它们用来控制绘图工作是在模型空间还是在图纸空间进行。

AutoCAD 的默认状态是在模型空间，一般的绘图工作都是在模型空间进行，单击“布局 1”或“布局 2”标签可进入图纸空间，图纸空间主要完成打印输出图形的最终布局。

如进入了图纸空间，单击“模型”标签即可返回模型空间。如果将鼠标指针指向任意一个标签右击，可以使用弹出的快捷菜单新建、删除、重命名、移动或复制布局，也可以进行页面设置等操作。

2.2 AutoCAD 文件命令的处理

2.2.1 新建与打开图形文件

1．新建文件

（1）在快速访问工具栏中单击“新建”按钮。

（2）弹出“选择样板”对话框，如图 2-3 所示。单击“使用样板”图标，在“名称”列表框中，用户可根据不同的需要选择模板样式。

图 2-3 “选择样板”对话框

（3）选择好模板样式后，单击“打开”按钮，即在窗口显示出新建的文件。

2. 打开文件

（1）在快速访问工具栏中单击“打开”按钮。

（2）弹出“选择文件”对话框，如图 2-4 所示，通过对话框的“查找范围”下拉列表框选择需要打开的文件，AutoCAD 的图形文件格式为.dwg（在“文件类型”下拉列表框中显示）。

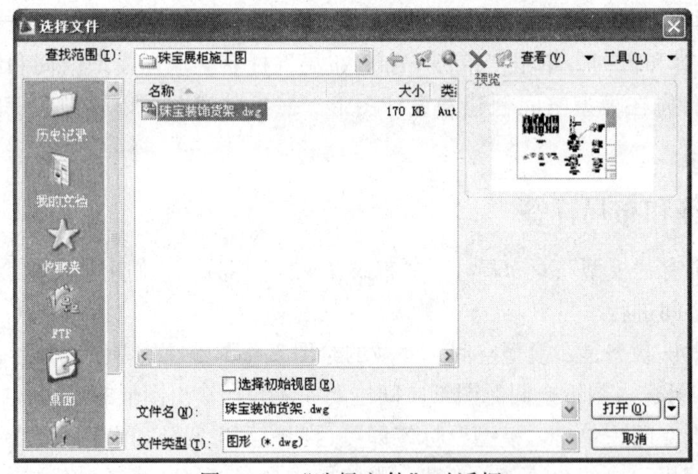

图 2-4 “选择文件”对话框

（3）在对话框的右侧预览图像后，单击“打开”按钮，文件即被打开。

2.2.2 保存与退出图形文件

1. 保存图形文件

（1）在快速访问工具栏中单击“保存”按钮，在弹出的“图形另存为”对话框中指定要保存的文件名和保存的路径，如图 2-5 所示。

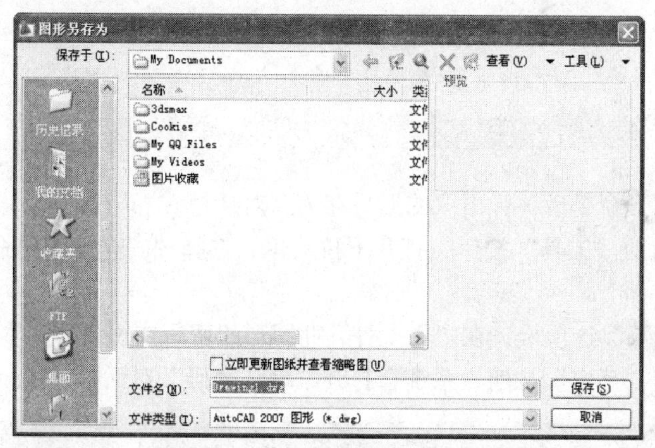

图 2-5 “图形另存为”对话框

（2）在“图形另存为”对话框中单击“工具”下拉按钮，选择“选项”命令，则会弹出“另存为选项”对话框。该对话框中有“DWG 选项”和“DXF 选项”两个选项卡，如图 2-6 所示。

“DWG 选项”选项卡表示如果将图形保存为 R14 或以上版本的文件格式，并且图形包含来自其他应用程序的定制对象，则可以选中“保存自定义对象的代理图像”复选框。该选项设定系统变量“PROXYGRAPH CS”的值。通过“索引类型”下拉列表框，可以确定当保存图形时，AutoCAD 是否创建层或空间索引。通过“所有图形另存为”下拉列表框，可以指定保存图形文件的默认格式。如果改变指定的值选择其他低版本，则以后执行保存操作时将按所设置的文件格式保存图形。

“DXF 选项”选项卡可以设置交换文件的格式。在“格式”选项组中可以指定所要创建 DXF 文件的格式。是否选中“选择对象”复选框可以决定 DXF 文件是否包含选择的对象或整个图形。是否选中“保存缩微预览图像”复选框可以决定是否在“选择文件”对话框中的“预览”区域显示预览图像，还可以通过设置系统变量“RASTERRREVIEW”来控制该选项。在“精确的小数位数”数值框中可以设置保存的精度，该值的范围只能为 0～16，如图 2-7 所示。

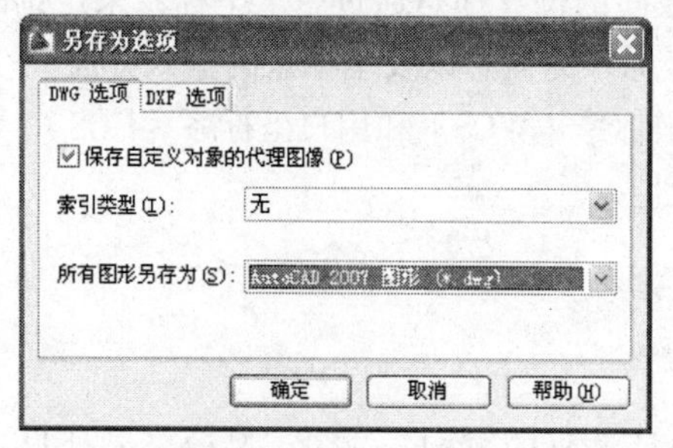

图 2-6 “另存为选项”对话框“DWG 选项”选项卡

图 2-7 “另存为选项”对话框“DXF 选项”选项卡

2. 退出图形文件

退出图形文件主要有以下几种方法。

- 单击“文件”菜单，然后从弹出的下拉菜单中选择“退出”命令。
- 单击菜单浏览器下拉列表中的“退出 AutoCAD”按钮。
- 单击 AutoCAD 2009 窗口右上角的“关闭”按钮。
- 按【Alt+F4】组合键，退出 AutoCAD 2009 软件。

在上述退出 AutoCAD 2009 的过程中，如果当前图形没有保存，会弹出询问对话框，可以进行相应的操作。

2.2.3 设置密码

（1）选择保存图形命令后，弹出“图形另存为”对话框。

（2）单击右上角的“工具”按钮，打开下拉菜单，选择“安全选项”命令，弹出“安全选项”对话框。

（3）切换到“密码”选项卡，在“用于打开此图形的密码或短语”文本框中输入相应密码，如图 2-8 所示。单击“确定”按钮，系统会打开“确认密码”对话框。

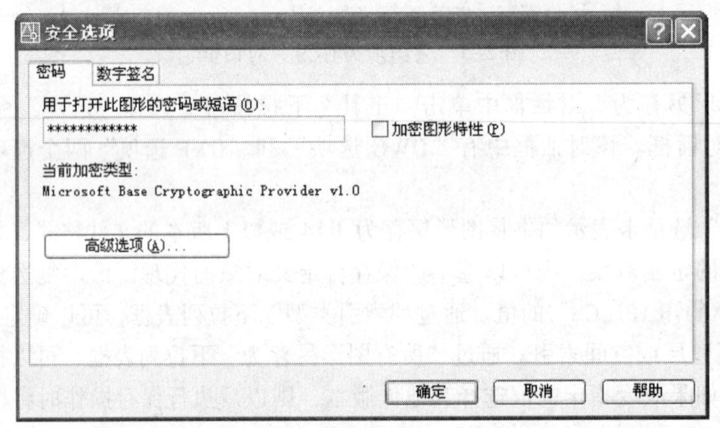

图 2-8 “安全选项”对话框

（4）用户需要再输入一次密码，确认后，单击“确定”按钮，完成密码设置。

2.3 坐标系与坐标

坐标系是定位图形最基本的方法，任何物体在空间的位置都是通过一个坐标系来定位的。因此，要想精确地绘制图形，首先必须正确地掌握坐标系的概念以及坐标点的输入方法。

AutoCAD 2009 中有两种坐标系统，分别是世界坐标系（WCS）和用户坐标系（UCS）。系统默认为世界坐标系。

2.3.1 WCS 和 UCS 坐标系的应用与设置

1. 世界坐标系

在世界坐标系中，X 轴是指水平的方向，Y 轴是垂直的方向，在 X、Y 轴交界处显示一个“口”形标记，但坐标原点并不在坐标轴的交汇点，而是位于图形窗口的左下角，如图 2-9 所示。所有的位移都是相对于坐标原点进行计算的，并且规定沿 X 轴正向及 Y 轴正向为正方向。

2. 用户坐标系

为了能够更方便地绘图，用户经常要改变坐标系的原点及方向，这时坐标系就变成了用户坐标系。用户坐标系的原点及 X、Y、Z 轴方向都可以移动和旋转，甚至可以依赖于图形中某个特定的对象而变化。尽管用户坐标系中 3 个轴仍然是相互垂直的关系，但是在方向及位置上有更大的灵活性。用户坐标系坐标轴交界处没有“口”形标记。

设置用户坐标系步骤如下：

（1）选择“工具”→“命名 UCS”命令，弹出“UCS”对话框中的“命令 UCS”选项来，如图 2-10 所示。

（2）在视图区某个位置单击，这时世界坐标系就变成了用户坐标系，并移动到新的位置，该位置就变成了新坐标系的原点，如图 2-11 所示。

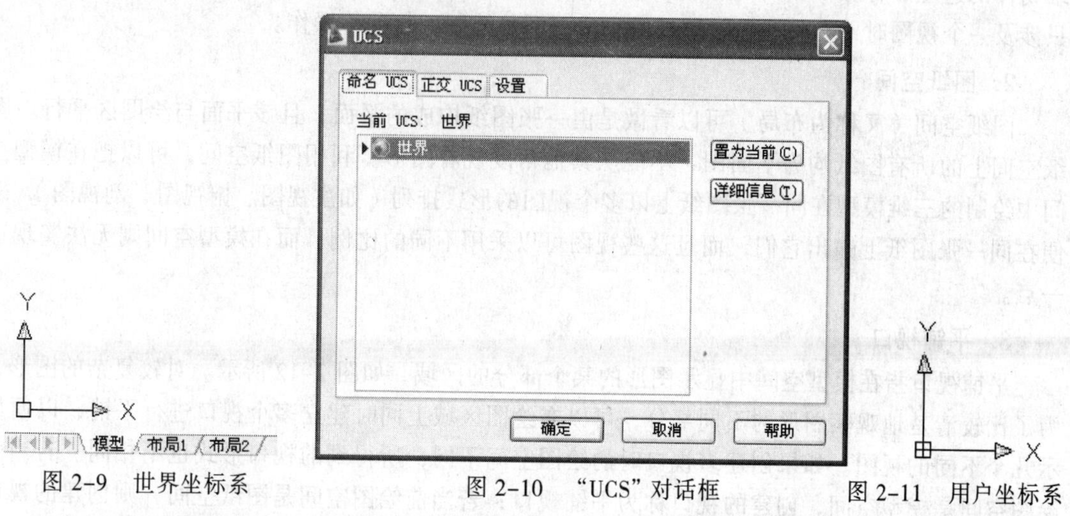

图 2-9　世界坐标系　　图 2-10　“UCS”对话框　　图 2-11　用户坐标系

（3）也可以在命令行中直接输入“UCS↙”。

2.3.2　坐标的输入

在 AutoCAD 2009 中，表示点坐标的方法有绝对直角坐标、绝对极坐标、相对直角坐标和相对极坐标 4 种，下面介绍一下它们的特点。

1. 绝对直角坐标

绝对直角坐标是从原点“0,0”或“0,0,0”出发的位移，可以使用分数、小数或科学计数等形式表示 *X*、*Y*、*Z* 坐标值，坐标之间用逗号隔开，如“1.5,5.6”、“6.8,1.3,6.6”。

2. 绝对极坐标

绝对极坐标是从原点出发的位移，但是它是用距离和角度确定的，之间用“<”分开。其中距离是离开原点的距离，角度是与 *X* 轴正方向的夹角，且规定 *X* 轴正向为 0°，*Y* 轴为 90°，如“120<60”表示距离为 120mm（假设单位为 mm），角度 30°。

3. 相对直角坐标

相对直角坐标是指相对于某一点的 *X* 轴和 *Y* 轴位移，其表示方式是在绝对坐标的表达方式前加上@，如“@200,400”或“@300,600”。

4. 相对极坐标

相对极坐标是指相对于某一点的 *X* 轴和 *Y* 轴位移，或距离和角度。它的表示方法是在绝对坐标表达方式前加上“@”号，其中，相对极坐标中的角度是新点和上一点连线与 *X* 轴的夹角。

2.4 输出与打印

2.4.1 模型空间与图纸空间

1. 模型空间

模型空间指用户进行设计绘图的工作空间。在模型空间中，用创建的模型来完成二维或三维物体的造型，标注必要的尺寸和文字说明。系统的默认状态为模型空间。当在绘图过程中，只涉及一个视图时，在模型空间即可以完成图形的绘制、打印等操作。

2. 图纸空间

图纸空间（又称为布局）可以看做是由一张图纸构成的平面，且该平面与绘图区平行。图纸空间上的所有图纸均为平面图，不能从其他角度观看图形。利用图纸空间，可以把在模型空间中绘制的三维模型在同一张图纸上以多个视图的形式排列（如主视图、俯视图、剖视图），以便在同一张图纸上输出它们，而且这些视图可以采用不同的比例。而在模型空间则无法实现这一点。

3. 平铺视口

平铺视口指在模型空间中显示图形的某个部分的区域，如图 2-12 所示。对较复杂的图形，为了比较清楚地观察图形的不同部分，可以在绘图区域上同时建立多个视口进行平铺，以便显示几个不同的视图。如果创建多视口时的绘图空间不同，所得到的视口形式也不相同。若当前绘图空间是模型空间，创建的视口称为平铺视口；若当前绘图空间是图纸空间，则创建的视口称为浮动视口。

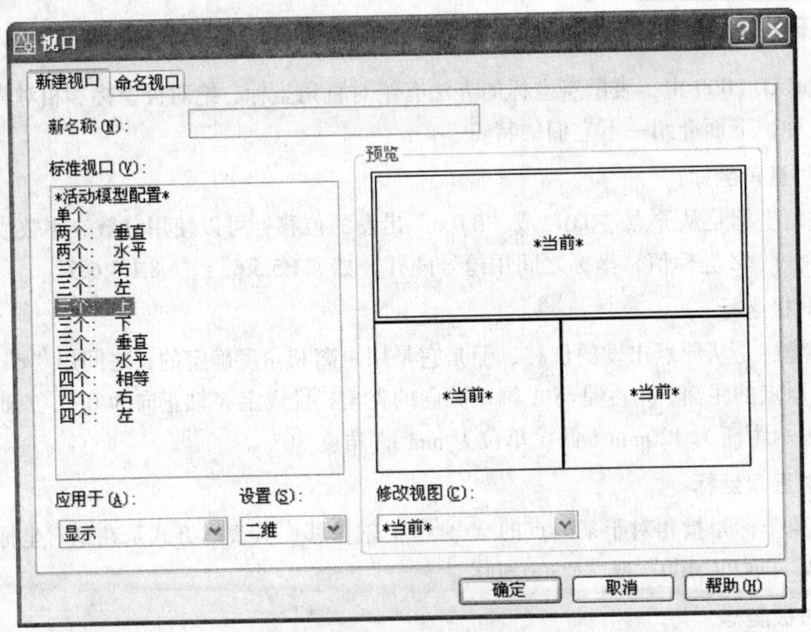

图 2-12 “视口”对话框

平铺视口具有以下的特点：

（1）视口是平铺的，他们彼此相邻，大小、位置固定，且不能重叠。

（2）当前视口（激活状态）的边界为粗边框显示，光标呈“十”字形，在其他视口中呈小箭头状。只能在当前视口进行各种绘图、编辑操作。

（3）只能将当前视口中的图形打印输出。可以对视口配置命名保存，以备以后使用。

2.4.2　浮动视口与模型空间

1．浮动视口

布局可以创建多个视口，这些视口称为浮动视口，浮动视口的特点如下：

（1）视口是浮动的。各视口可以改变位置，也可以相互重叠。

（2）浮动视口位于当前图层时，可以改变视口边界的颜色，但线型总为实线，可以采用冻结视图边界所在图层的方式来显示或不打印视口边界。

（3）可以将视口边界作为编辑对象，进行移动、复制、缩放、删除等编辑操作。

（4）可以在各视口中冻结或解冻不同的图层，以便在指定的视图中显示或隐藏相应的图形、尺寸标注等对象。

（5）可以在图纸空间添加注释等图形对象，也可以创建各种形状的视口。

2．模型空间输出图形操作步骤

（1）选择“文件”→“打印”命令，打开“打印-模型”对话框。

（2）打印设置：在“打印-模型”对话框中，对其“页面设置”、“打印区域”、“打印偏移”、“图纸尺寸”、“打印份数”各选项进行相应设置，如图 2-13 所示。

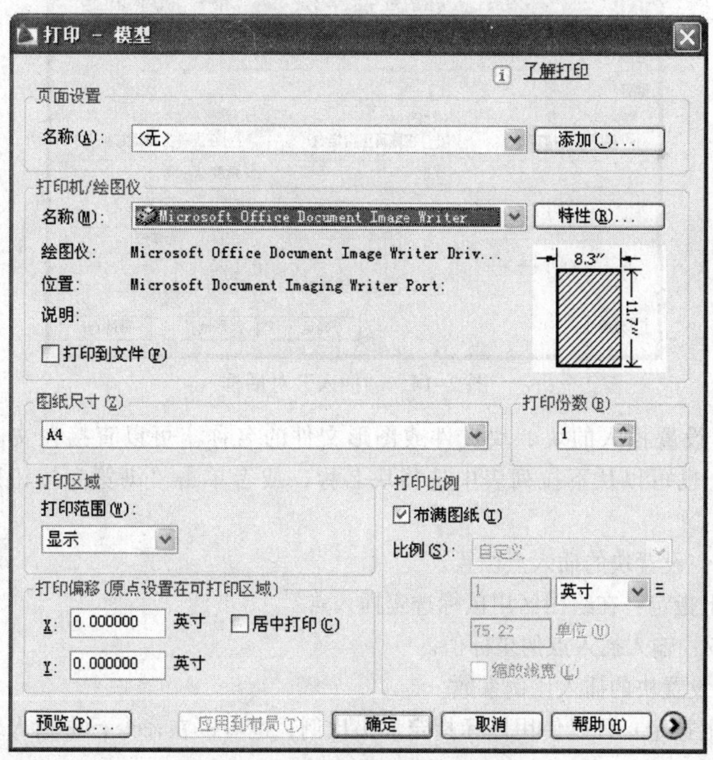

图 2-13　“打印-模型”对话框

（3）打印预览：打印设置后，应进行打印预览。预览后要退出时，应在该预览画面上右击，在弹出的快捷菜单中选择“退出”命令，即可返回“打印-模型”对话框，或按【Esc】键返回。

如预览效果不理想可修改设置。

（4）打印出图：预览满意后，单击“确定”按钮，开始打印出图。

注　意

通过图纸空间布局输出图形时可以在布局中规划视图的位置和大小。在布局中输出图形前，仍然应先对打印的图形进行页面设置，然后再输出图形。其输出的命令和操作方法与模型空间输出图形相似。

2.5　设置插入块

当创建了块或块文件后，就可以在图形中使用块或块文件，AutoCAD 提供了“插入块”命令。

插入块有如下几种方法：

- 选择“插入”→“块”命令。
- 单击“绘图”工具栏中的“插入块”按钮。
- 在命令行中输入“INSERT”或者“I”并按【Enter】键。

在命令提示行输入“INSERT↙”命令后，弹出“插入”对话框，如图 2–14 所示。

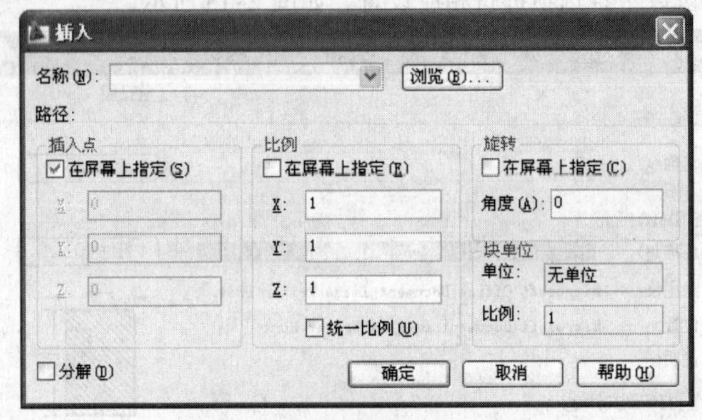

图 2–14　“插入”对话框

（1）名称：设置插入的块、块文件或图形文件的名称。可以直接在文本框中输入块或块文件的名称，也可以从下拉列表中选择块名称，或者单击“浏览”按钮选择块文件或图形文件。

（2）插入点：设置块的插入点位置。

① 在屏幕上指定：在绘图区用鼠标选定插入点。

② X、Y、Z：输入插入点的坐标值。

（3）比例：设置块的插入比例系数。

① 在屏幕上指定：可以使用鼠标指定大小比例，也可以在命令行中输入 X 和 Y 轴的比例系数。

② X、Y、Z：输入 X 轴、Y 轴、Z 轴的比例系数。

③ 统一比例：选定后，各轴统一使用 X 轴的比例系数。

（4）旋转：设置插入块的旋转角度。

① 在屏幕上指定：可以使用鼠标指定旋转方向，也可以在命令行中输入旋转角度。

② 角度：设置插入块的旋转角度。

（5）块单位：显示有关块单位的信息，不能修改。

（6）分解：选择该复选框，则会将插入的块分解，分解成原来的对象（即合成块前的各个对象）。不选择该复选框，则插入的块将是一个整体对象。

插入块的操作步骤如下：

（1）在快速访问工具栏中单击“打开”按钮。在弹出的“打开”对话框中选择“儿童房.dwg”文件，文件打开后，如图 2-15 所示。

（2）选择“插入”→“块”命令，弹出“插入”对话框，如图 2-16 所示。

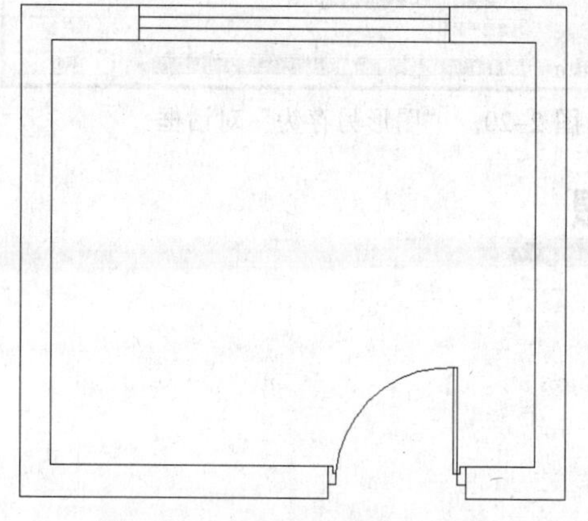

图 2-15　打开“儿童房”文件

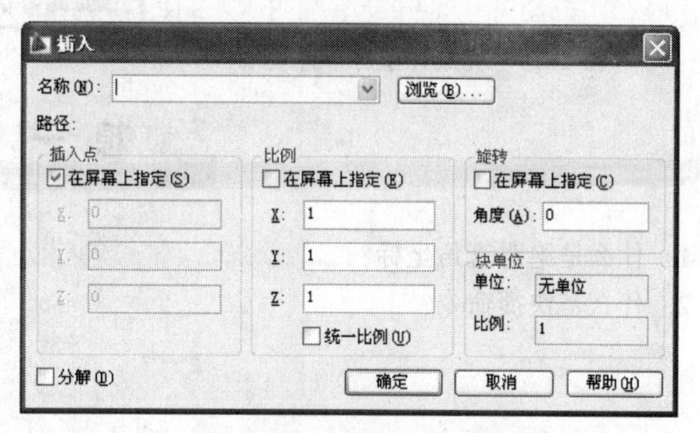

图 2-16　“插入”对话框

（3）单击“浏览”按钮，在弹出的“选择图形文件”对话框中选择“书桌.dwg”文件，如图 2-17 所示。

（4）单击“打开”按钮，将书桌插入到儿童房中并调整到合适的位置，完成后效果如图 2-18 所示。

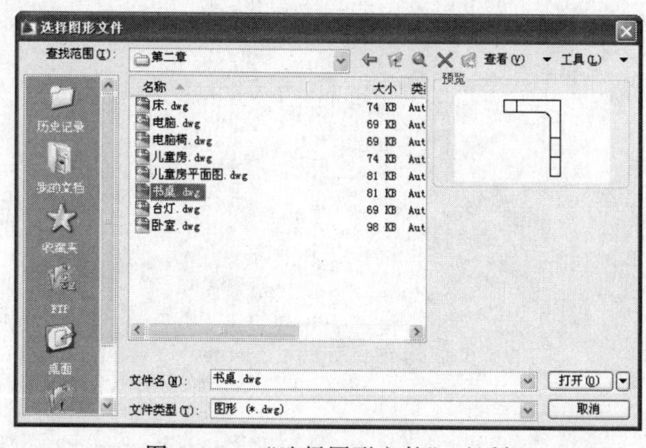

图 2-17　“选择图形文件”对话框

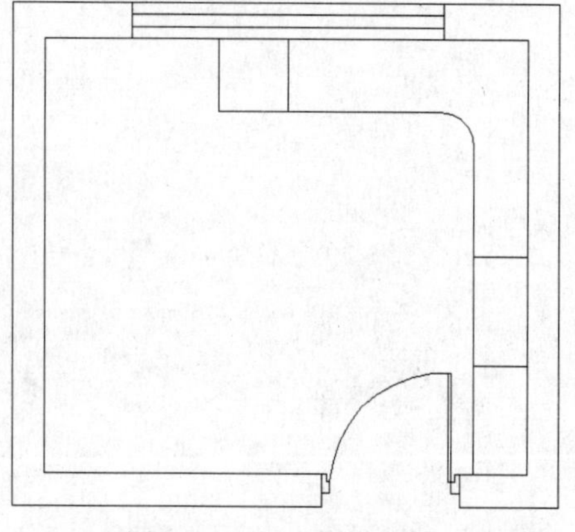

图 2-18　插入书桌图块

（5）用同样的方法插入儿童房其他图块并调整到相应位置，完成后效果如图 2-19 所示。

（6）在快速访问工具栏中单击“保存”按钮。在弹出的“图形另存为”对话框中选择要保存的位置，然后设置文件名为“儿童房平面图”，文件类型为“AutoCAD 2007 图形（*.dwg）”，如图 2-20 所示。单击“保存”按钮，保存平面图。

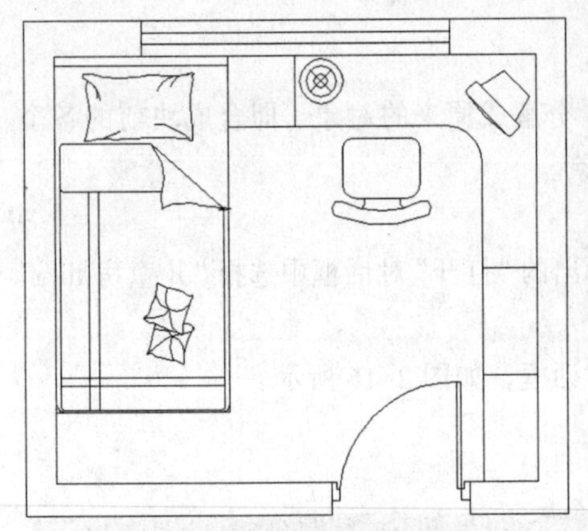

图 2-19　完成儿童房布置效果

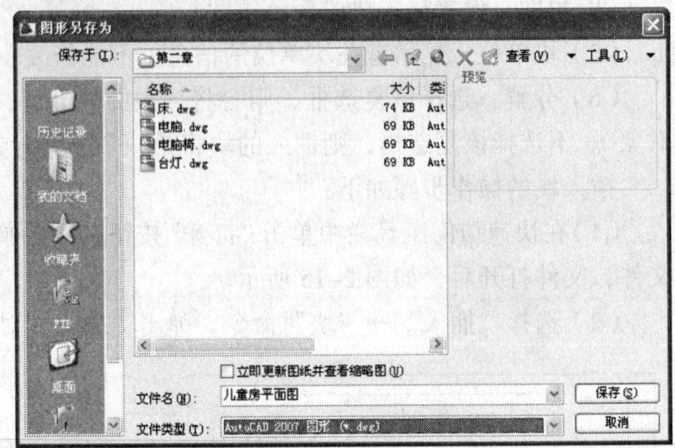

图 2-20　“图形另存为”对话框

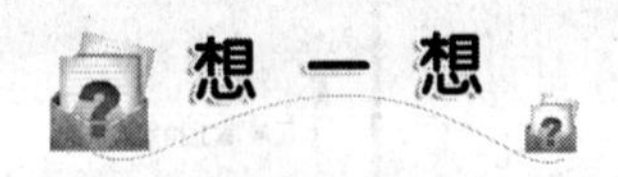

1. 什么是绝对直角坐标？
2. 什么是快捷命令？

第3章 AutoCAD 2009 辅助工具使用与技巧

学习目标

- 掌握图层使用
- 会设置绘图环境

3.1 图 层 使 用

3.1.1 图层概述

我们可以把图层想象为一张没有厚度的透明纸，各层之间完全对齐，一层上的某一基准点准确地对准其他各层上的同一基准点。用户可以给每一图层指定所用的线型、颜色，并将具有相同线型和颜色的对象放在同一图层，这些图层叠放在一起就构成了一幅完整的图形。图层所具备的特点：

（1）用户可以在一幅图中指定任意数量的图层，并对图层数量没有限制。

（2）每一图层有一个名称，以便管理。

（3）一般情况下，一个图层上的对象应该是一种线型、一种颜色。

（4）各图层具有相同的坐标系，绘图界限，显示时的缩放倍数。

（5）用户只能在当前图层上绘图，可以对各图层进行“打开”、“关闭”、“冻结”、“解冻”、“锁定”等操作管理。

3.1.2 创建新图层和改变图层的特性

1. 打开“图层特性管理器”对话框

选择“格式”→“图层”命令，或在“命令提示区”中输入“LAYER↙”。

当输入命令后，弹出“图层特性管理器”对话框。默认状态下提供一个图层的图层名为“0”，颜色为白色，线型为实线，线宽为默认值，如图 3-1 所示。

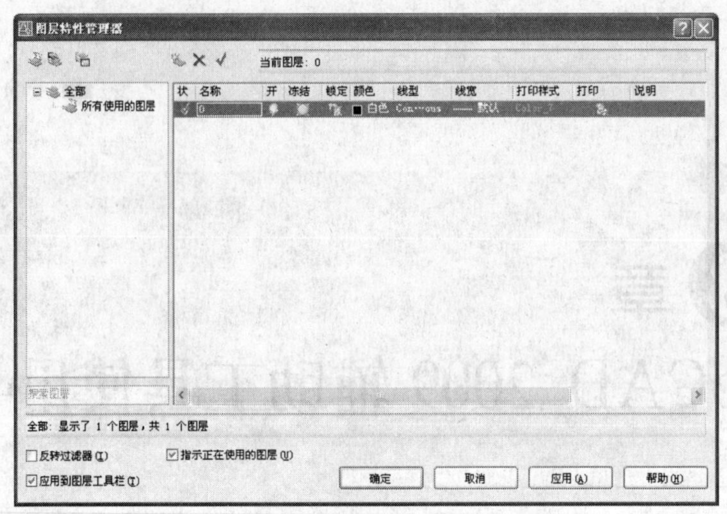

图 3-1 “图层特性管理器”对话框

2.“图层特性管理器”对话框的选项

对话框上面的 6 个按钮分别是：新特性过滤器、新组过滤器、图层状态管理器、新建图层、删除图层、置为当前按钮。按钮后面为“当前图层”文本框；中部有两个显示区，左侧为树状图显示区，右侧为列表框显示区；下面分别为“搜索图层”文本框、状态行和复选框。

单击“新建图层”按钮，就可以创建新图层。

3.“图层”工具栏

“图层”工具栏位于“标准”工具栏的下面，如图 3-2 所示，下面了解一下各项功能

（1）“图层特性管理器”图标。用于打开“图层特性管理器”对话框。

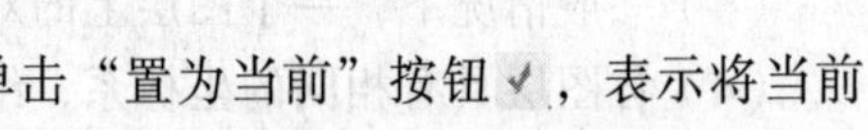

图 3-2 “图层”工具栏

（2）“图层”列表框。该列表中列出了符合条件的所有图层，若需将某个图层设置为当前图层，在列表框中双击该层图标即可，通过列表框可以实现图层之间的快速切换，提高绘图效率。

（3）“上一个图层”图标。用于返回到刚操作过的上一个图层。

4．图层特性

（1）状态：显示一个图层是否为当前激活的图层，单击“置为当前”按钮，表示将当前图层设置为当前层。

（2）名称：名称是图层的唯一标识，即图层的名称。默认情况下，新建图层的名称按“图层 1”、“图层 2”等命名的，用户可以根据需要为图层重新命名。

（3）开关状态：单击“开”列中对应的小灯泡按钮，可以打开或者关闭图层。打开状态下，灯泡的颜色为黄色，在关闭状态下，灯泡的颜色为灰色，同时在绘图区该层上的图形不能显示，也不会打印出来。

（4）冻结/解冻：单击“冻结”列中对应的太阳按钮，可以冻结当前图层。单击雪花按钮，可以将冻结的图层解冻。

（5）锁定/解锁：单击“锁定”列中对应的“关闭”按钮，可以锁定图层。单击“打开”按钮，可以解开图层。

3.1.3 设置线型

线型设置，LINETYPE 命令可以打开线型管理器，从线型库 ACADISO.LIN 文件中加载新线型，设置当前线型和删除已有的线型。

1. 线型管理器

打开“线型管理器”对话框的方法有两种：选择“格式”→“线型”命令，或在“命令行”中输入“LINETYPE↙”。打开的“线型管理器”对话框如图 3-3 所示。

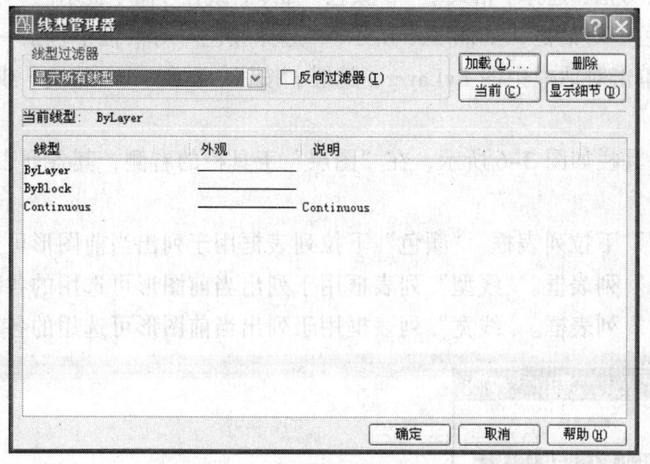

图 3-3 “线型管理器”对话框

“线型管理器”对话框主要选项的功能如下：

（1）线型过滤器：该选项组用于设置过滤条件，以确定在线型列表中显示哪些线型。

（2）“加载(L)”按钮：用于加载新的线型。

（3）“当前(C)”按钮：用于指定当前使用的线型。

（4）“删除”按钮：用于从线型列表中删除没有使用的线型，即当前图形中没有使用到该线型，否则系统拒绝删除此线型。

（5）“显示细节(D)”按钮：用于显示或隐藏“线型管理器”对话框中的“详细信息”。

2. 线型库

AutoCAD 2009 标准线型库提供的 45 种线型中包含有多个长短、间隔不同的虚线和点画线，只有适当地选择它们，在同一线型比例下，才能绘制出符合制图标准的图线。

在线型库中单击选取要加载的某一种线型，再单击“确定”按钮，则该线型被加载并在“选择线型”对话框显示，再次选定该线型，单击“选择线型”对话框中的“确定”按钮，完成改变线型的操作。

3. 线宽设置

选择“格式”→“线宽”命令，打开“线宽设置”对话框，如图 3-4 所示，其主要选项功能如下：

“线宽”列表框：用于设置当前所绘图形的线宽。

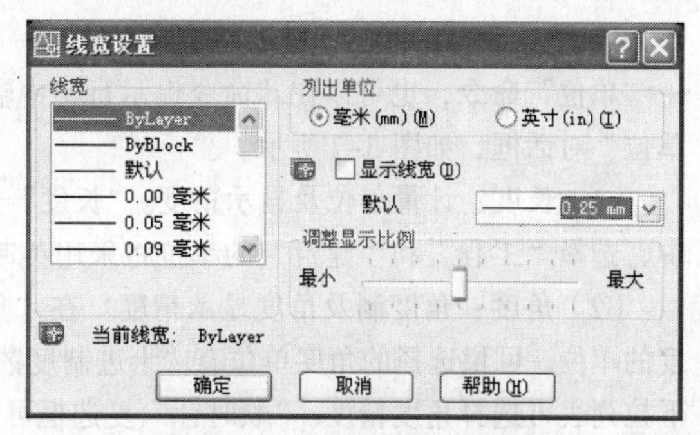

图 3-4 “线宽设置”对话框

（1）“列出单位”选项组：用于确定线宽单位。

（2）“显示线宽”复选框：用于在当前图形中显示实际所设线宽

（3）“默认”下拉列表框：用于设置图层的默认线宽。

（4）“调整显示比例”：用于确定线宽的显示比例。

3.1.4 设置颜色

设置颜色有两种方法：选择“格式”→“颜色”命令，或在“命令提示区”中输入“COLOR↙”。

弹出“选择颜色”对话框，如图 3-5 所示。“选择颜色”对话框中包括一个 255 种颜色的调色板，用户可通过单击对话框中的 ByLayer（随层）按钮、ByBlock（随块）或指定某一具体颜色来进行选择。

“对象特性”工具栏如图 3-6 所示，在“图层”工具栏的右侧，其各列表框的功能自左向右介绍如下：

（1）“颜色控制”下拉列表框。“颜色”下拉列表框用于列出当前图形可选择的各种颜色。

（2）“线型控制”列表框。“线型”列表框用于列出当前图形可选用的各种线型。

（3）“线宽控制”列表框。“线宽”列表框用于列出当前图形可选用的各种线宽。

图 3-5 “选择颜色”对话框

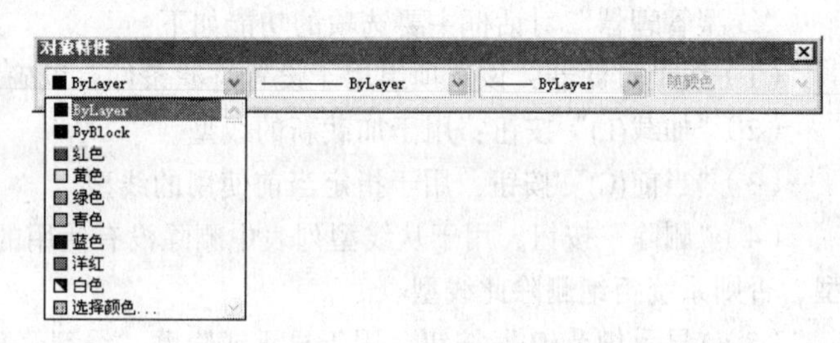

图 3-6 “对象特性”工具栏

3.2 绘图环境

3.2.1 绘图单位设置

启动 AutoCAD 2009，此时将会自动创建一个新文件。设置绘图单位的方法：选择“格式”→“单位”命令，也可以在“命令提示行”中输入“UNITS↙”或“DDUNITS↙”，弹出“图形单位”对话框，如图 3-7 所示。

（1）长度：计量单位及显示精度。“长度”选项组中的“类型”下拉列表选择单位格式，其中，选择“工程”和“建筑”的单位将采用英制。在“精度”下拉列表中可选择绘图精度。

（2）角度：角度制及角度显示精度。在“角度”选项组的“类型”下拉列表中可以选择角度的单位。可供选择的角度单位有“十进制度数”、“度/分/秒”、“弧度”等。同样，单击“精度”下拉列表可选择角度精度。“顺时针”复选框可以确定是否以顺时针方式测量角度。

（3）插入时的缩放单位：控制从工具栏或设计中心拖入当前图形块的测量单位，如果块或图形创建时使用的单位与此指定的不同，则在插入这些块或图形时，将对其按比例缩放。

（4）输出样例：显示当前计数制和角度下的例子。当修改单位的时候，下面的“输出样例”部分将显示此种单位的示例。

（5）方向：设置起始角度（0 度）的方向。单击“方向”按钮，系统将弹出“方向控制”对话框，可通过该对话框定义角度的方向，如图 3-8 所示。

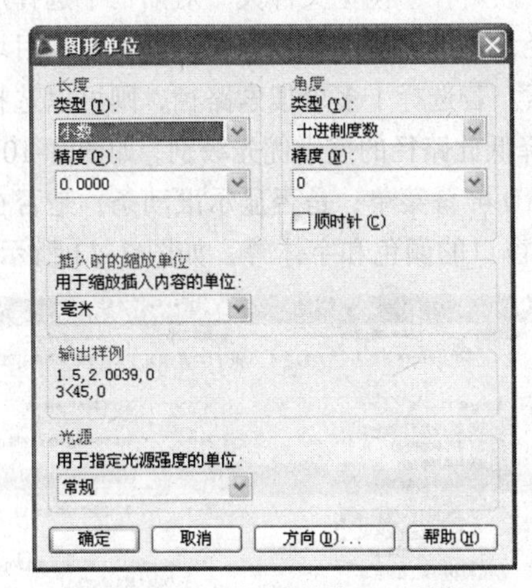

图 3-7 “图形单位”对话框

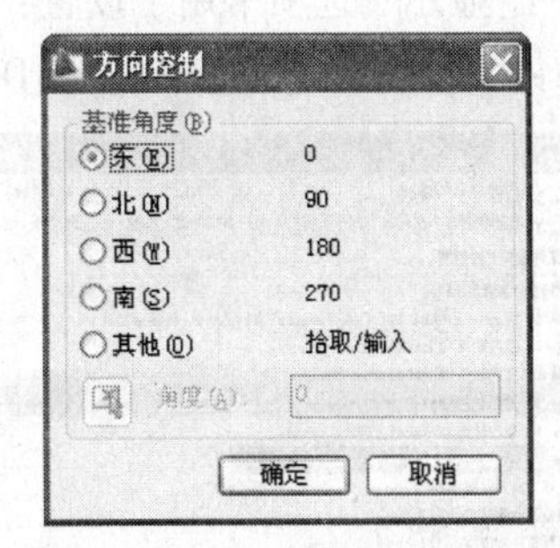

图 3-8 “方向控制”对话框

3.2.2 图形界限

图形界限是 AutoCAD 绘图空间中的一个假想的矩形绘图区域，相当于选择的图纸大小。图形界限确定了栅格和缩放的显示区域。设置绘图单位后，选择“格式”→“图形界限”菜单命令设置图形界限。

命令行将提示指定左下角点，或选择开、关选择，如图 3-9 所示。其中“开”表示打开图形界限检查。当界限检查打开时，AutoCAD 将会拒绝输入位于图形界限外部的点。但是注意，因为界限检查只检测输入点，所以对象的某些部分可能延伸出界限之外。“关”表示关闭图形界限检查，可以在界限之外绘图，这是缺省设置。“指定左下角点”表示给出界限左下角坐标值。输入坐标值后，系统将提示指定右上角坐标值。

图 3-9 命令提示行

实际绘图时，可以用 LIMITS 命令随时改变。LIMITS 命令的功能是设置绘图区的界限（就是定义“绘图纸”的大小），控制绘图边界的限制功能。

（1）选择“格式”→“图形界限”命令，在“命令提示区”中输“入 0，0↙”。

（2）在“命令提示区”中输入“@6000，4000↙”。

（3）“命令提示区”中输入“Z↙”，输入“A↙”。

这样就完成了建立图纸区域的全过程，建好的区域是按照实际需要设定的。

3.2.3 绘图环境设置

如果对当前的绘图环境并不是很满意，可以通过选择“工具”→“选项”命令来定制 AutoCAD，以使其符合要求。

（1）“文件”选项卡设置文件路径，可通过该选项卡查看或调整各种文件的路径。在“搜索路径、文件名和文件位置”列表中找到要修改的分类，然后单击要修改的分类旁边的加号框展开显示路径。选择要修改的路径后，单击“浏览”按钮，然后在“浏览文件夹”对话框中选择所需的路径或文件，单击“确定”按钮。选择要修改的路径，单击“添加”按钮就可以为该项目增加备用的搜索路径。系统将按照路径的先后次序进行搜索。若选择了多个搜索路径，则可以选择其中一个路径，然后单击“上移”或“下移”按钮提高或降低此路径的搜索优先级别，如图 3-10 所示。

（2）“显示”选项卡用于设置：是否显示 AutoCAD 屏幕菜单；是否显示滚动条；是否在启动时最小化 AutoCAD 窗口；AutoCAD 图形窗口和文本窗口的颜色和字体等，如图 3-11 所示。

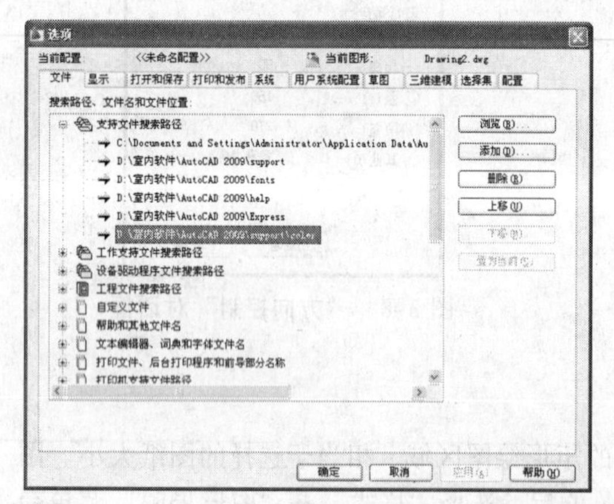

图 3-10 “选项”对话框（“文件”选项卡）

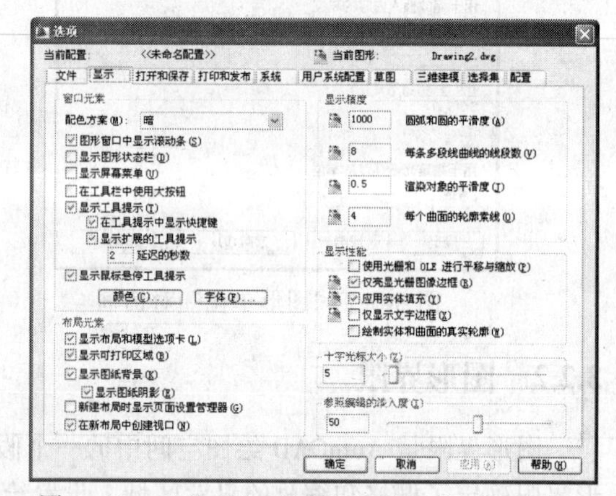

图 3-11 “选项”对话框（“显示”选项卡）

单击“颜色”按钮，在弹出的“图形窗口颜色”对话框中可以更改相应元素的当前颜色。单击“应用关闭”按钮退出，如图 3-12 所示。

单击“字体”按钮，弹出的“命令行窗口字体”对话框，可以在其中设置命令行文字的字体、字号和样式，如图 3-13 所示。

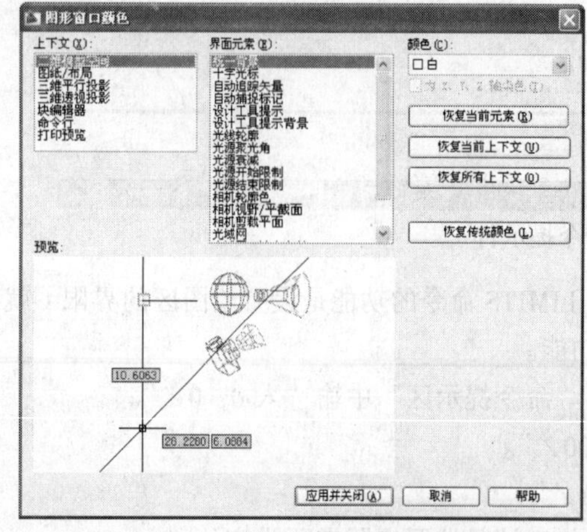

图 3-12 “图形窗口颜色”对话框

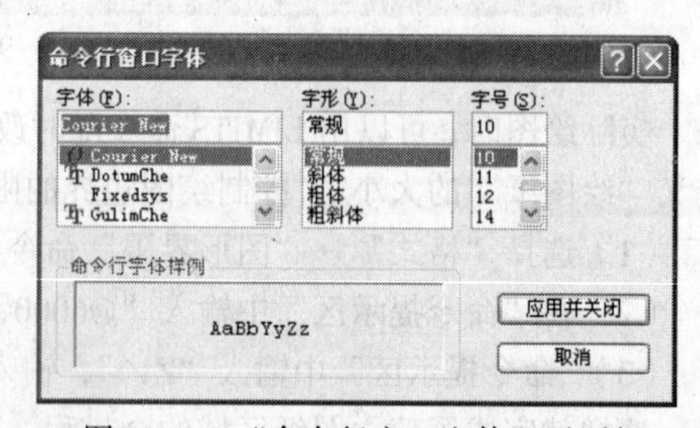

图 3-13 “命令行窗口字体”对话框

通过修改“十字光标大小”选择组中光标与屏幕大小的百分比，可调整十字光标的尺寸。

“显示精度”和“显示性能”区域用于设置着色对象的平滑度、每个曲面轮廓线数等。所有这些设置均会影响系统的刷新时间与速度，从而影响操作的流畅性。

（3）“打开和保存”选项卡用于控制打开和保存相关的设置。对文件的存储类型、安全性、新技术的应用作了重大的改进，如图 3-14 所示。

（4）“打印和发布”选项卡控制打印输入的选项。可以从“新图形的默认打印设置”中选择一个设置作为打印图形时的默认设备，如图 3-15 所示。单击“添加或配置打印机”按钮将打开 AutoCAD 目录下的“R17.2\chs\Plotters”文件夹，该文件夹中包含 AutoCAD 安装的打印机配置文件，另外有一个添加打印机向导，可以用它来为 AutoCAD 添加打印机。

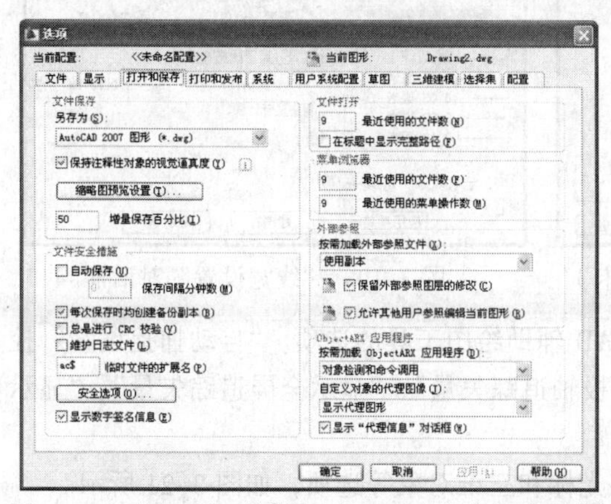

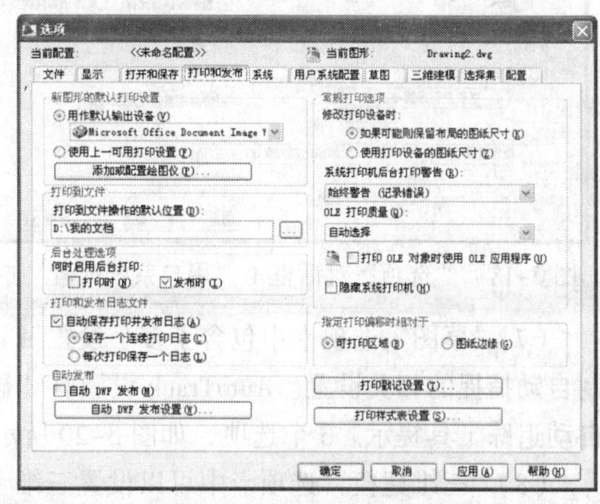

图 3-14　“选项”对话框（“打开和保存”选项卡）　图 3-15　“选项”对话框（“打印和发布”选项卡）

“常规打印机选项”区域控制基本的打印设置。可以在“始终警告（记录错误）”下拉列表中选择发出警告的方式；可以在“OLE 打印质量”下拉列表中选择打印 OLE 对象的质量。

（5）“系统”选项卡用来控制 AutoCAD 的系统设置。单击“性能设置”按钮，弹出“自适应降级和性能调节”对话框，如图 3-17 所示，在其中可以对当前的三维图形显示系统进行配置。

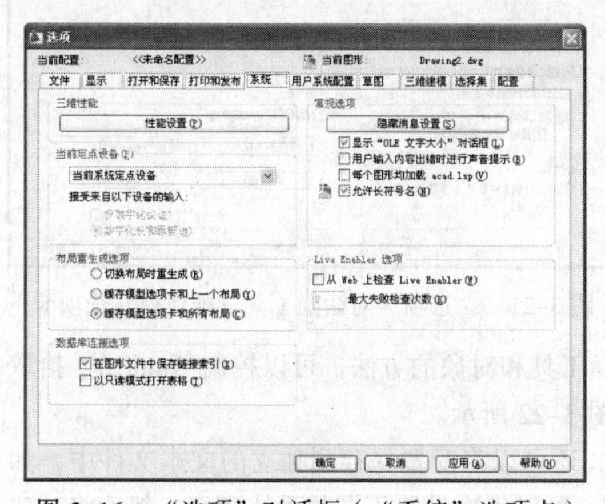

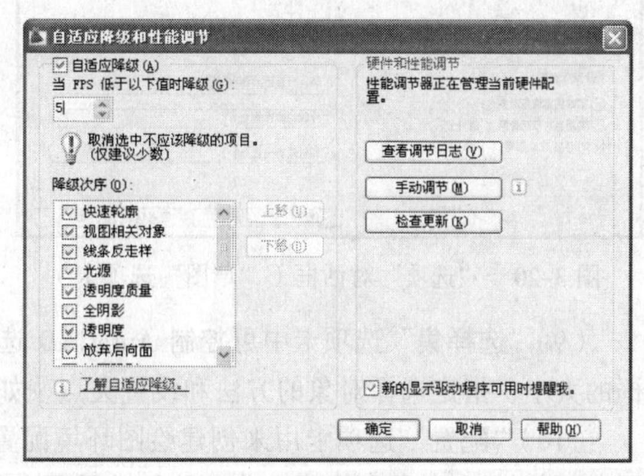

图 3-16　“选项”对话框（“系统”选项卡）　图 3-17　“自适应降级和性能调节”对话框

（6）“用户系统配置”选项卡用于设置优化 AutoCAD 工作方式的一些选项。在“插入比例”中的“源内容单位”设置在没有指定单位时，被插入到图形中的对象的单位。“目标图形单位”设置没有指定单位时，当前图形中对象的单位，如图 3-18 所示。

单击“线宽设置”按钮，弹出“线宽设置”对话框，如图 3-19 所示。在此对话框中可以设置线宽的显示特性，同时还可以设置当前线宽，

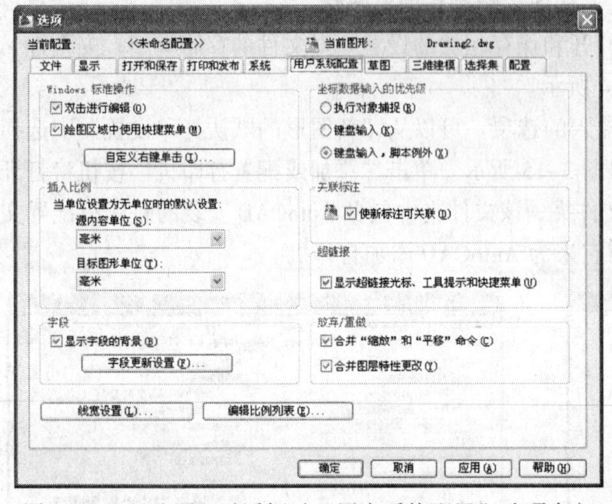

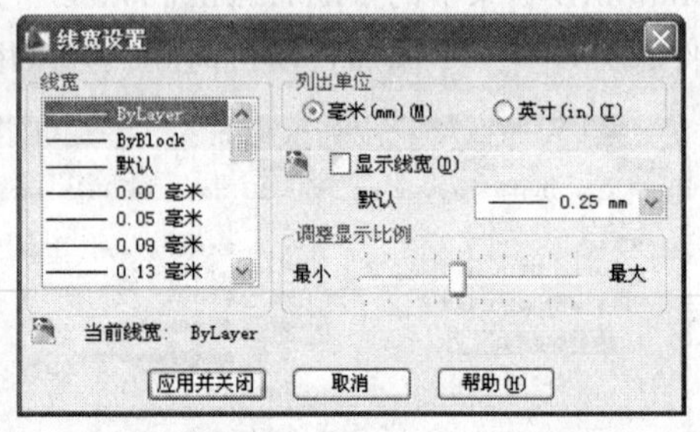

图 3-18 “选项”对话框（“用户系统配置”选项卡）　　图 3-19 “线宽设置”对话框

（7）“草图”选项卡中包含了多个设置 AutoCAD 辅助绘图工具的选项。“自动捕捉设置”控制自动捕捉的相关设置。AutoTrack 设置有“显示极轴追踪矢量”、“显示全屏追踪矢量”、“显示自动追踪工具提示”3 个选项，如图 3-20 所示。

（8）“三维建模”选项卡中可以设置三维十字光标和三维对象等选项，如图 3-21 所示。

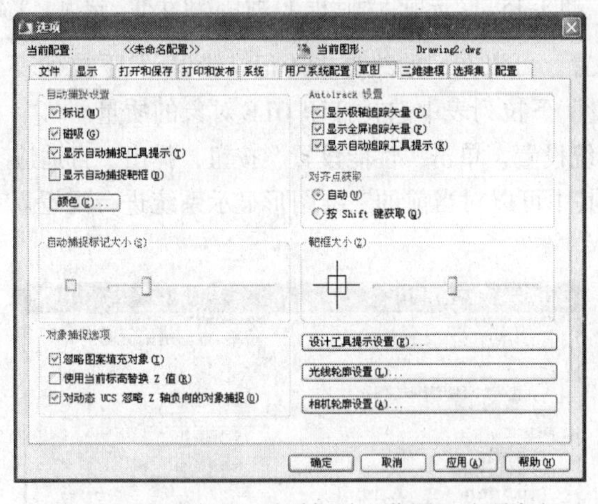

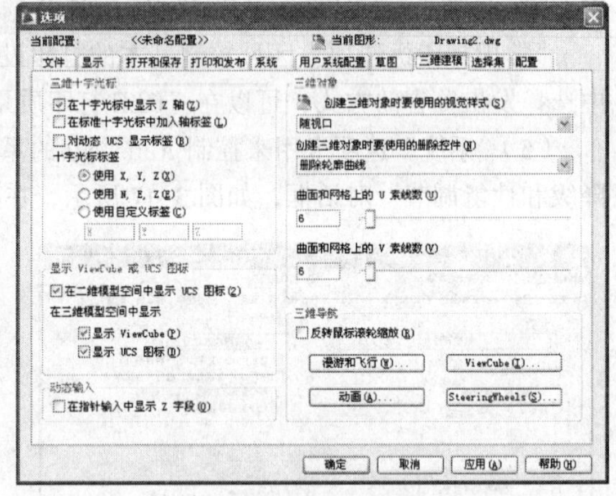

图 3-20 “选项”对话框（“草图”选项卡）　　图 3-21 “选项”对话框（“三维建模”选项卡）

（9）“选择集”选项卡中可控制 AutoCAD 选择工具和对象的方法。可以控制 AutoCAD 拾取框的大小、指定选择对象的方法和设置夹点，如图 3-22 所示。

（10）“配置”选项卡用来创建绘图环境配置，还可以将配置保存到独立的文本文件中，如图 3-23 所示。如果用户的工作环境经常需要变化，可以依次设置不同的系统环境，然后将其建立成不同的配置文件，以便随时恢复，避免经常重复设置的麻烦。

图 3-22　“选项”对话框（“选择集”选项卡）

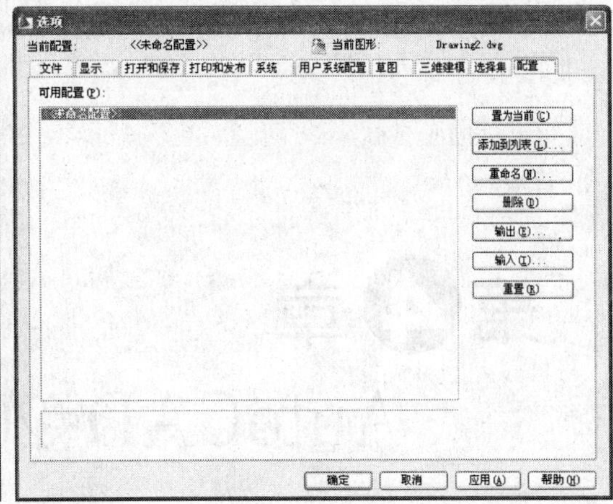

图 3-23　“选项”对话框（“配置”选项卡）

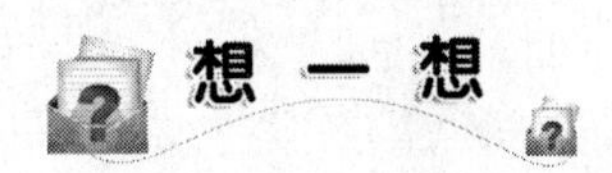

1. 如何创建新图层？
2. 如何设置线型和颜色？
3. 如何设置光标大小？

第4章 AutoCAD 2009 绘图工具的应用

学习目标

- 了解二维图形的概念
- 掌握绘图工具的使用方法
- 绘制洗手池图形
- 绘制双人床图形

4.1 二维建模概述

无论多么复杂的二维图形，都是由若干个简单的点、线、面和弧等基本图形元素组成的。因此，绘制和编辑图形是 AutoCAD 绘图技术的两大重点，所以绘制和编辑这些基本图形元素的各种命令也就构成了 AutoCAD 的基本绘制命令。

二维图形是一切图形的基础。在二维图形中，点、直线、射线、多段线、矩形、圆、椭圆、多边形、样条曲线等是最基础的内容。使用它们可以绘制复杂的二维图形，创建和编辑面域以及图案填充等。

4.2 绘 图 工 具

4.2.1 鼠标和键盘输入命令

1．鼠标输入命令

鼠标输入是指移动鼠标，直接在绘图的指定位置单击，来拾取点坐标的一种方法。当移动鼠标时，十字光标和坐标值随着变化，状态栏左边的坐标显示区将显示当前位置。

在 AutoCAD 2009 中，坐标的显示是动态直角坐标，其显示光标的绝对坐标值，随着光标移动坐标的显示连续更新，随时指示当前光标位置的坐标值。

2．键盘输入命令

键盘输入是通过键盘在命令行输入参数值来确定位置坐标。位置坐标一般有两种方式，即绝对坐标和相对坐标。

绝对坐标是指相对于当前坐标系原点(0，0，0)的坐标。在二维空间中，绝对坐标可以用绝对直角坐标和绝对极坐标来表示。

相对坐标指相对于前一点位置的坐标。相对坐标也有相对直角坐标和相对极坐标两种表示方式。

用给定距离的输入方式是鼠标输入法和键盘输入法的结合。当提示输入一个点时，将鼠标移到输入点的附近（不要单击）用来确定方向，使用键盘直接输入一个相对前一点的距离，按【Enter】键确定。

4.2.2 绘图工具使用方法

绘图工具使用方法如表 4-1 所示。

表 4-1 绘图工具的使用

名 称	操作方法	输入	步 骤	绘制效果
直线	单击“绘图”工具栏中“直线”按钮	L	在绘图区指定起始点，将起始点向右移动，并在“命令提示区”输入数值“80↙”，向下移动光标在“命令提示行”输入数值“60↙”，向左移动光标在“命令提示行”输入数值“80↙”，在“命令提示行”输入“C↙”，如图 4-1 所示	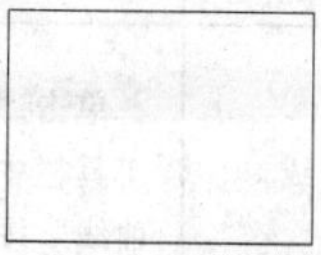 图 4-1 直线
参考线	单击“绘图”工具栏中“参考线”按钮	XL	在绘图区指定起始点，打开“正交”按钮，向右移动光标确定水平辅助线，向下移动光标确定垂直辅助线，如图 4-2 所示	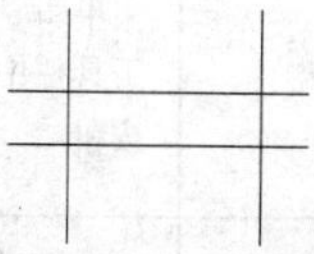 图 4-2 参考线
多断线	单击“绘图”工具栏中“多断线”按钮	PL	在绘图区指定起始点，打开“正交”按钮，向右移动光标在“命令提示区”输入“100↙”。向下移动光标在“命令提示区”输入“A↙”，“50↙”。向左移动光标在“命令提示区”输入“L↙”，“100↙”。向左移动光标在“命令提示区”输入“A↙”，“CL↙”，如图 4-3 所示	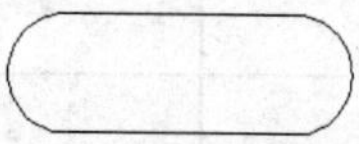 图 4-3 多断线
正多边形	单击“绘图”工具栏中“正多边形”按钮	POL	在“命令提示区”输入“6↙”，在绘图区指定起始点“↙”，在“命令提示区”输入“50↙”，如图 4-4 所示	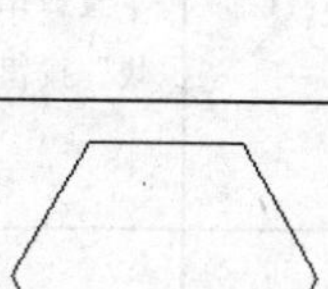 图 4-4 正多边形
矩形	单击“绘图”工具栏中“矩形”按钮	REC	在绘图区指定起始点，在“命令提示区”输入“@50,50↙”，如图 4-5 所示	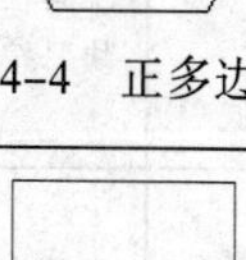 图 4-5 矩形

续表

名　称	操作方法	输入	步　骤	绘制效果
圆弧	单击“绘图”工具栏中“圆弧”按钮	A	在绘图区指定起始点，在“命令提示区”输入“C↙”，“50↙”，“A↙”，“180↙”，如图 4-6 所示	 图 4-6　圆弧
圆	单击“绘图”工具栏中“圆”按钮	C	在绘图区指定起始点，在“命令提示区”输入“50↙”，如图 4-7 所示	图 4-7　圆
修订云线	单击“绘图”工具栏中“修订云线”按钮	R	在绘图区指定起始点。在绘图区中绘制云线形状，光标移动直至闭合，如图 4-8 所示	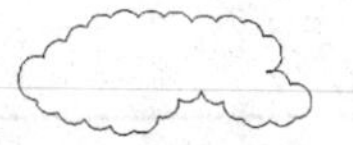 图 4-8　修订云线
样条曲线	单击“绘图”工具栏中“样条曲线”按钮	SPL	在绘图区指定起始点。按照需要设置控制点闭合时按【Enter】键 3 次，然后通过调整控制点改变外部形态，如图 4-9 所示	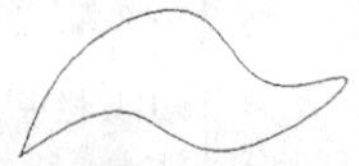 图 4-9　样条曲线
椭圆	单击“绘图”工具栏中“椭圆”按钮	EL	在绘图区指定起始点。打开“正交”按钮，向右移动光标在“命令提示区”输入“100↙”，“20↙”，完成的效果如图 4-10 所示	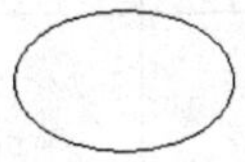 图 4-10　椭圆
椭圆弧	单击“绘图”工具栏中“椭圆弧”按钮	—	在绘图区指定中心点，然后单击鼠标确立另一个点，此时出现一个椭圆形，在椭圆上分别截取两个点，如图 4-11 所示	 图 4-11　椭圆弧
插入块	单击“绘图”工具栏中“插入块”按钮	I	弹出“插入”对话框，单击“浏览”按钮，在弹出的“选择图形文件”对话框中选择“床.dwg”文件，单击确定，完成插入块的图形，如图 4-12 所示	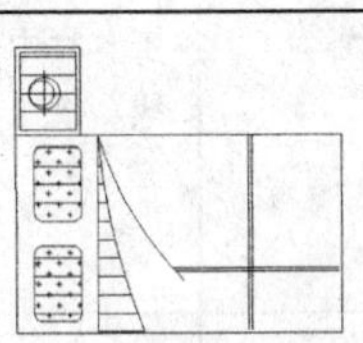 图 4-12　插入块效果
绘制创建块	单击“绘图”工具栏中“创建块”按钮	B	弹出“块定义”对话框，在名称选项栏中输入该组合的名称，单击确定，完成创建块的图形，如图 4-13 所示	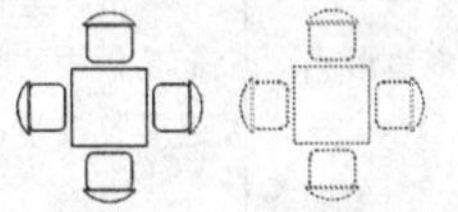 图 4-13　创建完成块效果
绘制点	单击“绘图”工具栏中“绘制点”按钮	PO	单击“绘图”工具栏中“点”命令按钮，在绘图区指定点位置，创建点效果如图 4-14 所示	图 4-14　绘制点

续表

名　　称	操作方法	输入	步　　骤	绘制效果
图案填充	在绘图区绘制一个矩形，单击“绘图”工具栏中“图案填充”按钮	H	弹出“图案填充和渐变色”对话框，单击“添加：拾取点”按钮，在绘图区中选择矩形。返回到操作界面，单击“图案”选项后的按钮，弹出“填充图案选项板”对话框，选择要填充的图案，在“角度和比例”选项下设置比例数值，填充完成效果，如图 4-15 所示	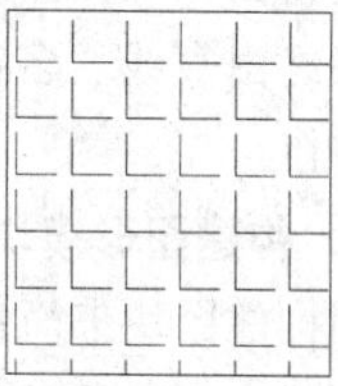 图 4-15　填充完成后效果
渐变色	在绘图区绘制一个圆形，单击“绘图”工具栏中“渐变色”按钮	gradient	弹出“图案填充和渐变色”对话框，单击“添加：拾取点”按钮，在绘图区中选择圆形。返回到操作界面，在弹出“填充图案选项板”对话框中选择要填充的渐变样式，并在“方向”选项中设置方向参数，填充完成效果，如图 4-16 所示	 图 4-16　填充颜色完成效果
面域	单击“绘图”工具栏中“面域”按钮	region	单击“面域”命令按钮，选择要封闭图形对象，或者组成封闭图形区域的多个图形对象，然后输入“↙”完成面域，如图 4-17 所示	 图 4-17　面域
表格	单击“绘图”工具栏中“表格”按钮	TB	弹出“插入表格”对话框，输入列数，列宽，行数，行宽，然后输入“↙”，在绘图区单击，弹出表格，在打开的“文字格式”对话框中设置字体及高度，然后在表格区输入相应的文字，表格完成后效果如图 4-18 所示	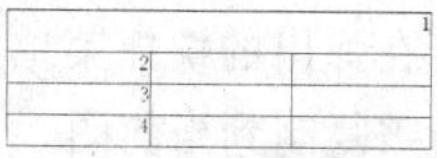 图 4-18　表格完成效果
文字 A	单击“绘图”工具栏中“文字”按钮 A	T	在绘图区中拉出一个文本框，在弹出的“文字格式”对话框中设置字体及颜色，然后在文字区输入相应的文字，如图 4-19 所示	ABC 图 4-19　输入文字效果

4.2.3 绘图工具使用技巧

1. ACAD.PGP 文件修改

直线命令在“命令提示区”输入时可简化为“L”，在 AutoCAD 2009 中有一个加密文件 ACAD.PGP 中定义了 LINE 命令的简写，先找出这个文件并打开。找到提示语，在其下的几行文字就可对简写的定义，它的左列是简写命令的文字实现，可以根据需要进行修改，它的右列是默认的命令，不能随意修改。

2. 对图形夹点操作

当单击图形时，图形上便会出现许多方框，这些就是夹点。通过控制夹点便能进行一些基本的编辑操作。

3. 使用修改命令

对于 AutoCAD 绘图工作人员来说，绘制一张图纸 60%～70%是运用修改命令完成的，其余的才是作图。从图形构成来看图形只有直线与曲线两种，而曲线又由大量的圆剪切而成，所以绘图最终由直线、多边形和圆组成。既然如此作图只需先画圆或直线并指定位置，然后进行一系列操作。

4. 构建图形模块

用构建图块来简化绘图工作图块是 AutoCAD 操作中比较核心的工作。许多程序员与绘图工作者都建立了各种各样的图块，如工程制图或展示制图中建立一些门、窗、楼梯、台阶等以便在绘图调用。

（1）建立图样原型的.DWG 文件并保存。在 WBLOCK 命令下的操作，要建立图块的基点，以便以后调用。

（2）从 INSERTION 中向需要图块的图形中加入图块，通过这部分就能建立并运用图块了。图块的运用能进一步的提高绘图的速度。

5. 复制图形文件

利用 AutoCAD 设计中心，可以方便地将某一图形中的图层、线形、文字样式、尺寸样式及图块通过鼠标拖放添加到当前图形中。

在内容框或通过“查询”对话框找到对应内容，然后将它们拖动到当前打开图形的绘图区后放开按键，即可将所选内容复制到当前图形中。

如果所选内容为图块文件，拖动到指定位置松开左键后，即完成插入块操作。

也可以使用复制粘贴的方法：在设计中心的内容框中，选择要复制的内容，再右击所选内容，在弹出的快捷菜单中选择“复制”命令，然后单击主窗口工具栏中“粘贴”按钮，所选内容就被复制到当前图。

6. 快捷命令

AutoCAD 2009 提供了完善的菜单和工具栏两种输入方法，但是要提高绘图速度，只有掌握 AutoCAD 2009 提供的快捷命令输入方法。

（1）快捷命令。所谓的快捷命令，是 AutoCAD 2009 为了提高绘图速度定义的快捷方式，它用一个或几个简单的字母来代替常用的命令，使我们不用去记忆众多的长长的命令，也不必为了执行一个命令，在菜单和工具栏上寻找。所有定义的快捷命令都保存在 AutoCAD 安装目录下 SUPPORT 子目录中的 ACAD.PGP 文件中，我们可以通过修改该文件的内容来定义自己常用的快捷命令。每次新建或打开一个 AutoCAD 绘图文件时，其本身会自动搜索到安装目录下的 SUPPORT 路径，找到并读入 ACAD.PGP 文件。当 AutoCAD 正在运行的时候，可以通过命令行的方式，用 ACAD.PGP 文件里定义的快捷命令来完成一个操作，比如要画一条直线，只需要在命令行里输入字母“L”即可。

（2）快捷命令的规律。快捷命令的规律如下：

① 快捷命令通常是该命令英文单词的第一个或前面两个字母，有的是前三个字母。比如，直线的快捷命令是“L”；复制的快捷命令是“CO”；线型比例的快捷命令是“LTS”。在使用过程中，试着用命令的第一个字母，不行就用前两个字母，最多用前三个字母，也就是说，AutoCAD 2009 的快捷命令一般不会超过三个字母，如果一个命令用前三个字母都不行的话，只能输入完整的命令。

② 另外一类的快捷命令通常是由【Ctrl】键+一个字母”组成的，或者用功能键【F1】~【F8】来定义。比如【Ctrl + N】组合键，【Ctrl + O】组合键，【Ctrl + S】组合键，【Ctrl + P】组合键分别表示新建、打开、保存、打印文件；【F3】表示“对象捕捉”。

4.3 二维平面图制作综合案例

4.3.1 制作洗手池

1. 实例目标

本实例通过绘制洗手池图形，从而使读者了解并掌握绘图工具的使用方法。

2. 制作步骤

可以按照下面的方法进行操作，其步骤如下：

（1）选择“格式”→“单位”命令，在弹出的“图形单位”对话框中，设置要建图形的长度、角度和缩放比例，单击“确定”完成，如图 4-20 所示。

（2）按下状态栏下的“正交”按钮，单击“绘图”工具栏中“椭圆”按钮。

（3）在绘图区指定端点到终点的距离，然后确定出椭圆的宽度并单击确定，完成后效果如图 4-21 所示。

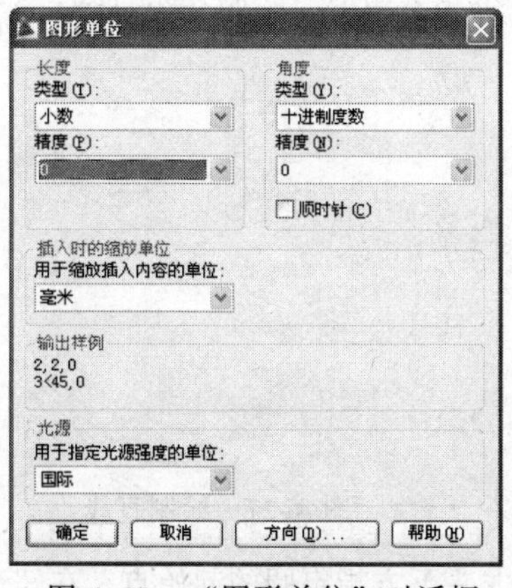

图 4-20 “图形单位”对话框

图 4-21 绘制椭圆形

（4）运用“绘图”工具栏中“椭圆”按钮和“矩形”按钮，绘制出如图 4-22 所示的图形，然后将图形全部选择。

（5）单击“修改”工具栏中“修剪”按钮，将与椭圆形相交部分删除，完成后效果如图 4-23 所示。

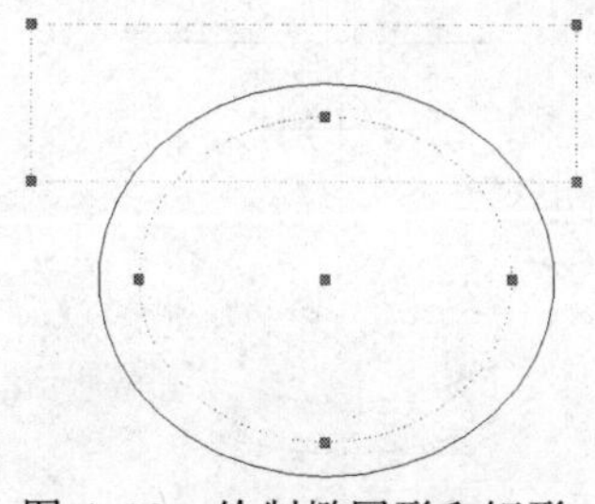

图 4-22 绘制椭圆形和矩形

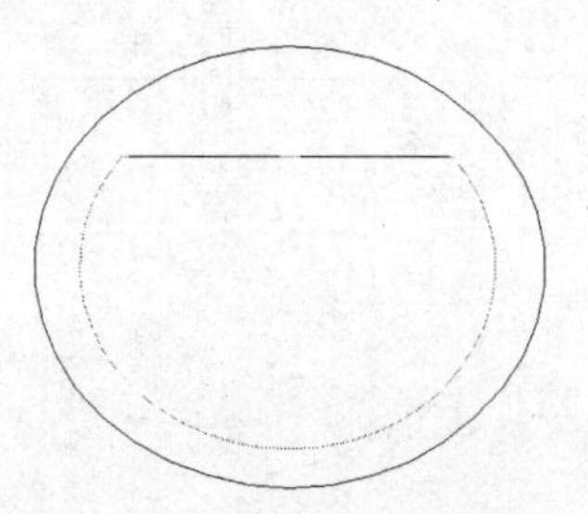

图 4-23 修剪完成后效果

（6）单击“绘图”工具栏中“圆”按钮⊙，在绘图区指定圆的起始点。

（7）在“命令提示区”中输入“D↙”，“40↙”，如图4-24所示。

（8）将圆形选中，选择“编辑”→“复制”命令，将图形进行复制，然后选择“编辑”→“粘贴”命令，将图形复制到合适的位置，完成后效果如图4-25所示。

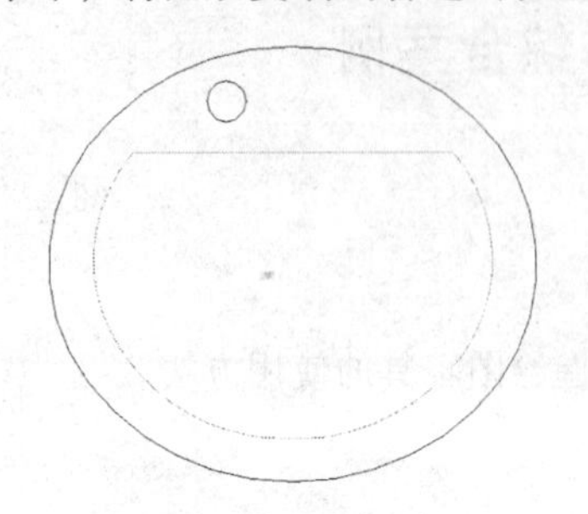

图4-24 绘制圆形

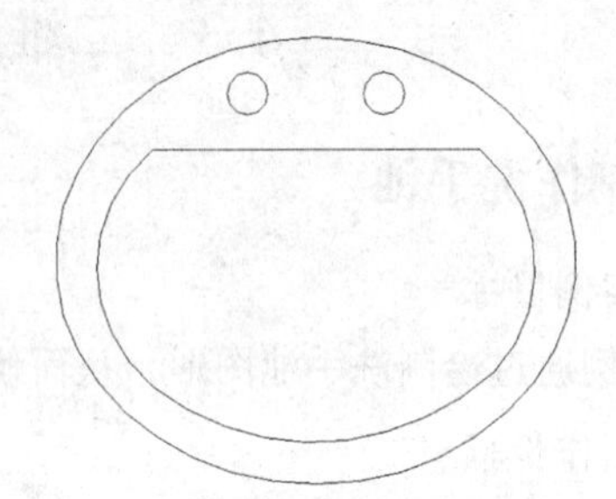

图4-25 复制圆形完成后效果

（9）单击“绘图”工具栏中“多段线”按钮⊃，在绘图区指定水龙头起点。

（10）在“命令提示区”中输入“L↙”，“20↙”，向下移动光标并输入“92↙”。

（11）在绘图区域中将光标指向左方，在“命令提示区”中输入“A↙”，“20↙”，“L↙”，“C↙”，完成后效果如图4-26所示。

（12）单击“绘图”工具栏中“直线”按钮╱，在水龙头图形中绘制几条直线，如图4-27所示。

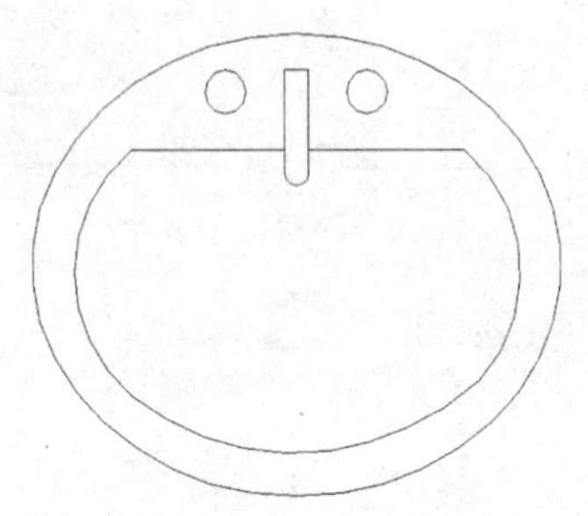

图4-26 绘制水龙头

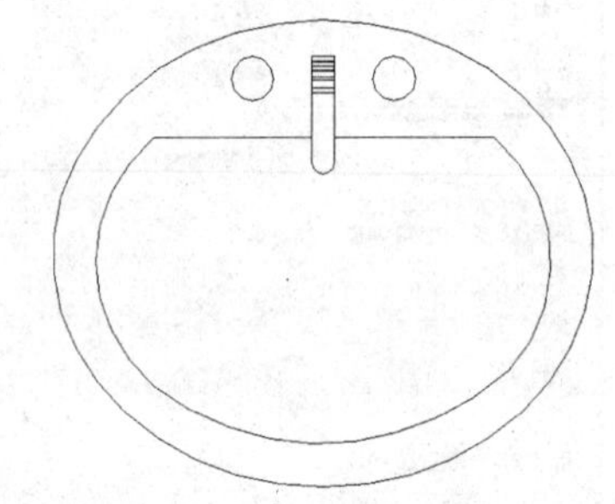

图4-27 绘制直线

（13）单击“绘图”工具栏中“圆”按钮⊙，在水龙头下方指定圆的起始点。在“命令提示区”中输入“D↙”，“50↙”，如图4-28所示。

（14）单击“绘图”工具栏中“直线”按钮╱，在圆形中心位置绘制出两条直线，如图4-29所示。

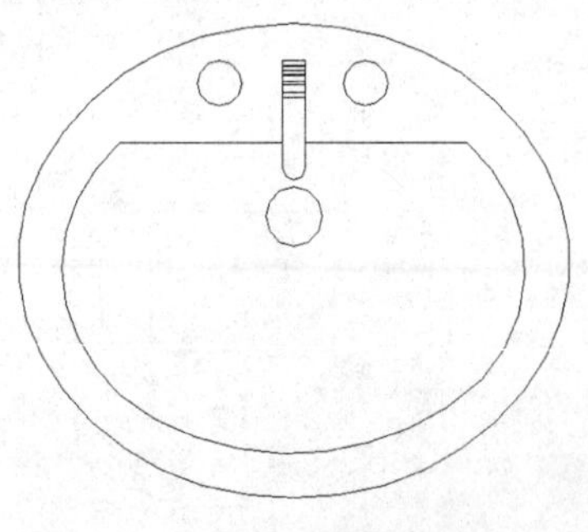

图4-28 绘制圆形

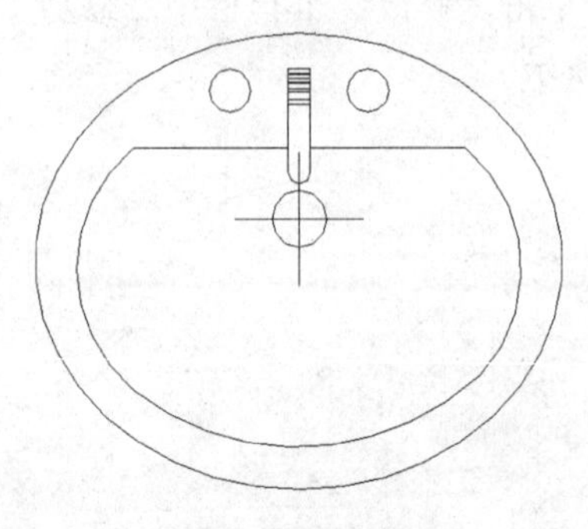

图4-29 绘制十字线

（15）单击“绘图”工具栏中“直线”按钮，在绘图区指定水池起始点。

（16）在“命令提示区”中输入“400↙”，向右移动光标并输入“1000↙”，向下移动光标并输入“400↙”，完成的效果如图 4-30 所示。

（17）使用“绘图”工具栏中“直线”按钮，绘制出水池两侧直线如图 4-31 所示。

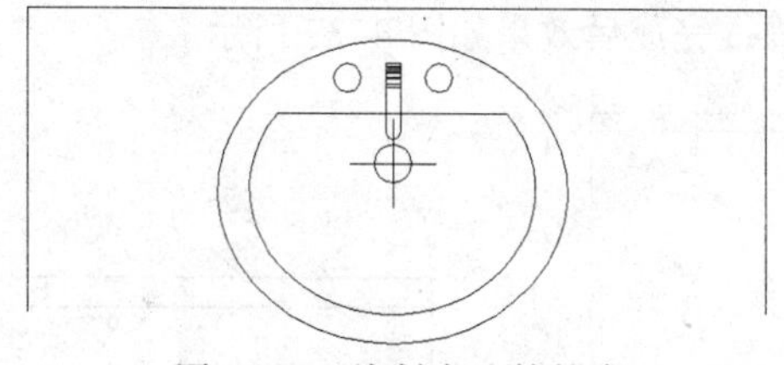

图 4-30　绘制水池外轮廓

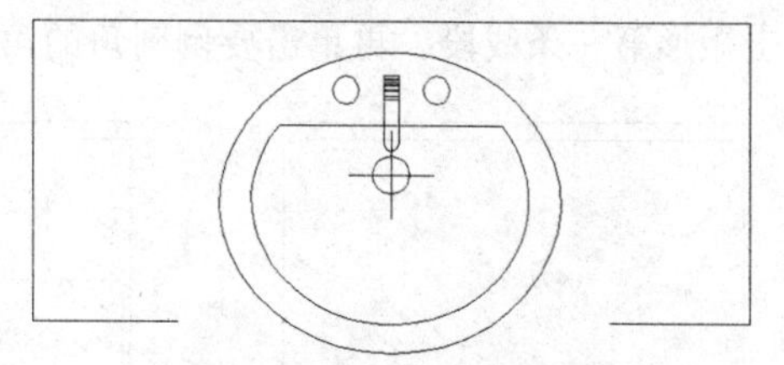

图 4-31　绘制水池两侧直线

（18）单击“绘图”工具栏中“圆弧”按钮，在水池左侧指定圆弧起点。

（19）在“命令提示区”中输入“E↙”，在绘图区指定水池右侧的端点，然后在“命令提示区”中输入“A↙”，“90↙”，完成后效果如图 4-32 所示。

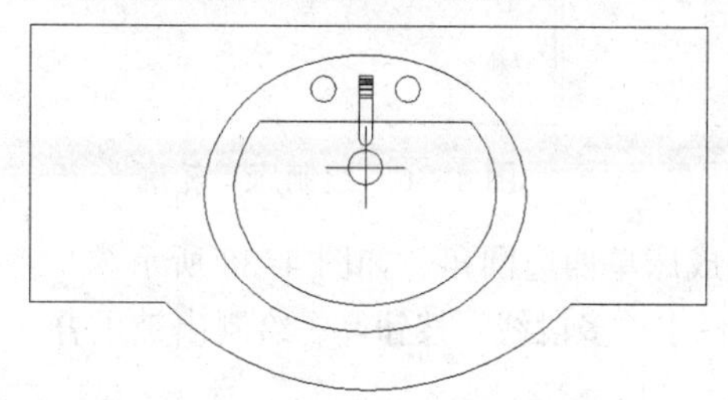

图 4-32　完成后的洗手池图形

4.3.2　制作双人床

1. 实例目标

本实例通过绘制双人床图形，从而使读者了解并掌握绘图工具的使用方法。

2. 制作步骤

可以按照下面的方法进行操作，其步骤如下：

（1）选择“格式”→“单位”命令，在弹出的“图形单位”对话框中，设置要建图形的长度、角度和缩放比例，单击“确定”完成，如图 4-33 所示。

（2）按下状态栏下的“正交”按钮，单击“绘图”工具栏中“矩形”命令按钮，在绘图区域中单击指定起始点，在“命令提示区”中输入“@1500,2000↙”，完成后的效果如图 4-34 所示。

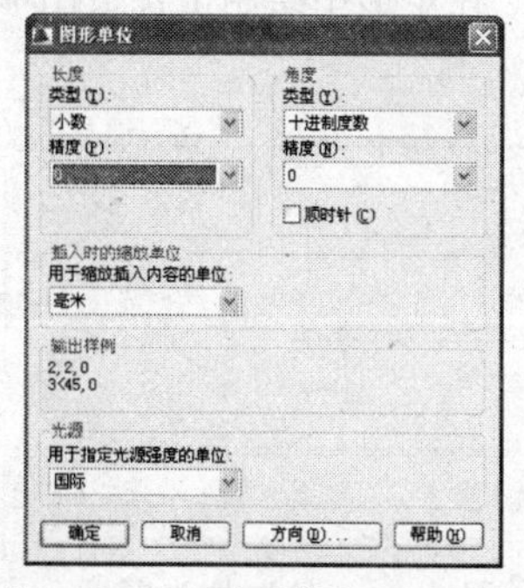

图 4-33　“图形单位“对话框

图 4-34　绘制矩形

（3）单击“绘图”工具栏中“直线”按钮⟋，在矩形中指定直线起始点。

（4）在“命令提示区”中输入“1500↙”，绘制出一条直线，如图 4-35 所示。

（5）单击“绘图”工具栏中“直线”按钮⟋，在矩形中绘制出床单轮廓，如图 4-36 所示。

（6）单击“修改”工具栏中“圆角”按钮⌜，在“命令提示区”中输入“R↙”，“20↙”，单击矩形第一条线段，再单击要倒圆角的第二条线段，完成后效果如图 4-37 所示。

图 4-35　绘制直线

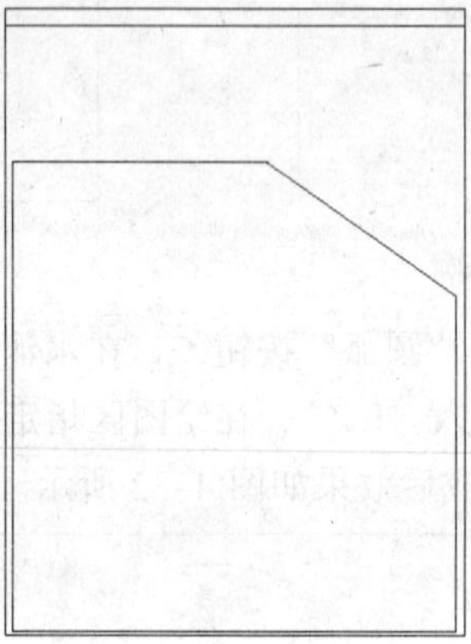

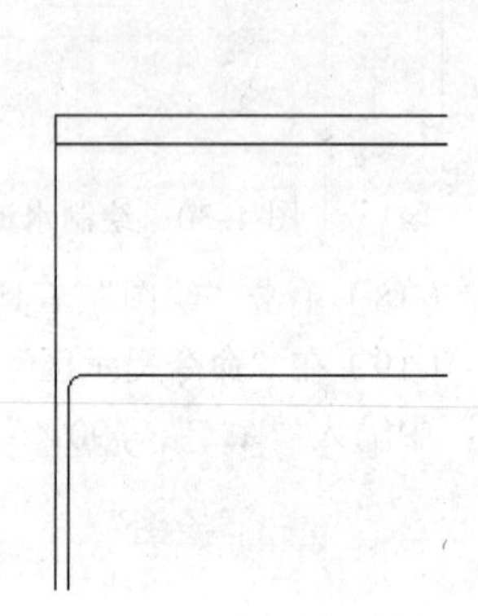

图 4-36　绘制床单轮廓

图 4-37　倒圆角效果

（7）用同样的方法，完成床单四边圆角，如图 4-38 所示。

（8）单击“绘图”工具栏中“多段线”按钮⤼，绘制出被重叠一角的图形，如图 4-39 所示。

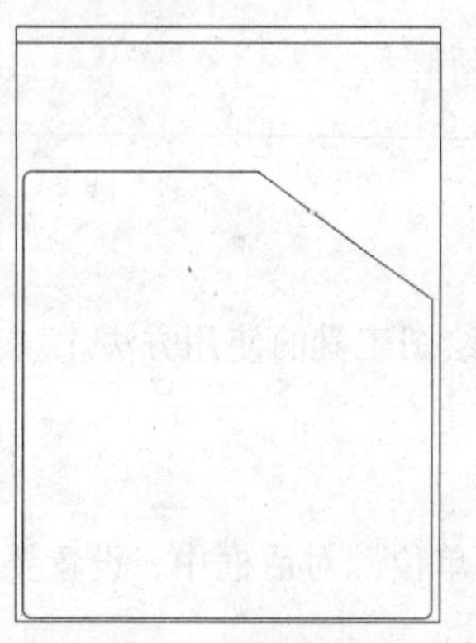

图 4-38　完成床单圆角效果

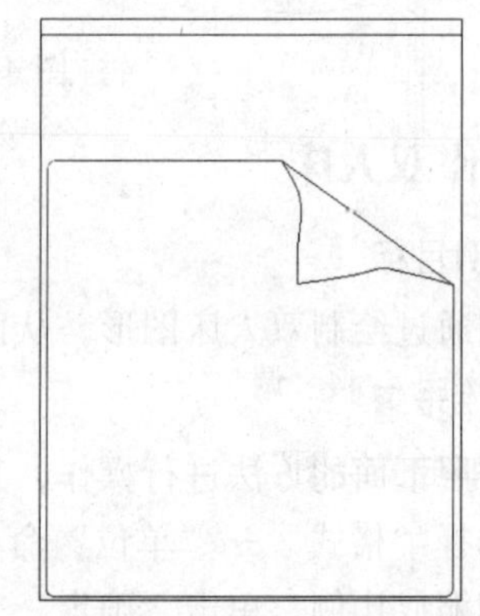

图 4-39　绘制被角图形

（9）单击“绘图”工具栏中“直线”按钮⟋，在床单中绘制两条直线，如图 4-40 所示。

（10）单击“绘图”工具栏中“样条曲线”命令按钮～，在矩形中绘制出枕头图形，如图 4-41 所示。

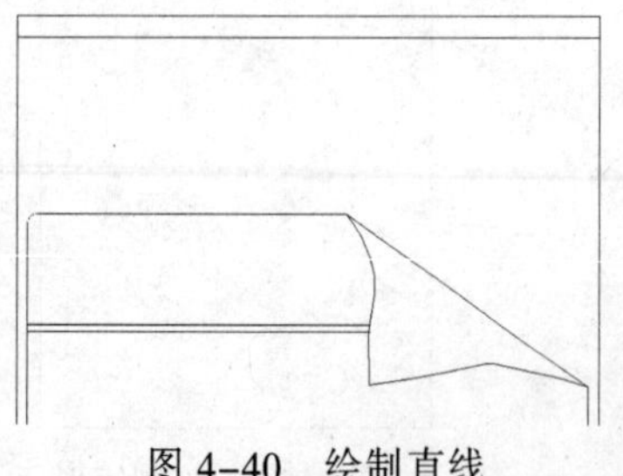

图 4-40　绘制直线

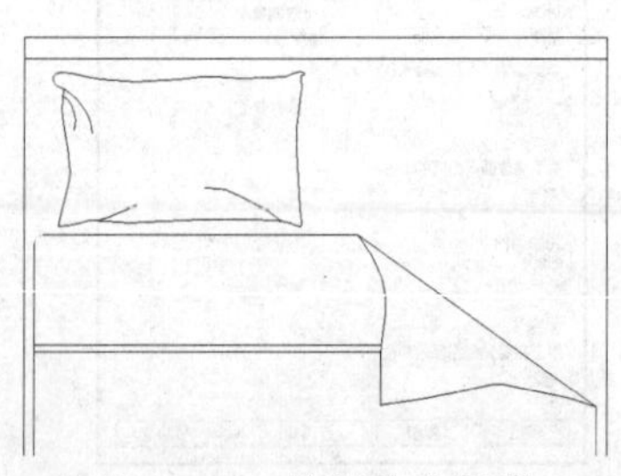

图 4-41　绘制枕头图形

（11）用同样的方法绘制出另一个枕头图形，绘制完成后如图 4-42 所示。

（12）单击“绘图”工具栏中“矩形”命令按钮▭，在绘图区域中单击指定床头柜的起始点，在“命令提示区”中输入“@500,500↙”，如图 4-43 所示。

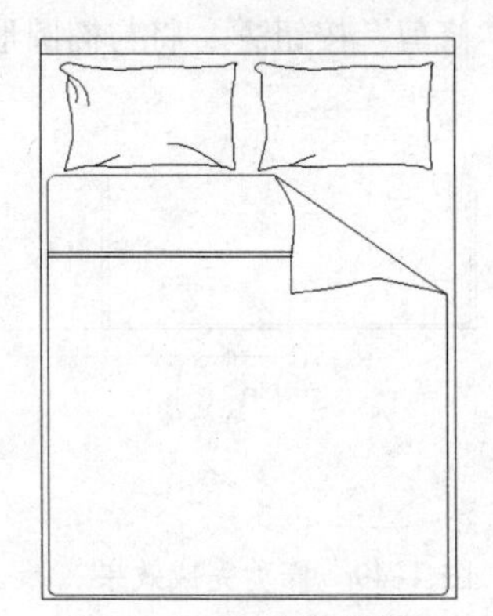

图 4-42　完成枕头图形

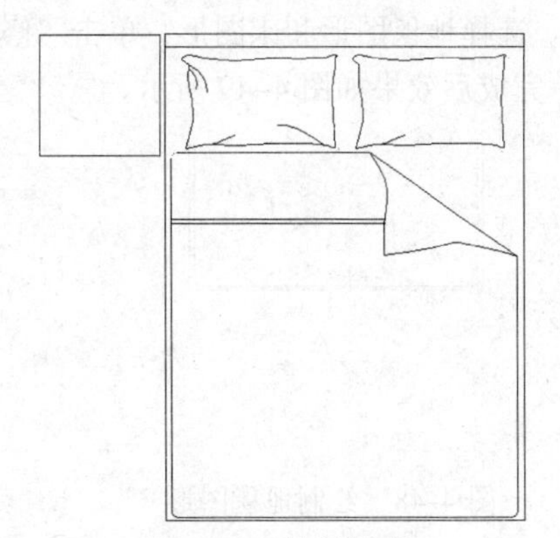

图 4-43　绘制矩形

（13）单击“绘图”工具栏中“矩形”命令按钮▭，在“命令提示区”中输入“@460,460↙”，调整小矩形到合适的位置，如图 4-44 所示。

（14）单击“绘图”工具栏中“圆”按钮⊙，在绘图区指定圆的起始点。

（15）在“命令提示区”中输入“D↙”，“200↙”，如图 4-45 所示。

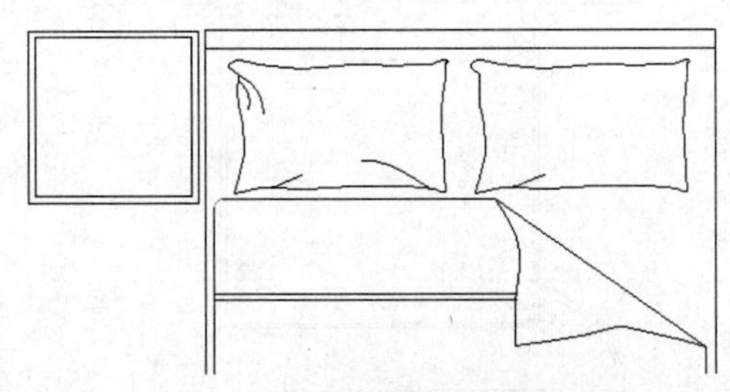

图 4-44　调整小矩形位置

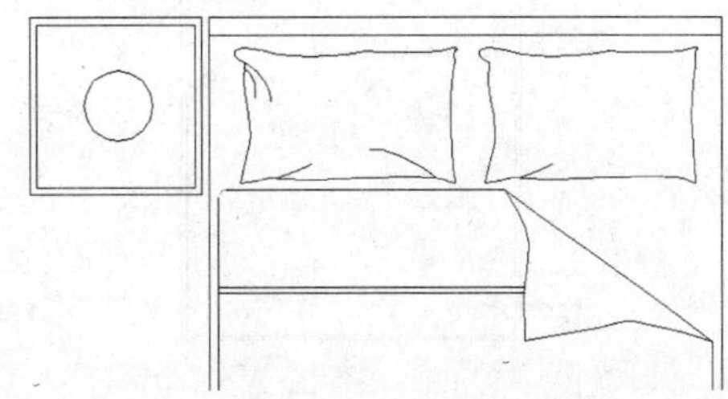

图 4-45　绘制圆形

（16）单击“绘图”工具栏中“直线”按钮╱，在圆形中心位置绘制出两条直线，如图 4-46 所示。

（17）将圆形选中，选择“编辑”→“复制”命令，将图形进行复制，然后选择“编辑”→“粘贴”命令，将图形复制到合适的位置，完成后效果如图 4-47 所示。

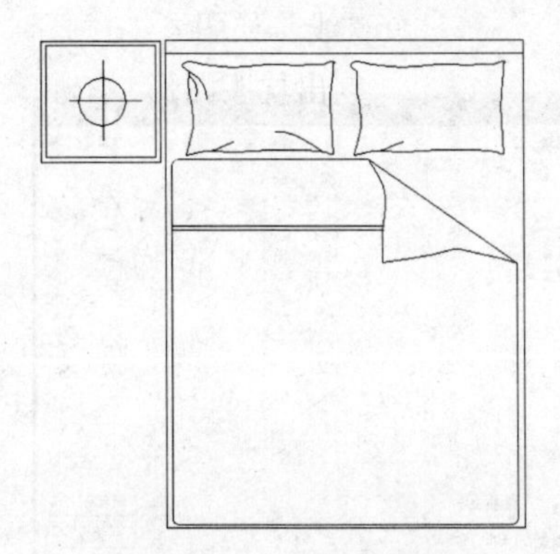

图 4-46　绘制两条直线

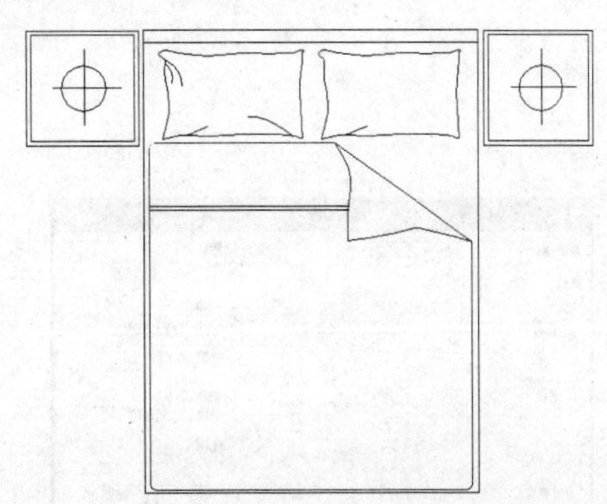

图 4-47　复制圆形完成后效果

（18）单击“绘图”工具栏中“椭圆”按钮，在绘图区指定地毯起始点。

（19）按【F8】键打开“正交”按钮，向右移动光标在“命令提示区”输入“1500↙”，“600↙”，完成后效果如图 4-48 所示。

（20）选择地毯图形和床图形，单击“修改”工具栏中“修剪”按钮，将与椭圆形相交部分删除，完成后效果如图 4-49 所示。

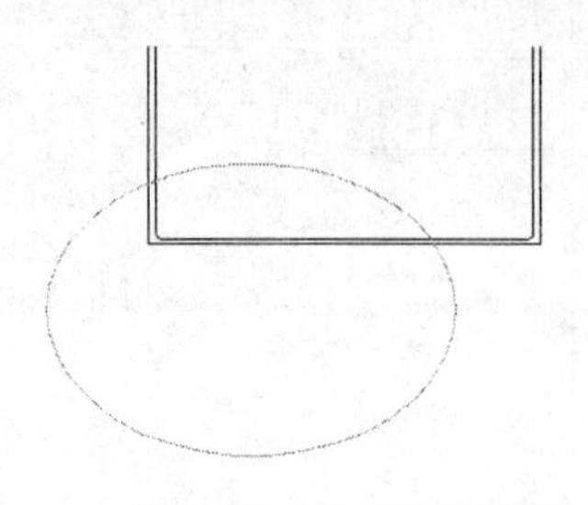
图 4-48　绘制地毯图形

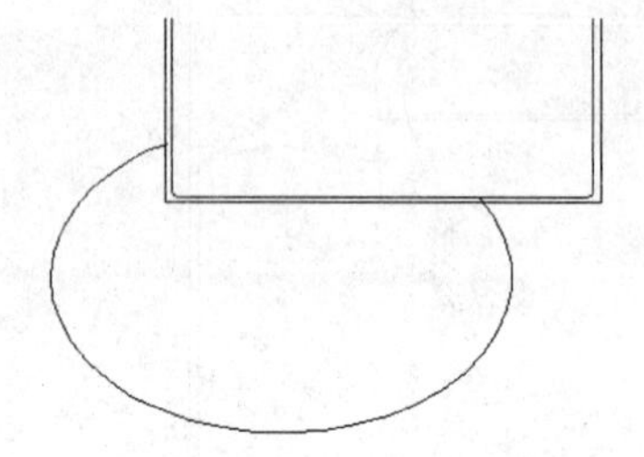
图 4-49　修剪完成效果

（21）使用同样的方法绘制地毯内轮廓并进行修剪，完成后效果如图 4-50 所示。

（22）单击“绘图”工具栏中“直线”按钮，在地毯中绘制相应的装饰线条，如图 4-51 所示。

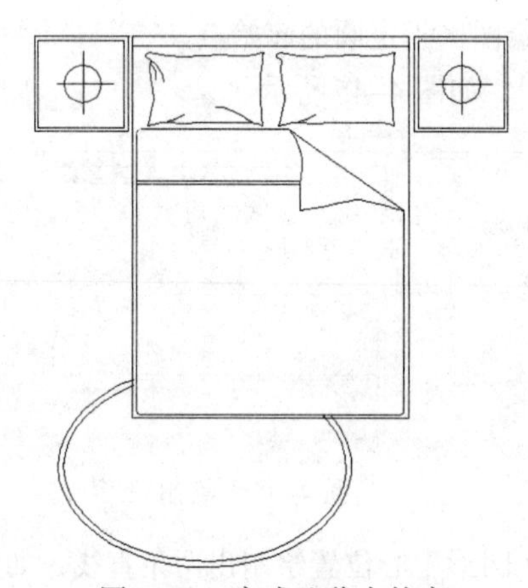
图 4-50　完成地毯内轮廓

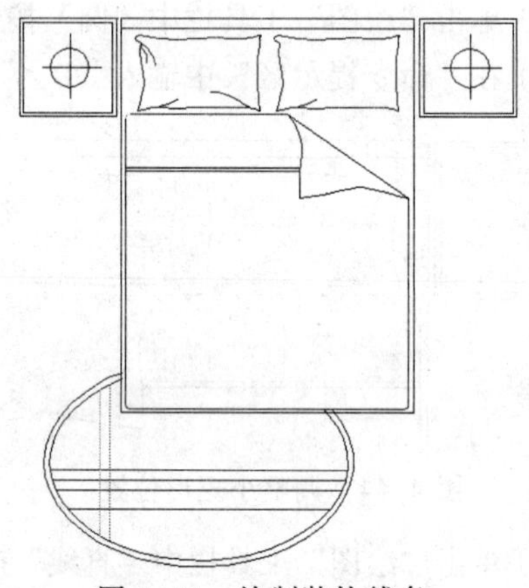
图 4-51　绘制装饰线条

（23）单击“绘图”工具栏中“插入块”按钮，弹出“插入”对话框，如图 4-52 所示。

（24）单击“浏览”按钮，在弹出的“选择图形文件”对话框，选择“靠垫.dwg”，如图 4-53 所示。

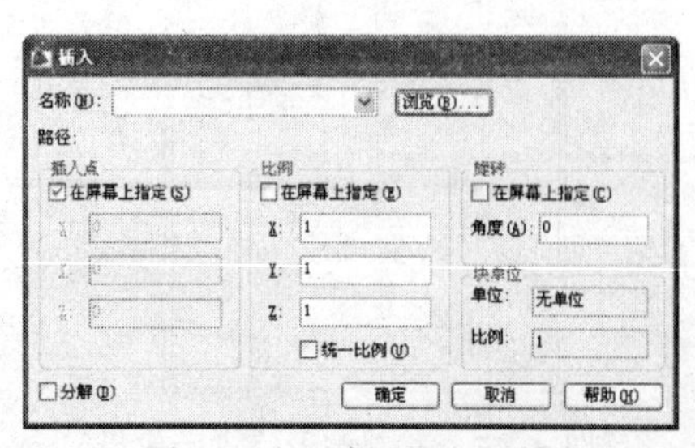

图 4-52　“插入”对话框

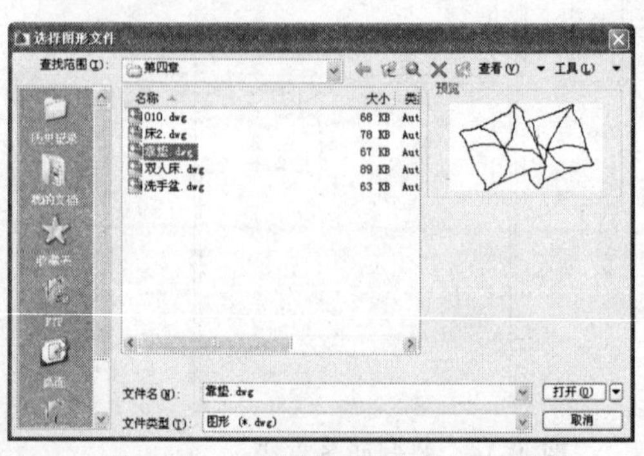

图 4-53　“选择图形文件”对话框

(25)单击“打开”按钮，将靠垫插入到双人床中并调整到合适的位置，完成后效果如图 4–54 所示。

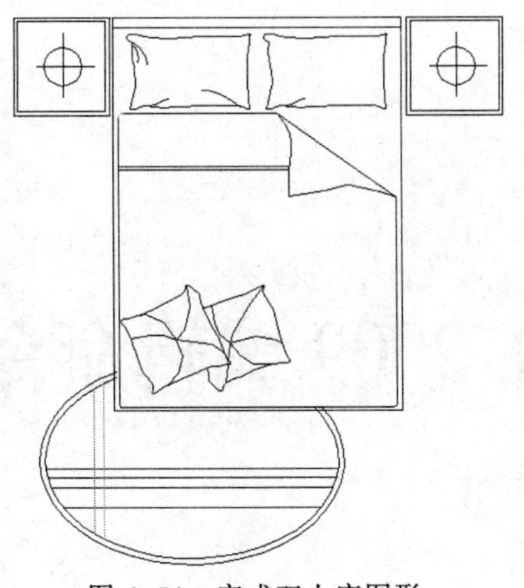

图 4–54　完成双人床图形

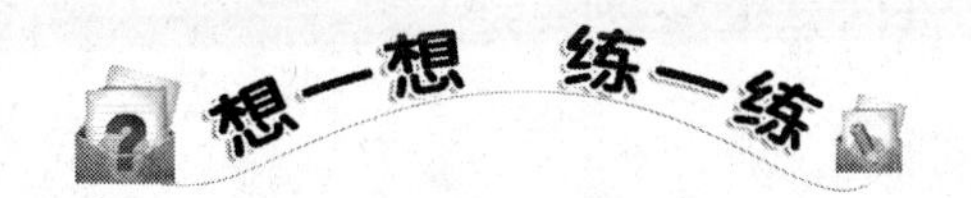

想一想

1. 简述什么是二维图形。
2. 简述绘图命令中“多段线”的使用方法。

练一练

1. 使用“矩形”、“椭圆”和“圆”命令绘制洗衣机图形，完成效果如图 4–55 所示。
2. 使用“矩形”、“圆”和“文字”命令并配合复制命令绘制出微波炉图形，完成效果如图 4–56 所示。

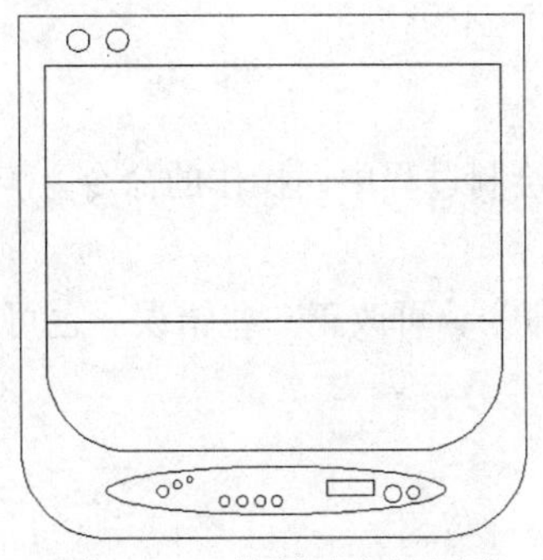

图 4–55　绘制洗衣机图形

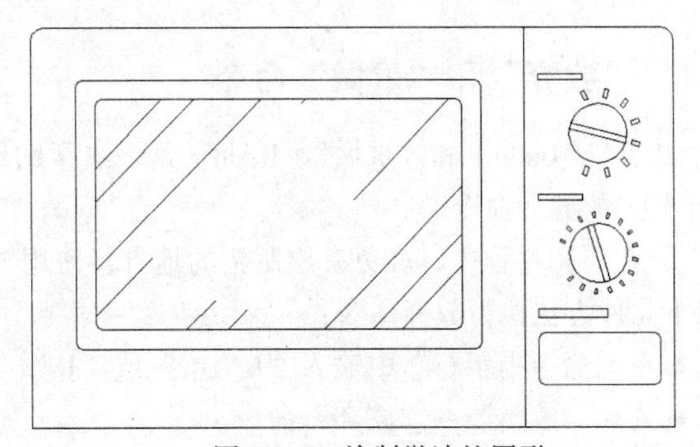

图 4–56　绘制微波炉图形

第5章 AutoCAD 2009 编辑命令的使用技巧

学习目标

- 了解编辑命令
- 掌握编辑命令的使用方法
- 绘制罗马柱图形
- 绘制改锥图形

5.1 编 辑 命 令

AutoCAD 有许多基本的编辑命令，如取消和重做、删除和恢复、复制、移动、旋转、剪切、延伸、缩放、拉伸、偏离、镜像、断开、阵列、修正位置、倒角、编辑多义线、编辑样条曲线、编辑复合线、修改、分解等，正确灵活地掌握这些编辑命令，将极大地提高绘图质量和效率。

5.2 编辑命令的使用方法

5.2.1 “放弃”和“重做”命令

“放弃”（Undo）和“重做”（Redo）是一组帮助用户改正绘制过程中误操作的命令。

（1）“放弃”命令。

① 在绘图过程中，难免有绘制错的地方，使用“放弃”命令，可改正一些错误。也可以通过以下几种方法执行放弃命令：

- 在“命令提示行”中输入“UNDO”或“U”。
- 选择“编辑”→“放弃”命令。
- 单击标准工具栏上“放弃”按钮。
- 使用【Ctr+Z】组合键。

② AutoCAD 的“放弃”命令具有如下功能：

- 放弃可以无限制地逐级取消多个操作步骤，直到返回当前图形的开始状态；

- 放弃不受存储图形的影响，用户可以保存图形，而放弃命令仍然有效；
- 放弃适用于几乎所有的命令，放弃命令不仅可以取消用户绘图操作，而且还能取消模式设置、图层的创建以及其他操作；
- 放弃提供几个用于管理命令组或同时删除几个命令的不同选项。

③ AutoCAD 的放弃命令所具有的功能并不适用于所有的 AutoCAD 命令，也不能恢复所有系统设置。以下功能就不受放弃功能的影响：

- 用选项所配置的 AutoCAD 选项；
- 新建或打开所建立或捕捉图形等类似操作。

（2）“重做”命令。在操作放弃命令时难免会发生操作失误，重做能帮助用户挽回最近一次失误。可以通过以下几种方法执行重做命令：

① 在“命令提示行”中输入“REDO”。

② 选择“编辑”→“重做”命令。

③ 单击标准工具栏上“重做”按钮。

④ 使用【Ctr+Y】组合键。

“重做”命令不可以用“R”代替；“重做”命令不能够往前逐一恢复被取消的执行结果；在“放弃”命令之后又执行另外的命令，则“重做”命令将会失效。

5.2.2 “删除”命令

在绘图过程中可能有一些错误或没用的图形，可通过“删除”命令提供的删除功能将其删除。可以通过以下几种方法执行删除命令：

- 在“命令提示行”中输入“ERASE”或“E”。
- 选择“修改”→“删除”命令。
- 单击“修改”工具栏上“删除”按钮。

“删除”命令的具体操作过程如下：

单击“修改”工具栏中“删除”按钮，在“命令提示区”输入“ALL”即是删除绘图区域所以对象，（也可以框选择要删除的图形），如图 5-1 所示。

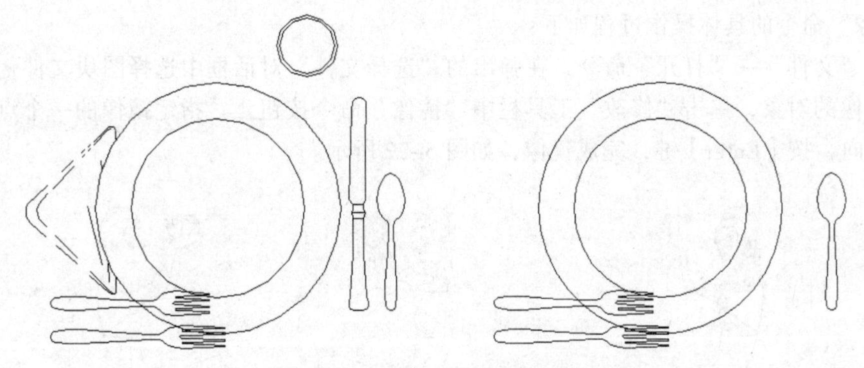

图 5-1 “删除”命令前后效果

使用“删除”命令时，如果因误操作，删除了一些有用的图形实体，则在删除之后，可用“放弃”命令将删除的实体恢复。

5.2.3 “复制”命令

“复制”命令是将对象复制一份或多份，并将复制的对象放置到选择的位置上。可以通过以下几种方法执行“复制”命令：

- 在命令提示行中输入“COPY”或“CO”。
- 选择“修改”→“复制”命令。
- 单击“修改”工具栏上“复制”命令。

“复制”命令的具体操作过程如下：

选择“文件”→“打开”命令，在弹出的“选择文件”对话框中选择相应文件，在绘图区选中要复制的对象，单击“修改”工具栏中“复制”按钮。指定基点将复制出的对象移动到另一个位置，确定位置后单击，完成后的效果如图 5-2 所示。

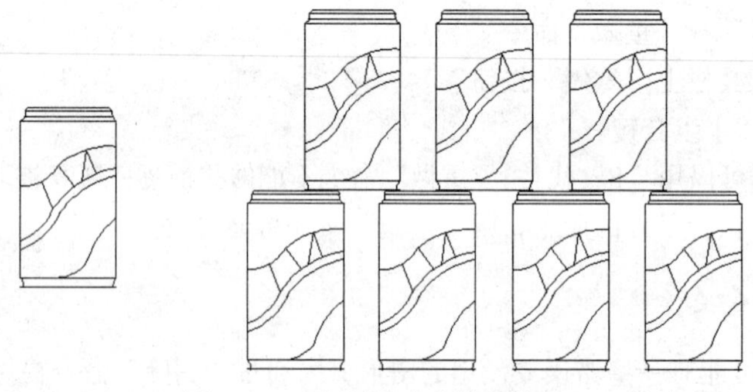

图 5-2 “复制”命令前后效果

5.2.4 “镜像”命令

对于许多属于对称的图形，可以先绘制好一个图形，然后利用镜像对象的方式复制出另一个，即可以轻松地完成绘制工作，节省绘图时间。可以通过以下几种方法执行“镜像”命令：

- 在命令提示行中输入“MIRROR”或“MI”。
- 选择“修改”→“镜像”命令。
- 单击“修改”工具栏上“镜像”图标。

“镜像”命令的具体操作过程如下：

选择“文件”→“打开”命令，在弹出的“选择文件”对话框中选择图块文件，在绘图区选中要镜像的对象，单击“修改”工具栏中“镜像”命令按钮。指定镜像的一个点并确定要镜像的方向，按【Enter】键，完成镜像，如图 5-22 所示。

图 5-3 “镜像”命令前后效果

5.2.5 “偏移”命令

“偏移”命令可以复制对象并将复制的对象偏移给定的距离，可以通过以下几种方法执行“偏移”命令：

- 在命令提示行中输入“OFFSET”或“O”。
- 选择“修改”→“偏移”命令。
- 单击“修改”工具栏上“偏移”图标。

“偏移”命令的具体操作过程如下：使用样条曲线和圆弧命令绘制如图 5-4 所示的图形，单击“修改”工具栏中“偏移”按钮，在绘图区选中要偏移的对象，在“命令提示区”输入要偏移的数值，然后输入“↙”，在绘图区中单击，完成偏移。

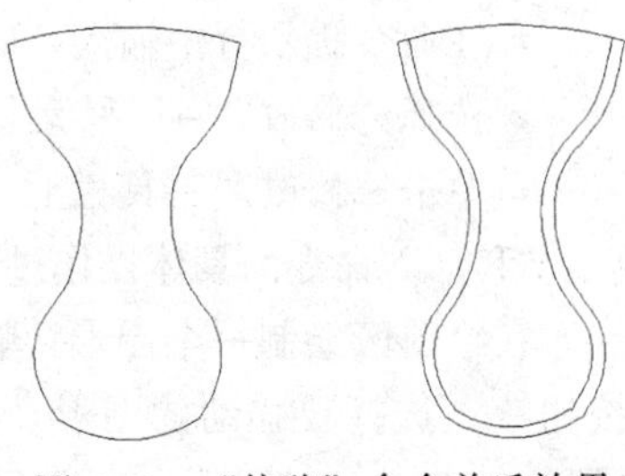

图 5-4 “偏移”命令前后效果

5.2.6 “阵列”命令

“阵列”命令可以将欲复制的对象在给定欲复制点的数目条件，再依据矩形或环形的方式，等距离分布复制。可以通过以下几种方法执行“阵列”命令：

- 在“命令提示行”中输入“ARRAY”或“AR”。
- 选择“修改”→“阵列”命令。
- 单击“修改”工具栏上“阵列”按钮。

“阵列”命令的具体操作过程如下：

选择“文件”→“打开”命令，在弹出的“选择文件”对话框中选择文件，单击“修改”工具栏中“阵列”按钮，在弹出“阵列”对话框中选择“矩形阵列”，并设置“行”和“列”选项，单击“选择对象”按钮，在绘图区选中要阵列的图形，单击鼠标右键返回到“阵列”对话框，单击“确定”按钮，如图 5-5 和图 5-6 所示。

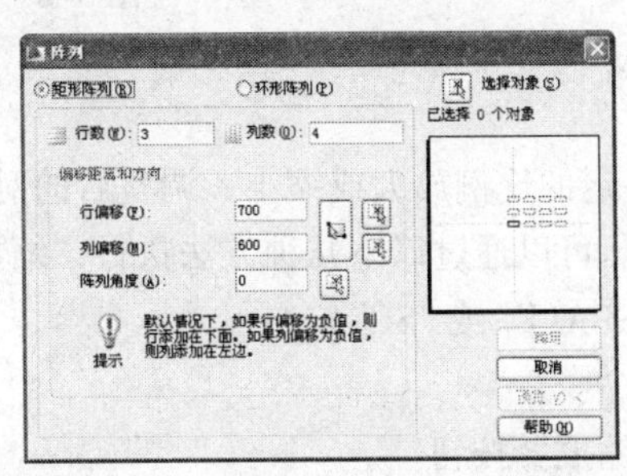

图 5-5 矩形阵列效果

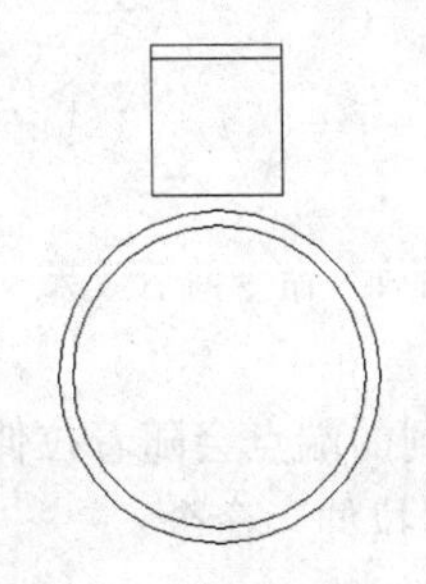

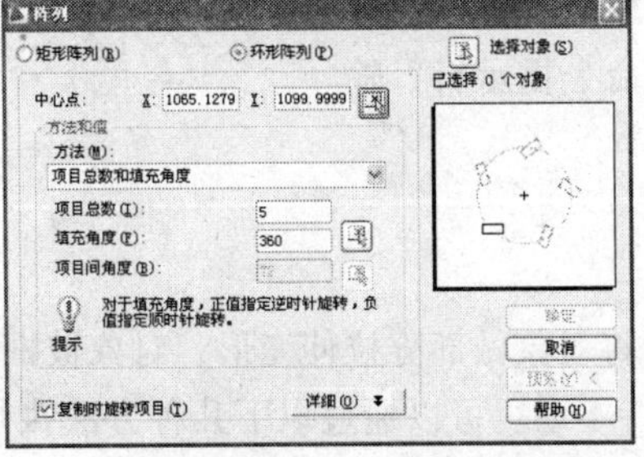

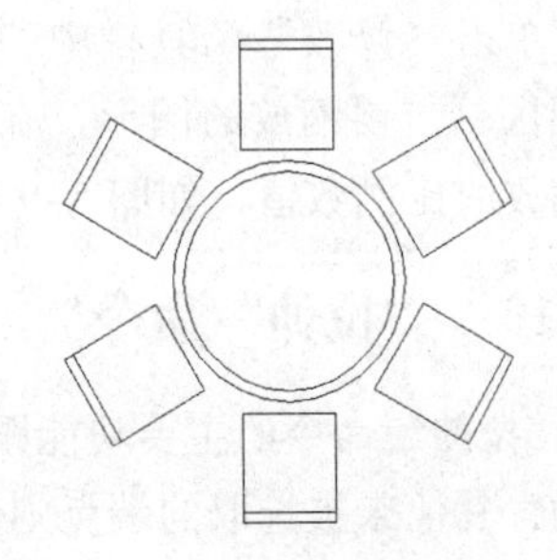

图 5-6 环形阵列效果

5.2.7 “移动”命令

“移动”命令可使被选元素移动一定的距离，从而达到重新定位的目的。通过使用坐标和对象捕捉，可以实现目标的精确定位。可以通过以下几种方法执行“移动”命令：

- 在命令提示行中输入“MOVE”或“M”。
- 选择“修改”→“移动”命令。
- 单击“修改”工具栏上“移动”按钮✥。

“移动”命令的具体操作过程如下：

在绘图区绘制一个图形。单击“修改”工具栏中“移动”按钮✥，选择要移动的图形。单击移动其位置，如图 5-7 所示。

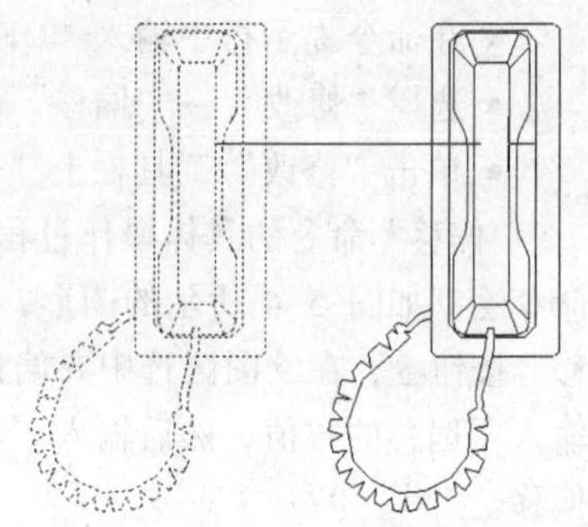

图 5-7 “移动”命令完成效果

5.2.8 “旋转”命令

“旋转”命令可使被选元素旋转一定的角度，从而达到旋转的效果。可以通过以下几种方法执行“旋转”命令：

- 在“命令提示行”中输入“ROTATE”或“RO”。
- 选择“修改”→“旋转”命令。
- 单击“修改”工具栏上“旋转”按钮↻。

“旋转”命令的具体操作过程如下：

选择“文件”→“打开”命令，在弹出的“选择文件”对话框中选择相应文件，单击“修改”工具栏中“旋转”按钮↻，选择要旋转的图形。单击旋转其位置，如图 5-8 所示。

图 5-8 “旋转”命令前后效果

5.2.9 “缩放”命令

“缩放”命令可以将对象以一定的比例放大或缩小，调整后的对象不只是视觉上大小不同，其实际尺寸大小也会依比例改变。可以通过以下几种方法执行“缩放”命令：

- 在“命令提示行”中输入“SCALE”或“SC”。
- 选择“修改”→“缩放”命令。
- 单击“修改”工具栏上“缩放”按钮□。

“缩放”命令的具体操作过程如下：

单击“修改”工具栏中“缩放”按钮□，在绘图区单击要缩放的图形，在“命令提示行”输入缩放的比例数值，如图 5-9 所示。

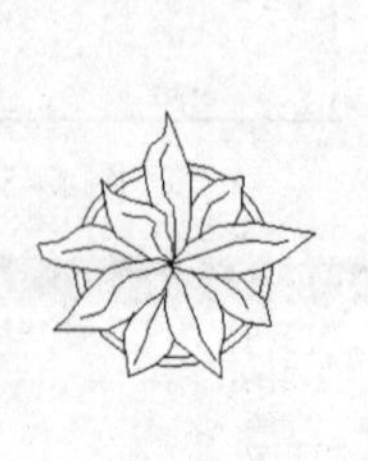

图 5-9 “缩放”命令前后效果

5.2.10 “拉伸”命令

“拉伸”命令的主要功能跟式将对象做部分拉伸变形，对象被框选到的端点会随着拉伸距离移动，其他未被选取的端点则保持不动。可以通过以下几种方法执行“拉伸”命令：

- 在“命令提示行”中输入“STRETCH”或“S”。

● 选择“修改”→“拉伸”命令。

● 单击“修改”工具栏上“拉伸”按钮。

“拉伸”命令的具体操作过程如下：

单击“修改”工具栏中“拉伸”命令按钮，在绘图区单击要拉伸的图形，可以分别对选中的图形进行准确的移动或拉伸对象，如图 5-10 所示。

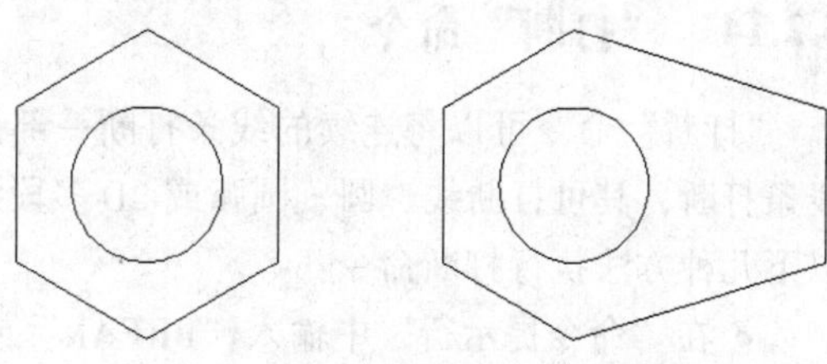

图 5-10 “拉伸”命令前后效果

5.2.11 “修剪”命令

“修剪”命令的主要功能是将对象做部分拉伸变形，对象被框选到的端点会随着拉伸距离移动，其他未被选取的端点则保持不动。可以通过以下几种方法执行“修剪”命令：

● 在“命令提示行”中输入“STRETCH”或“TR”。

● 选择“修改”→“修剪”命令。

● 单击“修改”工具栏上“修剪”按钮。

“修剪”命令的具体操作过程如下：

在绘图区绘制两条相交的圆形，单击“修改”工具栏中“修剪”命令按钮，在绘图区单击要修剪的线段，完成后效果如图 5-11 所示。

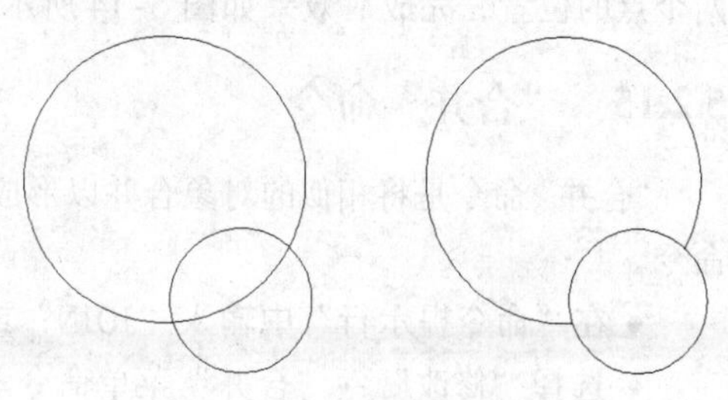

图 5-11 “修剪”命令前后效果

5.2.12 “延伸”命令

“延伸”命令可以将图形中不够长的直线或曲线延伸到指定的边界，其是一个很好的修补工具。可以通过以下几种方法执行“延伸”命令：

● 在“命令提示行”中输入“EXTEND”或“EX”。

● 选择“修改”→“延伸”命令。

● 单击“修改”工具栏上“延伸”按钮。

“延伸”命令的具体操作过程如下：

在绘图区绘制一个由圆和线组成的图形，在绘图区选择圆形，单击“修改”工具栏中“延伸”按钮，在绘图区分别单击要延伸的线，完成后效果如图 5-12 所示。

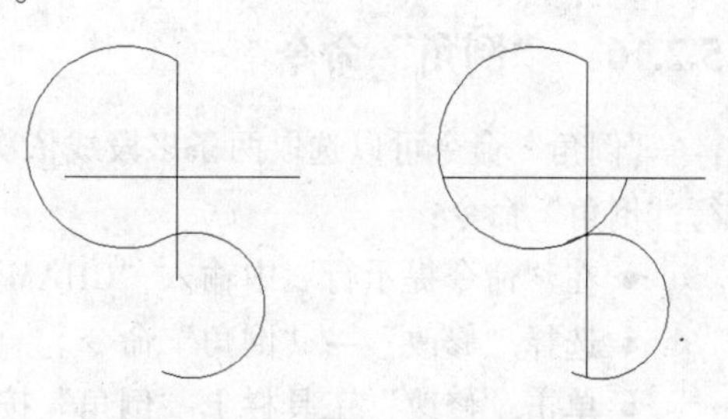

图 5-12 “延伸”命令前后效果

5.2.13 “打断于点”命令

“打断于点”命令是将图形从一点处分成两段。可以通过以下几种方法执行“打断于点”命令：

● 在“命令提示行”中输入“BREAK”或“BR”。

● 单击“修改”工具栏上“打断于点”按钮。

“打断于点”命令的具体操作过程如下：

使用“直线”和“圆”命令，在绘图区绘制一个相交的图形，单击“修改”工具栏中“打断于点”按钮，在直线上指定打断点的位置，完成后效果如图 5-13 所示。

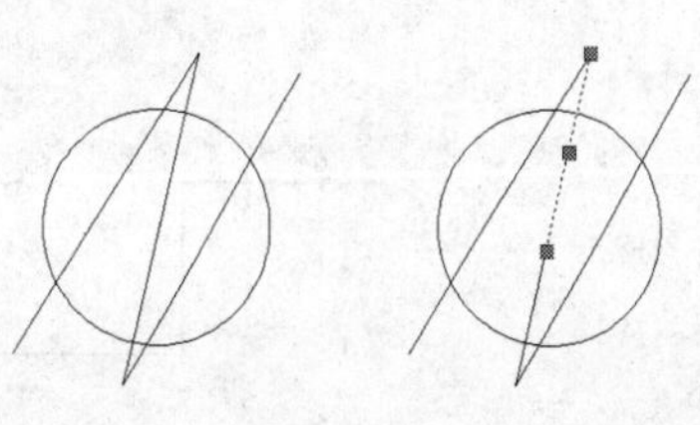

图 5-13 “打断于点”命令前后效果

5.2.14 “打断”命令

“打断”命令可以将连续的线条打断一部分或者将太长的线条打断，其可打断线、圆、圆弧或 2D 多段线等。可以通过以下几种方法执行打断命令：

- 在“命令提示行”中输入“BREAK”或“BR”。
- 选择“修改”→“打断”命令。
- 单击“修改”工具栏上“打断”按钮□。

“打断”命令的具体操作过程如下：

单击“修改”工具栏中“打断”按钮□，在多段线上指定两个点的位置，完成后效果如图 5–14 所示。

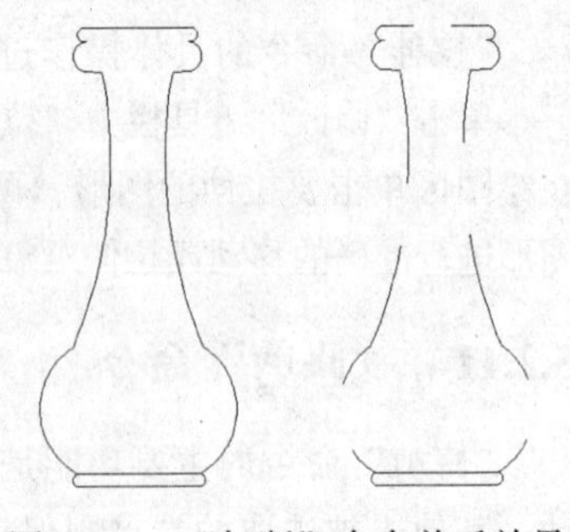

图 5–14 “打断”命令前后效果

5.2.15 “合并”命令

“合并”命令是将相似的对象合并以形成一个完整的对象。可以通过以下几种方法执行“合并”命令。

- 在“命令提示行”中输入“JOIN”或“J”。
- 选择“修改”→“合并”菜单命令。
- 单击“修改”工具栏上“合并”按钮⧺。

“合并”命令的具体操作过程如下：

使用“直线”⁄命令，在绘图区绘制几条条直线，单击“修改”工具栏中“合并”按钮⧺，或在“命令提示区”输入“JOIN↙”，将相似的对象合并为一个对象，如图 5–15 所示。

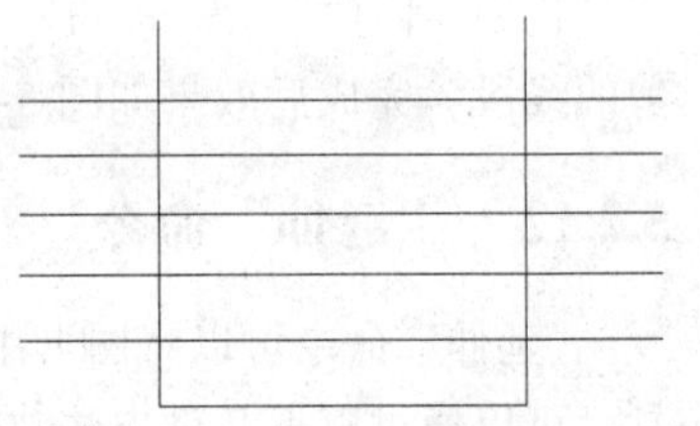

图 5–15 “合并”命令完成效果

5.2.16 “倒角”命令

“倒角”命令可以选取两条多段线依次给定的倒角距离画出倒角。可以通过以下几种方法执行“倒角”命令：

- 在“命令提示行”中输入“CHAMFER”或“CHA”。
- 选择“修改”→“倒角”命令。
- 单击“修改”工具栏上“倒角”按钮⌓。

“倒角”命令的具体操作过程如下：

在绘图区绘制一条多段线，单击“修改”工具栏中“倒角”按钮⌓，在“命令提示行”输入“A↙”，“20↙”，“15↙”，右击，在弹出的快捷菜单中选择“多段线”命令，然后单击所绘多段线，完成倒角效果，如图 5–16 所示

图 5–16 “倒角”命令前后效果

5.2.17 “圆角”命令

“圆角”命令可以选取两个对象（如直线、圆弧、圆等）依给定的圆角半径值画出圆角。可以通过以下几种方法执行“圆角”命令：

- 在“命令提示行”中输入“FILLET”或“F”。
- 选择“修改”→“圆角”命令。
- 单击“修改”工具栏上“圆角”按钮。

“圆角”命令的具体操作过程如下：

单击“绘图”工具栏中“圆”按钮，绘制两个圆形，单击“修改”工具栏中“圆角”按钮，在“命令提示区”输入“R↙”，“150↙”，单击左右两个圆形，完成圆角效果，如图 5-17 所示。

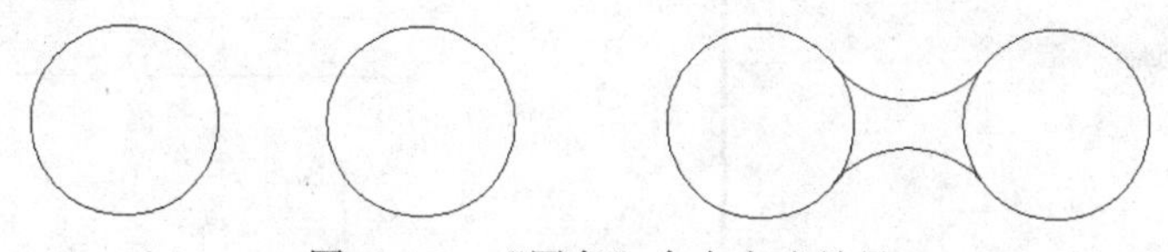

图 5-17 “圆角”命令完成效果

5.2.18 “分解”命令

“分解”命令是将多段线、图案填充或者其他整体性的对象，利用分解命令将构成这些对象的线条成为各自独立的对象。可以通过以下几种方法执行“分解”命令：

- 在“命令提示行”中输入“EXPLODE”或“X”。
- 选择“修改”→“分解”命令。
- 单击“修改”工具栏上“分解”按钮。

“分解”命令的具体操作过程如下：

单击“分解”按钮，然后移动光标分别选择要分解的对象，选好后右击。被分解后的对象由原来整体对象中的线条已经可以个别选取，如图 5-18 所示。

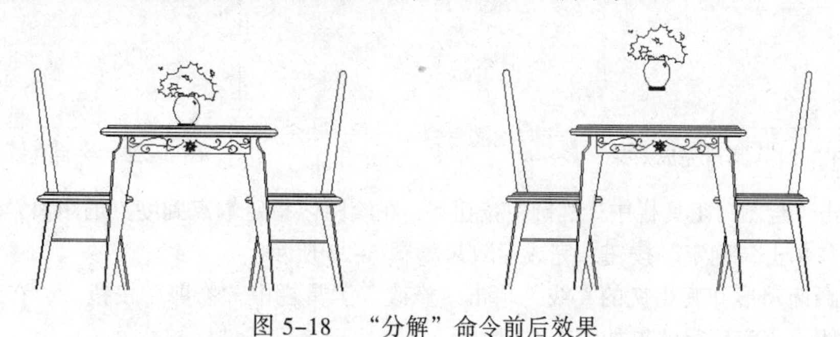

图 5-18 “分解”命令前后效果

5.3 绘制二维图形综合案例

5.3.1 绘制罗马柱

1. 案例目标

本实例通过绘制罗马柱图形，从而使读者了解并掌握绘图工具和修改工具的使用方法。

2. 制作步骤

可以按照下面的方法进行操作，其步骤如下。

（1）选择“格式”→“单位”命令，在弹出的“图形单位”对话框中，设置所要建的图形的长度、角度和缩放比例，单击“确定”按钮完成，相关设置如图 5-19 所示。

（2）按下状态栏下的“正交”按钮，使用“绘图”工具栏中“矩形”工具和“多段线”工具绘制如图 5-20 所示的图形。

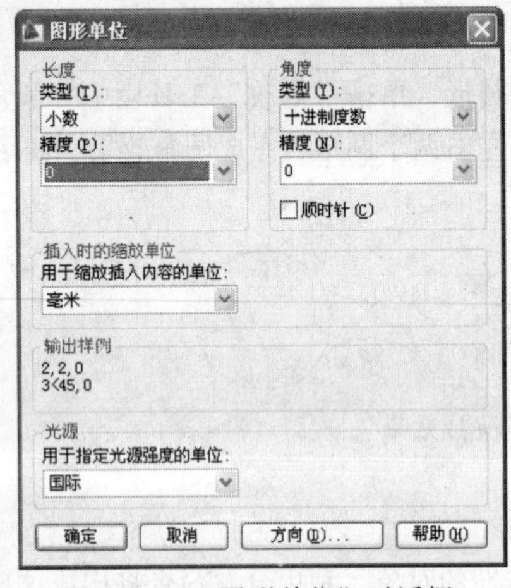

图 5-19 “图形单位”对话框

图 5-20 绘制图形

（3）单击“修改”工具栏中“圆角”按钮，在“命令提示区”中输入“R↙”，“20↙”，分别单击矩形和多段线，将其进行圆角效果，如图 5-21 所示。

（4）单击“绘图”工具栏中“直线”按钮，在多段线中绘制出两条直线，如图 5-22 所示。

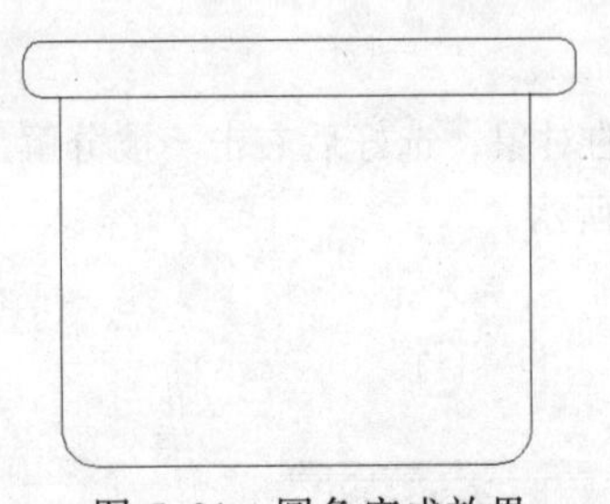

图 5-21 圆角完成效果

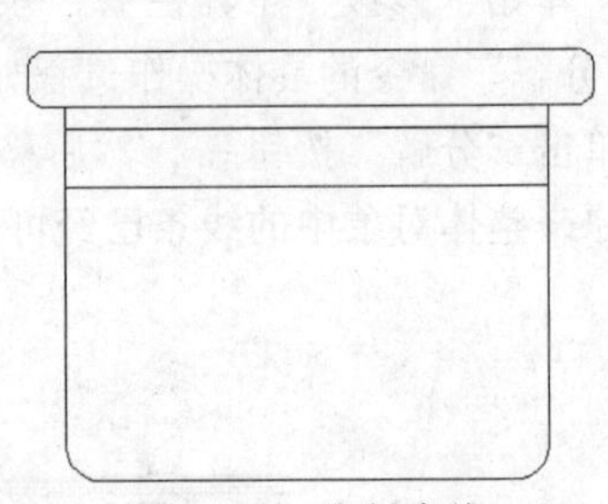

图 5-22 绘制直线

（5）单击“绘图”工具栏中“椭圆”按钮，在绘图区指定端点到终点的距离，然后确定出椭圆的宽度并单击“确定”按钮，完成后效果如图 5-23 所示。

（6）选择椭圆形和其相交的直线，单击“修改”工具栏中“修剪”按钮，在绘图区单击椭圆形内的线段，完成后效果如图 5-24 所示。

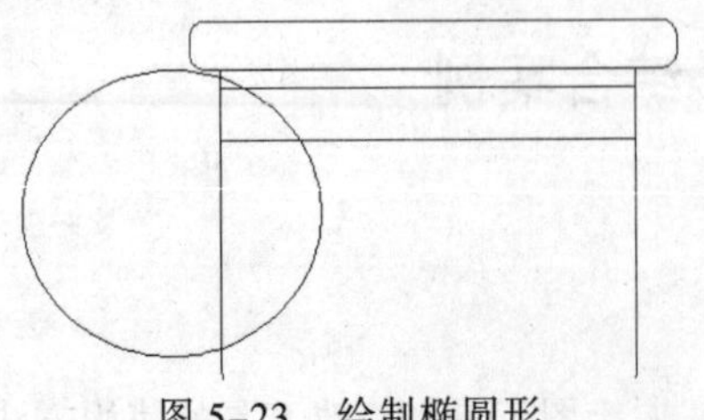

图 5-23 绘制椭圆形

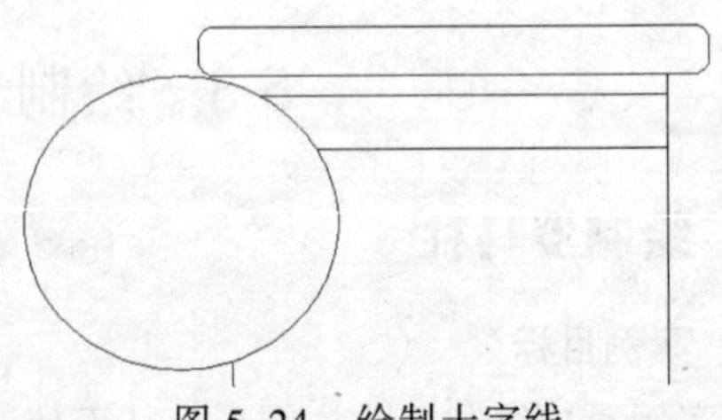

图 5-24 绘制十字线

（7）单击“修改”工具栏中“偏移”按钮，在绘图区选择椭圆形，在“命令提示区”输入“50↙”，在绘图区中双击，完成偏移后效果如图 5-25 所示。

（8）选择偏移后的图形，选择“编辑”→“复制”命令，将图形进行复制命令，然后选择“编辑”→“粘贴”命令，将图形复制到合适的位置，完成后效果如图 5-26 所示。

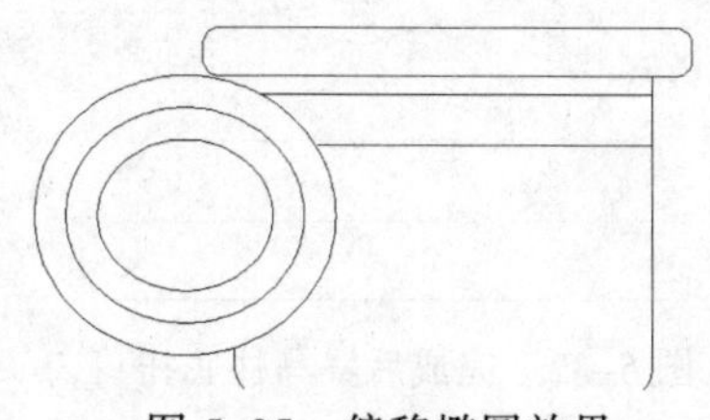

图 5-25 偏移椭圆效果

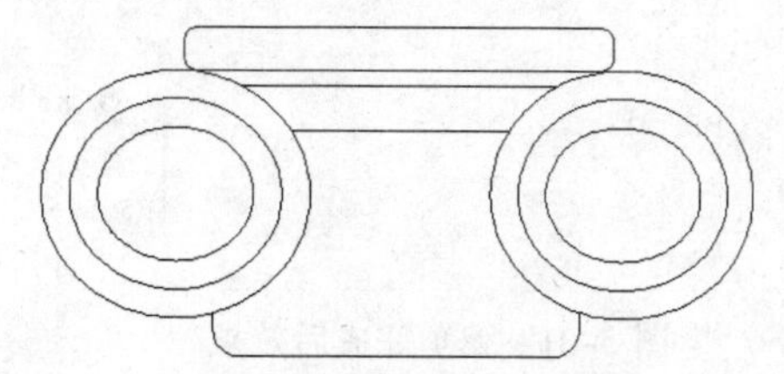

图 5-26 复制图形完成效果

（9）单击“绘图”工具栏中“直线”按钮，在多段线下指定直线起始点，在“命令提示区”中输入“2265↙”，完成后效果如图 5-27 所示。

（10）单击“修改”工具栏中“偏移”命令按钮，在绘图区选择椭圆形，在“命令提示区”输入“T↙”，“650↙”，在绘图区中单击，完成偏移效果如图 5-28 所示。

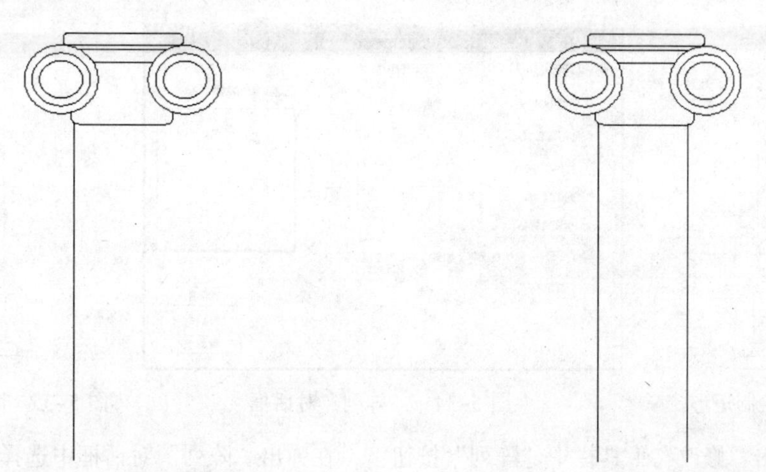

图 5-27 绘制直线　　　　图 5-28 偏移直线完成效果

（11）单击“绘图”工具栏中“矩形”按钮，在绘图区域中单击指定起始点，在“命令提示区”中输入“@665，245↙”，完成后效果如图 5-29 所示。

（12）单击“修改”工具栏中“圆角”按钮，在“命令提示区”中输入“R↙”，“60↙”，单击矩形第一条线段，再单击要圆角的第二条线段，完成圆角效果如图 5-30 所示。

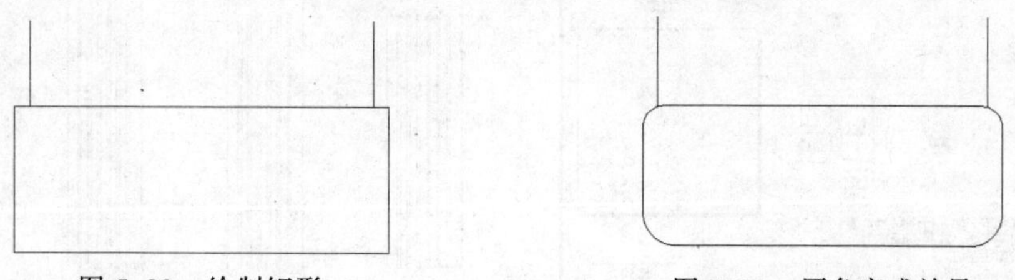

图 5-29 绘制矩形　　　　图 5-30 圆角完成效果

（13）使用“修改”工具栏中“修剪”按钮，将矩形与直线相交部分进行修剪，修剪完成后效果如图 5-31 所示。

（14）用同样的方法完成罗马柱底托图形，完成后效果如图 5-32 所示。

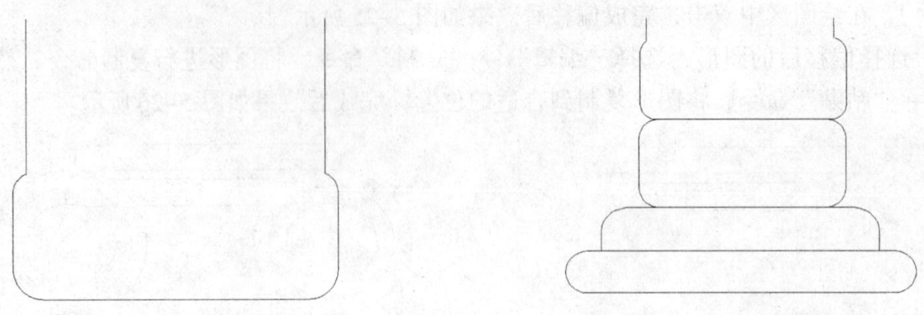

图 5-31　修剪完成后效果　　　　图 5-32　完成后罗马柱底托

（15）单击“绘图”工具栏中“矩形”按钮，在罗马柱区域中单击指定起始点，在“命令提示区”中输入“@25，-2000↙”，如图 5-33 所示。

（16）选择矩形，单击“修改”工具栏中“阵列”按钮，在弹出“阵列”对话框中选择“矩形阵列”，并设置“行”和“列”选项，如图 5-34 所示。右击返回到“阵列”对话框，单击“确定”按钮，完成后矩形阵列效果如图 5-34 所示。

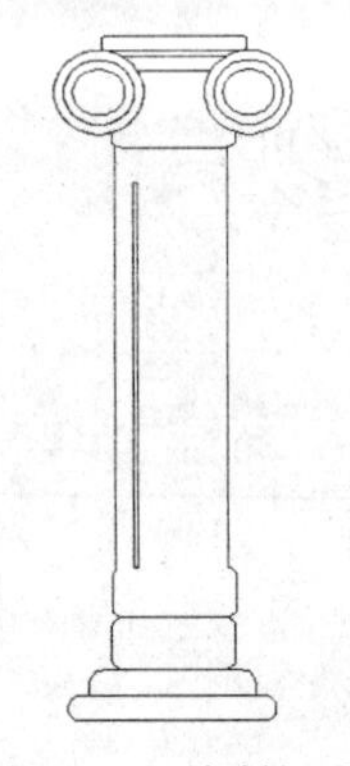

图 5-33　绘制矩形

图 5-34　“阵列”对话框

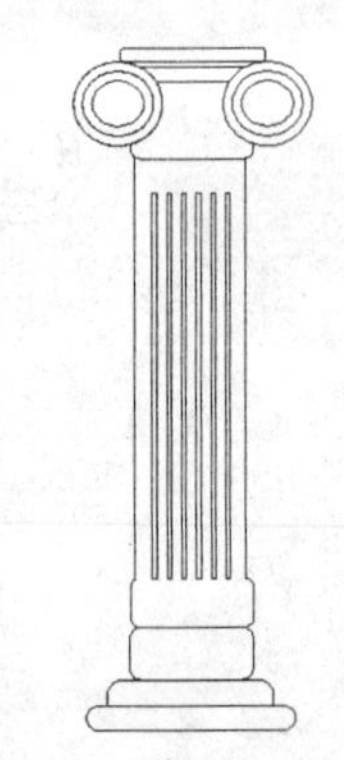

图 5-35　阵列完成后效果

（17）单击“修改”工具栏中“阵列”按钮，在弹出“阵列”对话框中选择“矩形阵列”，并设置“行”和“列”选项，如图 5-36 所示。

（18）单击“选择对象”按钮，选择罗马柱图形，右击返回到“阵列”对话框，单击“确定”按钮，完成后矩形阵列效果如图 5-37 所示。

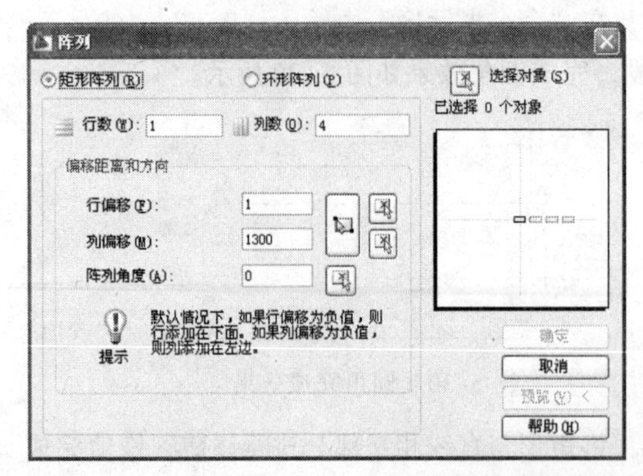

图 5-36　“阵列”对话框设置

图 5-37　完成罗马柱效果

5.3.2 绘制螺丝刀图形

1. 案例目标

本实例通过绘制螺丝刀图形，从而使读者了解并掌握编辑命令的使用方法。

2. 制作步骤

可以按照下面的方法进行操作，其步骤如下。

（1）选择“格式”→“单位”命令，在弹出的“图形单位”对话框中，设置其长度、角度和缩放比例，单击“确定”完成，如图 5-38 所示。

（2）单击“绘图”工具栏中“矩形”命令按钮▭，在“命令提示区”中输入“45，180↙”。

（3）在“命令提示区”中输入“170，120↙”，完成矩形效果如图 5-39 所示。

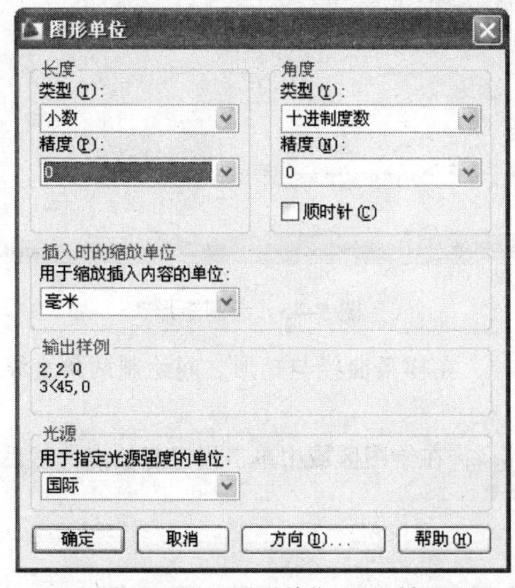

图 5-38 “图形单位“对话框

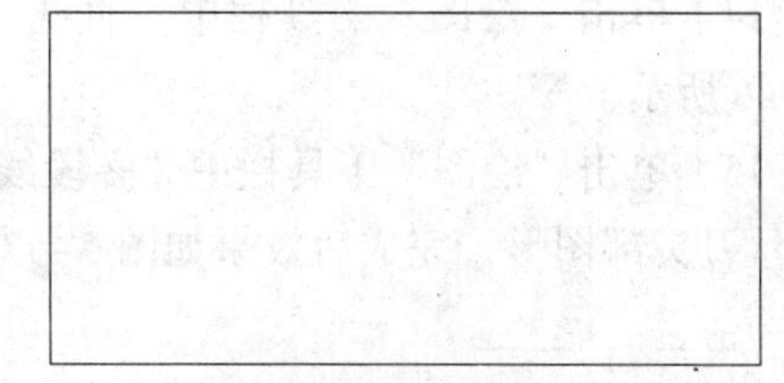

图 5-39 绘制矩形

（4）单击“绘图”工具栏中“直线”按钮╱，在“命令提示区”中输入“45，166↙”。

（5）在“命令提示区”中输入“125↙”，“↙”，绘制出一条直线，如图 5-40 所示。

（6）单击“绘图”工具栏中“直线”按钮╱，在“命令提示区”中输入“45，134↙”。

（7）在“命令提示区”中输入“125↙”，“↙”，绘制出一条直线，如图 5-41 所示。

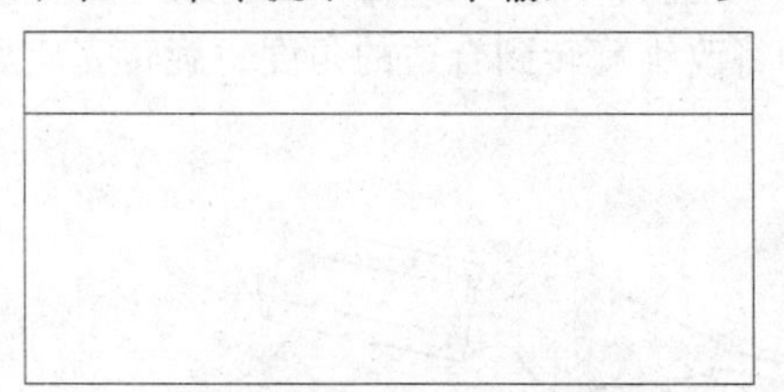

图 5-40 绘制第一条直线

图 5-41 绘制第二条直线

（8）单击“绘图”工具栏中“圆弧”按钮⌒，在“命令提示区”中输入“45，180↙”。

（9）在“命令提示区”中输入“35，150↙”，再次输入“45，120↙”，完成圆弧效果如图 5-42 所示。

（10）单击“绘图”工具栏中“样条曲线”按钮~，在“命令提示区”中输入“170，180↙”。确定样条曲线的起始点。

（11）在“命令提示区”中输入“192，165↙”，“225，187↙”，“255，180↙”，“↙”，绘制完成后效果如图 5-43 所示。

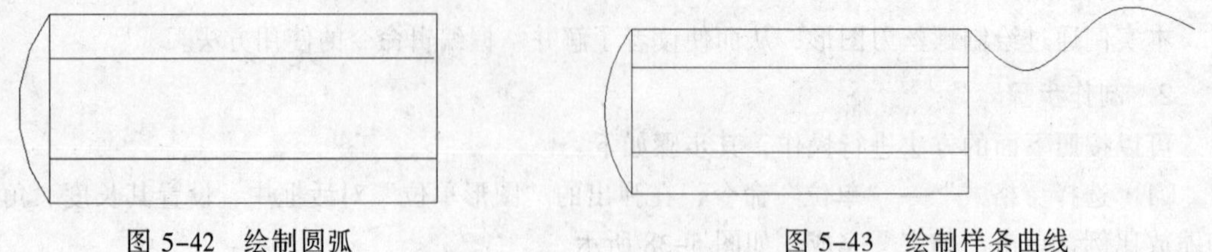

图 5-42 绘制圆弧　　图 5-43 绘制样条曲线

（12）选择样条曲线，单击“修改”工具栏中“镜像”命令按钮，在绘图区选择样条曲线。将其镜像并移动到合适的位置，完成后效果如图 5-44 所示。

（13）单击“绘图”工具栏中“矩形”按钮，在绘图区域中单击指定起始点，在“命令提示区”中输入“@10，-30↙”，如图 5-45 所示。

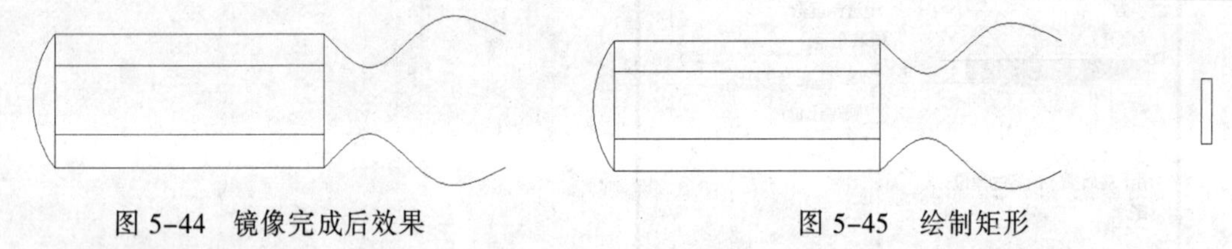

图 5-44 镜像完成后效果　　图 5-45 绘制矩形

（14）单击“绘图”工具栏中“直线”按钮，在样条曲线与矩形之间绘制两条直线，如图 5-46 所示。

（15）单击“绘图”工具栏中“多段线”按钮，在绘图区域中单击指定起始点，然后绘制出螺丝刀头部图形，完成后效果如图 5-47 所示。

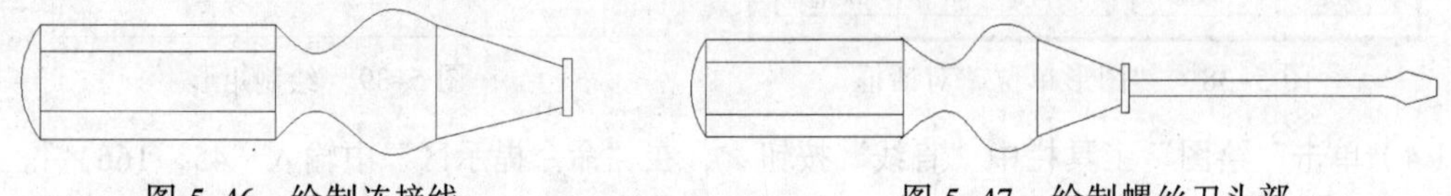

图 5-46 绘制连接线　　图 5-47 绘制螺丝刀头部

（16）选择螺丝刀的图形，单击“修改”工具栏中“复制”按钮，指定基点将复制出的对象移动到另一个位置，确定位置后，单击。

（17）单击“修改”工具栏中“旋转”按钮，将改锥旋转到合适的角度，旋转完成后效果如图 5-48 所示。

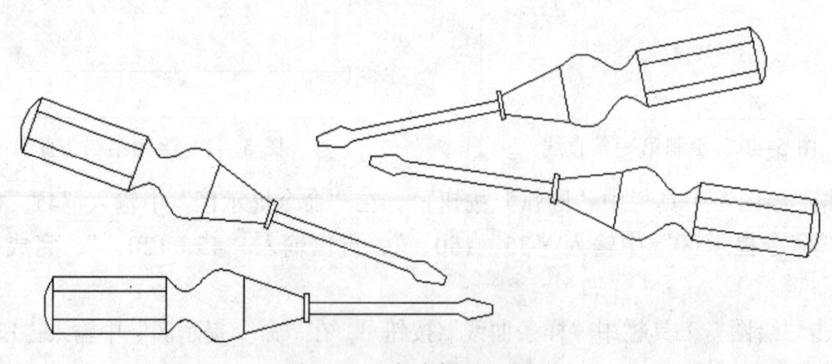

图 5-48 完成螺丝刀图形

1. 简述编辑命令的作用。
2. 简述修剪命令中“阵列”的使用方法。

练一练

1. 使用“矩形”、“旋转”和“修剪”命令绘制相交扣图形，完成后效果如图 5-49 所示。
2. 使用“矩形”、“圆”、“圆角”和“阵列”命令并配合复制命令绘制出灶台图形，完成后效果如图 5-50 所示。

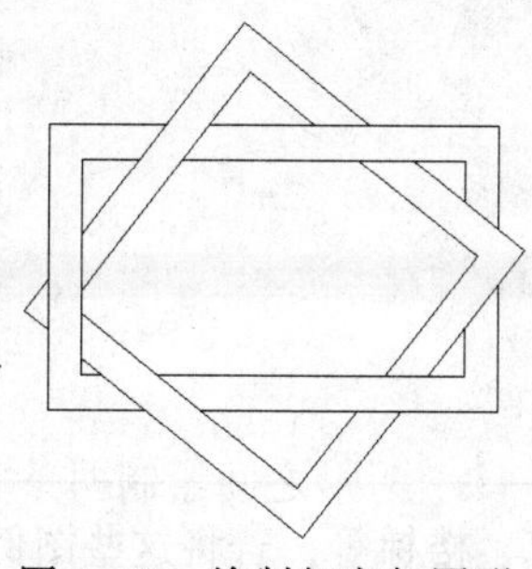

图 5-49 绘制相交扣图形

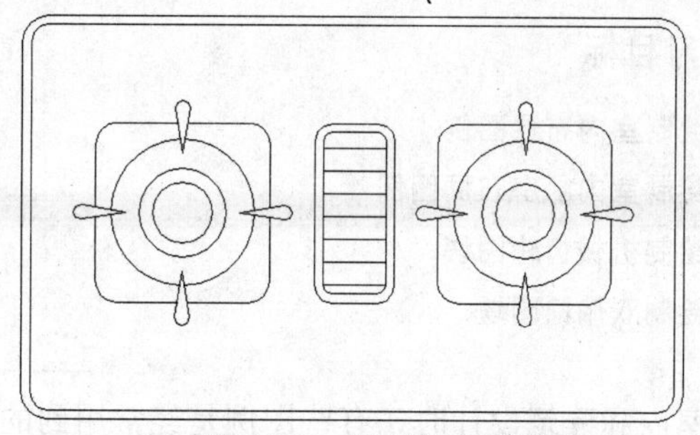

图 5-50 绘制灶台图形

第6章 绘制常用图例

学习目标

- 绘制室内布置图例
- 绘制室内厨房布局图例
- 绘制机械齿轮图块
- 绘制双扇门图块

在室内和建筑设计时，有些图例是经常用到的，例如门窗、楼梯等，若将这些图例制成图块，在应用时直接调用，可以大大提高绘图的效率和质量。

6.1 设计中心管理

AutoCAD 2009 自带了一些室内布置图例的图块，应用时可通过 AutoCAD 2009 设计中心直接调用。

1. 启动 AutoCAD 设计中心

选择“工具”→“选项板”→“设计中心”命令，弹出“设计中心”对话框，如图 6-1 所示。

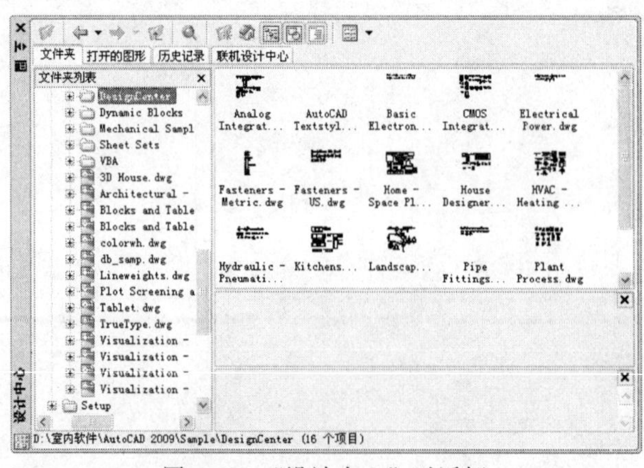

图 6-1 “设计中心”对话框

2. 打开图形文件

（1）用右键快捷菜单打开图形。在设计中心的内容框中右击所选图形文件的图标，在弹出的快捷菜单中选择“在应用程序窗口中打开”命令，可将所选图形文件打开并设置为当前图形。

（2）用拖动方式打开图形。在设计中心的内容框中，单击需要打开的图形文件的图标，并按住鼠标左键将其拖动到主窗口中绘图框以外的任何地方（如工具栏区或命令提示区），松开鼠标左键后，AutoCAD 即打开该图形文件并设置为当前图形。

3. 复制图形文件

利用 AutoCAD 设计中心，可以方便地将某一图形中的图层、线型、文字样式、尺寸样式及图块通过鼠标拖放添加到当前图形中。操作方法如下：

在内容框或通过“查询”对话框找到对应内容，然后将它们拖动到当前打开图形的绘图区后放开按键，即可将所选内容复制到当前图形中。

如果所选内容为图块文件，拖动到指定位置松开左键后，即完成插入块操作。

也可以使用复制、粘贴的方法：在设计中心的内容框中，选择要复制的内容，再右击所选内容，在弹出的快捷菜单中选择“复制”命令，然后单击主窗口工具栏中的“粘贴”按钮，所选内容就被复制到当前图形中。

4. AutoCAD“设计中心”对话框组成

（1）树状视图框：树状视图框用于显示系统内的所有资源。

（2）内容框：又称控制板，当在树状视图框中选中某一项时，AutoCAD 会在内容框显示所选项的内容。

（3）工具栏：工具栏位于窗口上边，由“打开”、“后退”、“向前”、“上一级”、“搜索”、“收藏夹”、“树状视图框切换”、“预览”、“说明”和“视图”等按钮组成。

（4）选项卡：AutoCAD 设计中心有“文件夹”、“打开的图形”、“历史记录”、“联机设计中心”4 个选项卡。

用 AutoCAD 2009 进行设计工作，借助全新的设计中心管理，可方便地进行预览、选择、查找、利用已有的全部设计成果，可从已有文件、局域网甚至互联网上获得所需的图形图像资源放到设计中心或直接拖至当前图形。

6.2 AutoCAD 2009 设计中心图例

AutoCAD 2009 设计中心提供了设计数据共享和设计资料管理的解决方案，在设计中心，除了能够进行打开图形、附着外部参照和插入块等常规操作外，还能够轻松使用外部图像的图层、尺寸和文字样式等。

可以通过以下几种方法启动设计中心命令：

- 选择“工具”→“选项板”→“设计中心”命令。
- 单击标准工具栏上的“设计中心”按钮。
- 在命令提示行中输入“ABCENTER”。
- 使用【Ctr+2】组合键。

利用设计中心实现图形之间标注样式的复制。操作步骤如下：

（1）选择“工具”→“选项板”→“设计中心”命令，打开“设计中心”对话框。

（2）在设计中心选择想要图形的标注样式右击，在弹出的快捷菜单中选择“添加标注样式”命令，如图 6-2 所示，就可以在当前图形中添加指定标注样式。

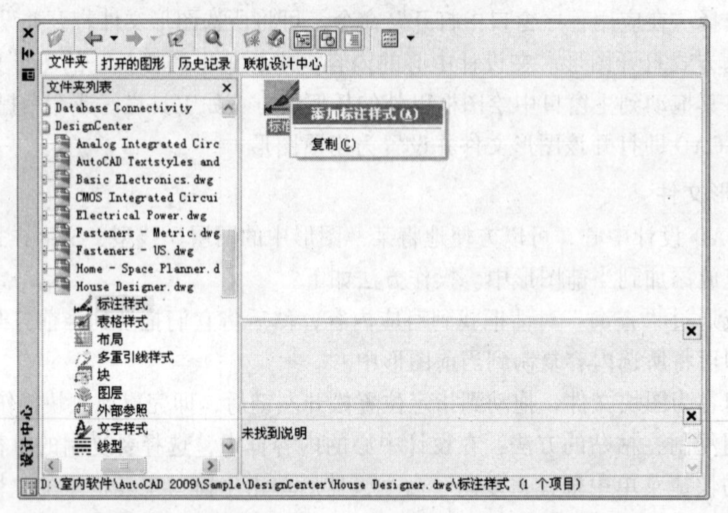

图 6-2　利用设计中心实现图形之间标注样式的复制

利用类似的操作方法通过设计中心还可以实现图形之间的文字样式、表格样式等的复制。

6.2.1　调用 AutoCAD 自带图块

该过程一般要通过两步来完成。

（1）调用图块。

（2）修改图块，然后重新生成图块。

下面以调用“厨房布局”图块为例说明调用 AutoCAD 自带图块的方法。

（1）选择“工具”→“选项板”→“设计中心”命令，打开“设计中心”对话框。

（2）在“文件夹”选项卡的“文件夹列表”列表框中选择“DesignerCenter”→“Kitchens.dwg”→“块”选项，结果如图 6-3 所示。

（3）双击厨房布局图标，弹出“插入”对话框，如图 6-4 所示。

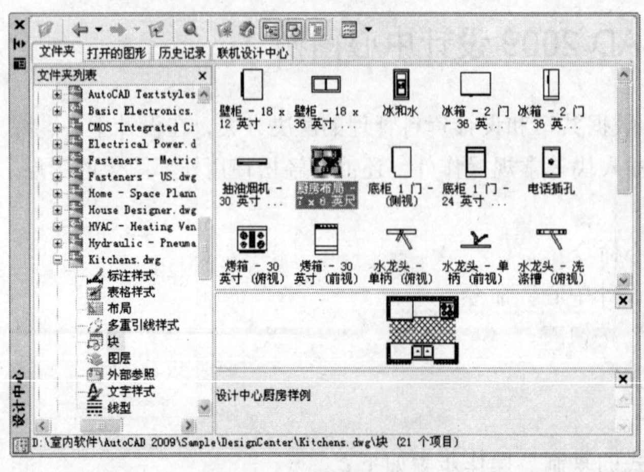

图 6-3　选择图块

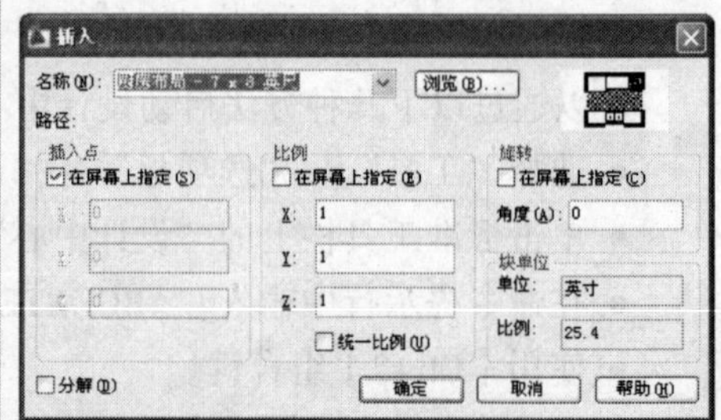

图 6-4　“插入”对话框

（4）单击“确定”按钮，然后移动图块到绘图区域中合适的位置并单击，完成插入，效果如图 6-5 所示。

（5）用同样的方法插入其他相关的图块，调整其图块到合适的位置，完成后效果如图 6-6 所示。

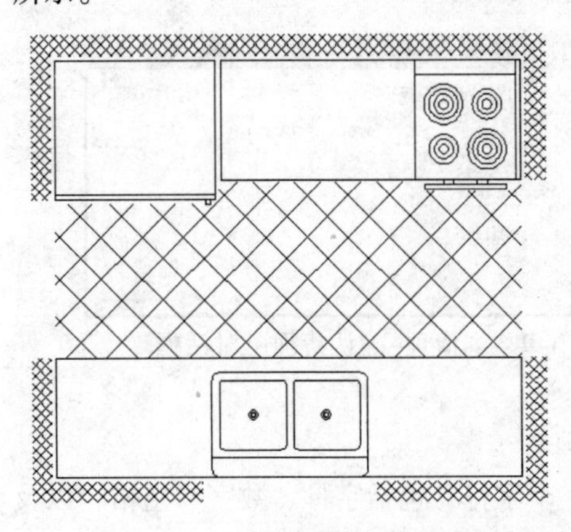

图 6-5 插入厨房布局图块

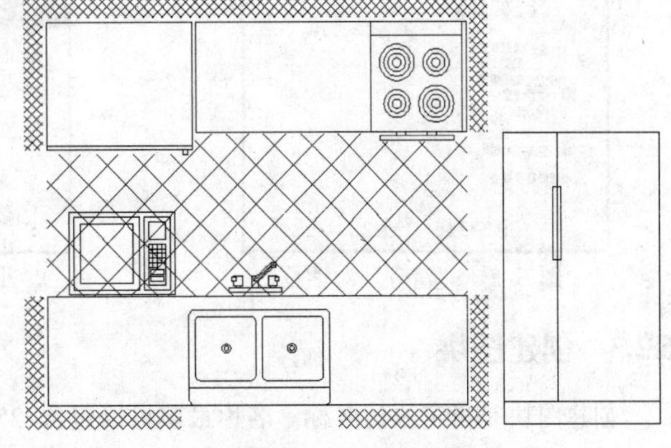

图 6-6 插入其他图块

（6）选择厨房布局图块，单击“分解”按钮，将其进行分解。

（7）选择微波炉图块和厨房布局背景直线，单击“修改”工具栏中的“修剪”按钮，在绘图区单击相交的线段，完成后效果如图 6-7 所示。

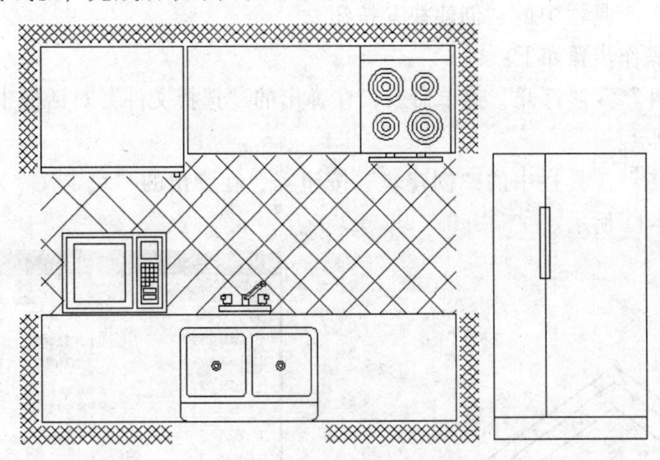

图 6-7 修剪完成后效果

6.2.2 删除图块

切换树状图以显示当前图形中可以清理的命名对象的概要。可以通过以下几种方法执行删除图块命令：

- 选择“文件”→“图形实用程序”→“清理”命令。
- 在命令提示行中输入“PURGE”。

执行删除图块命令后，弹出“清理”对话框，如图 6-8 所示，单击“全部清理”按钮。在弹出的“清理-确认清理”对话框中选择“清理所有项目”选项，如图 6-9 所示。

单击“关闭”按钮，完成删除图块命令，自动结束命令。

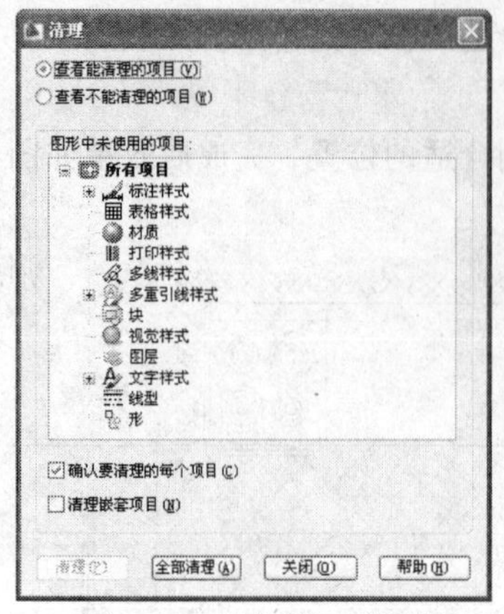

图 6-8 “清理”对话框

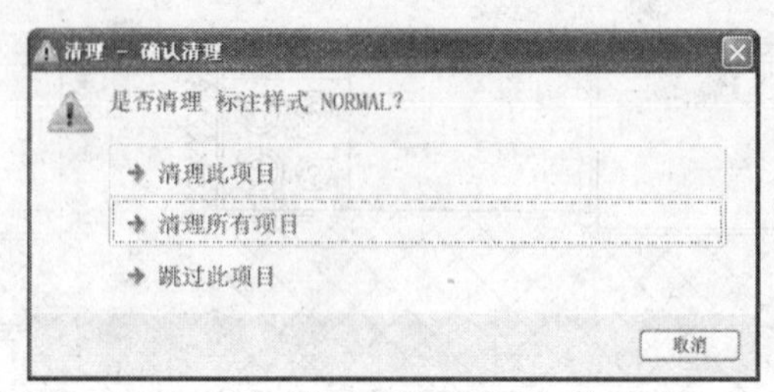

图 6-9 “清理-确认清理”对话框

6.2.3 创建图块

创建图块是指定块的名称。名称最多可以包含 255 个字符，包括字母、数字、空格，以及操作系统或程序未作他用的任何特殊字符。块名称及块定义保存在当前图形中。

可以通过以下几种方法执行创建图块命令：

- 选择“绘图”→“块”→“创建”命令。
- 在命令提示行中输入“BLOCK”。
- 单击“绘图”工具栏中的“创建块”按钮。

创建图块具体操作步骤如下：

（1）选择“文件”→“打开”菜单命令，在弹出的“选择文件”对话框中选择“屋顶.dwg”文件，如图 6-10 所示。

（2）单击“绘图”工具栏中的“创建块”按钮，在弹出的“块定义”对话框中设置名称为“屋顶”，如图 6-11 所示。

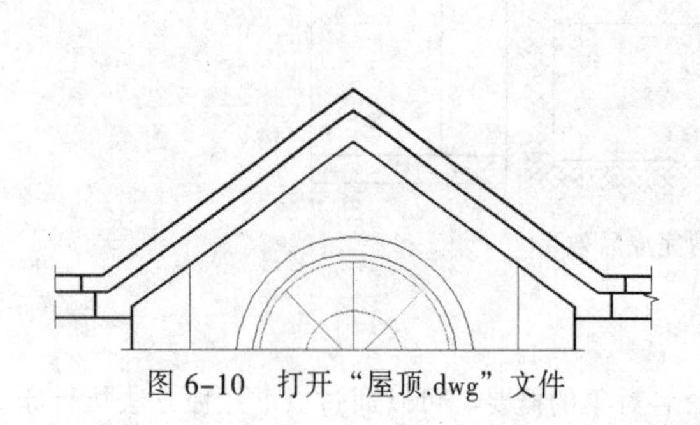

图 6-10 打开“屋顶.dwg”文件

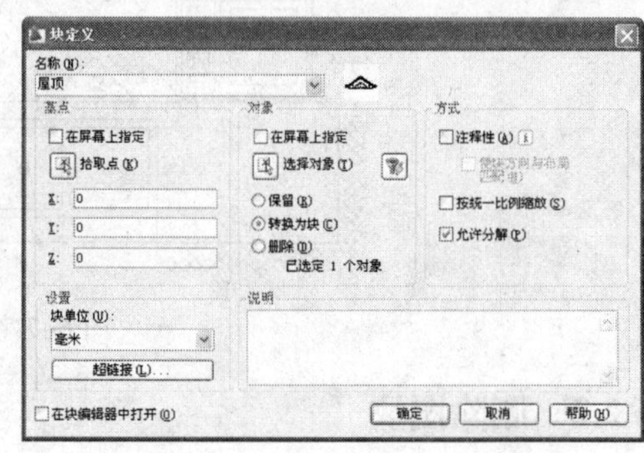

图 6-11 “块定义”对话框

6.3 制作常用图例

6.3.1 制作齿轮图例

1. 实例目标

本实例通过绘制齿轮图例，从而使读者了解并掌握等分点和“剪切”命令的使用方法。

2．制作步骤

可以按照下面的步骤进行操作：

（1）选择“格式”→“单位”命令，在弹出的“图形单位”对话框中，设置要建图形的长度、角度和缩放比例，单击“确定”按钮完成。

（2）单击“图层”工具栏中的“图层特性管理器”按钮，在“图层特性管理器”对话框中单击“新建”按钮，并将其命名为“辅助线”层，颜色选取“红色”，其他设置为默认。单击“置为当前”按钮，将该图层设为当前图层，如图 6–12 所示。

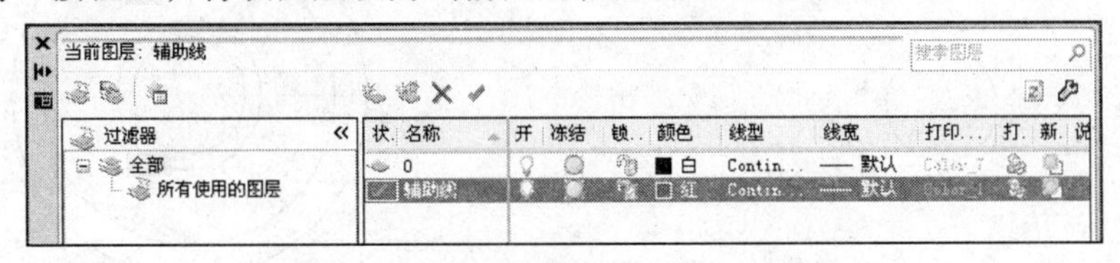

图 6–12 “图层特性管理器”对话框

（3）在命令提示行中输入“ZOOM↙”和“C↙”。

（4）在命令提示行中输入“0，0↙”和“400↙”。

（5）单击“绘图”工具栏中的“直线”按钮，单击鼠标左键指定起始点，在命令提示行中输入“240↙”，绘制的直线如图 6–13 所示。

（6）用同样的方法绘制垂直方向的辅助线，完成后效果如图 6–14 所示。

图 6–13 绘制直线　　图 6–14 完成辅助线

（7）单击“图层”工具栏中的“图层特性管理器”按钮，在“图层特性管理器”对话框中单击“新建图层”按钮，并将其命名为“粗圆线”层，颜色选取“黑色”，单击“置为当前”按钮，将该图层设为当前图层，如图 6–15 所示。

（8）双击“默认线宽选项”，在弹出的“线宽”对话框中设置线宽为 0.30mm，如图 6–16 所示。

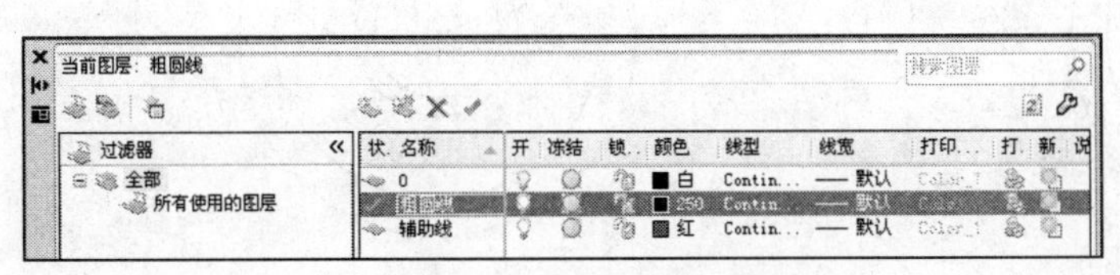

图 6–15 “粗圆线”图层

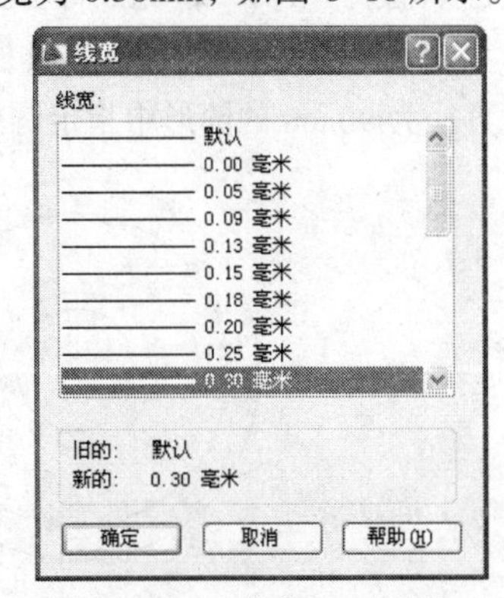

图 6–16 “线宽”对话框

（9）单击“绘图”工具栏中的“圆”按钮⊙，在绘图区域中捕捉到辅助线的中心，单击指定起始点。

（10）在命令提示行中输入“35↙”，绘制圆形如图 6-17 所示。

（11）用同样的方法分别在命令提示区输入“45↙”，“90↙”，“110↙”，完成后效果如图 6-18 所示。

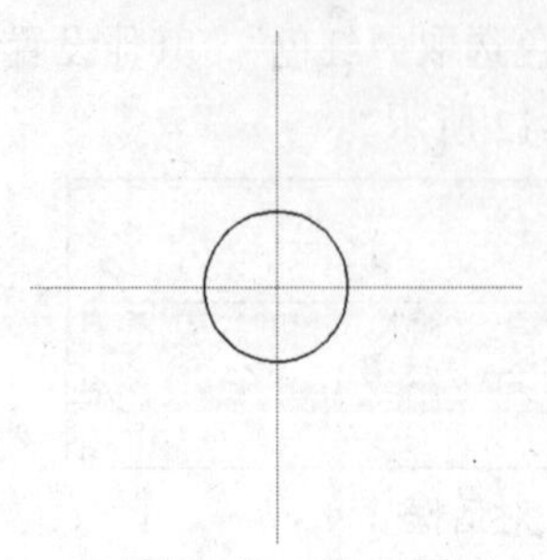

图 6-17　绘制圆形

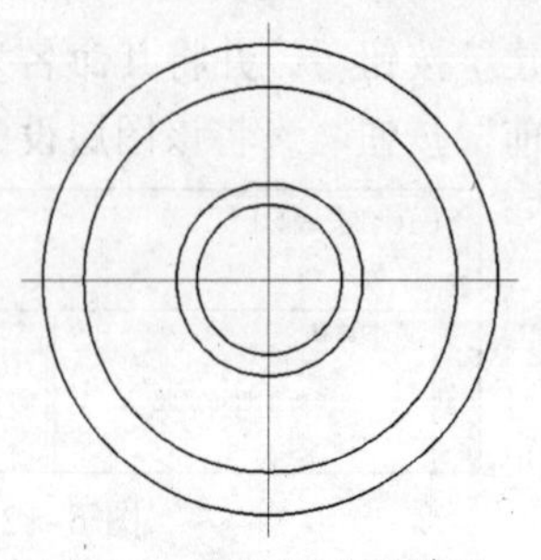

图 6-18　完成圆形效果

（12）选择“格式”→“点样式”命令，在弹出的“点样式”对话框中设置点样式及点大小参数，如图 6-19 所示。

（13）选择“绘图”→“点”→“定数等分”命令，选择直径为 90mm 的圆形。在命令提示行中输入“18↙”，完成等分效果如图 6-20 所示。

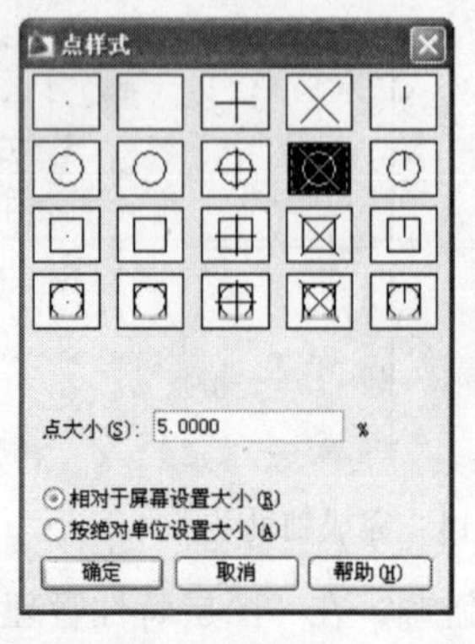

图 6-19　“点样式”对话框

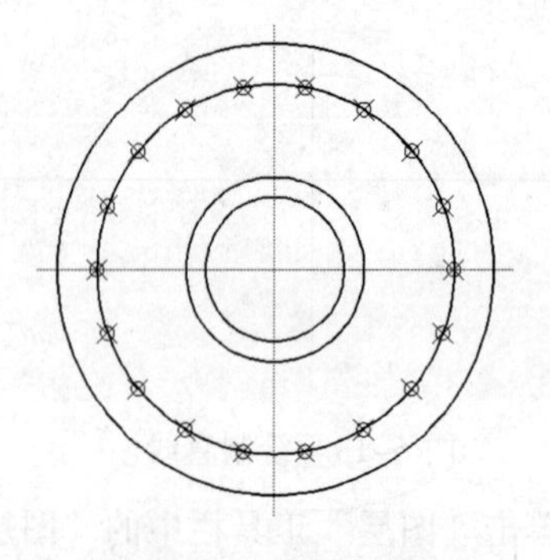

图 6-20　等分效果 1

（14）选择“绘图”→“点”→“定数等分”命令，选择直径为 110mm 的圆形。在命令提示行中输入“18↙”，完成等分效果如图 6-21 所示。

（15）单击“绘图”工具栏中的“圆弧”按钮⌒，在直径为 110mm 的圆形中指定起始点，在直径为 90mm 的圆形中指定圆弧的第二个点，单击辅助线中心位置，完成圆弧效果如图 6-22 所示。

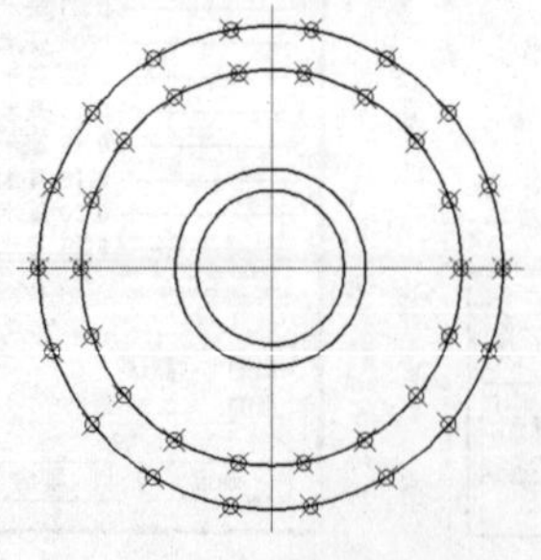

图 6-21　等分效果 2

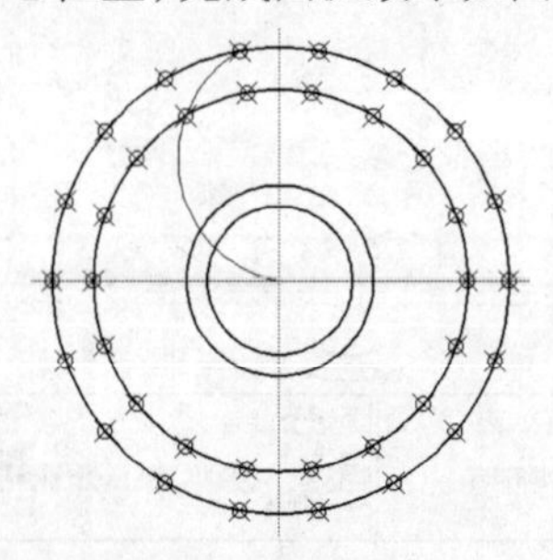

图 6-22　绘制圆弧

（16）单击“绘图”工具栏中的“圆弧”按钮，在直径为 110mm 的圆形中指定起始点，在直径为 90mm 的圆形中指定圆弧的第二个点，然后在直径为 90mm 的圆形指定端点，完成圆弧效果如图 6-23 所示。

（17）用同样的方法绘制出圆形一圈效果，完成后效果如图 6-24 所示。

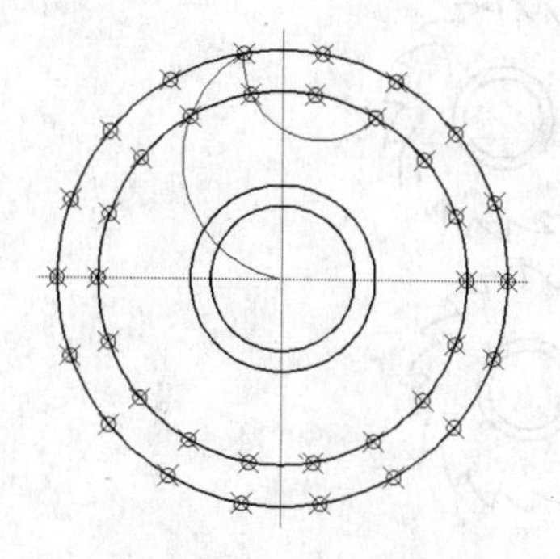
图 6-23 绘制圆弧效果

图 6-24 完成一周圆弧效果

（18）使用“修改”工具栏中的“修剪”按钮，将圆形与圆弧相交部分进行修剪，修剪完成后效果如图 6-25 所示。

（19）单击“修改”工具栏中的“删除”按钮，在视图区域中选择直径为 110mm 的圆形和直径为 90mm 的圆形，按【Enter】键将其删除，完成后效果如图 6-26 所示。

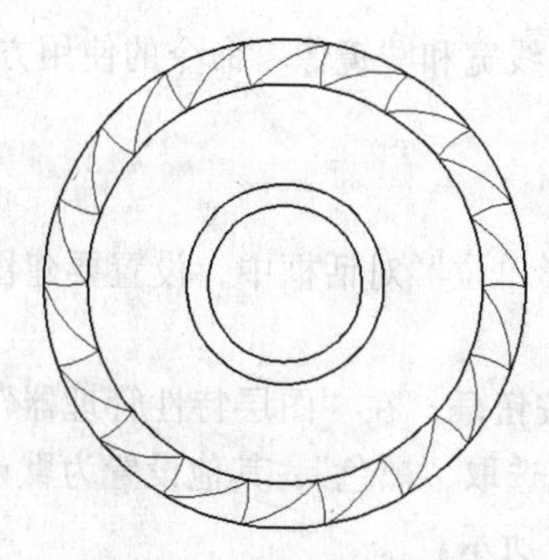
图 6-25 修剪圆弧效果

图 6-26 删除圆形效果

（20）使用矩形工具和直线工具绘制齿轮键槽图形，完成后效果如图 6-27 所示。

（21）选择齿轮图形，单击“绘图”工具栏中的“创建块”按钮，在弹出的“块定义”对话框中设置名称为“齿轮”，如图 6-28 所示。

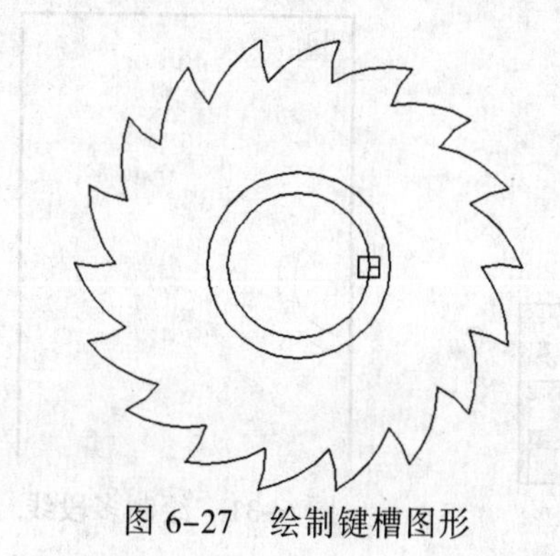
图 6-27 绘制键槽图形

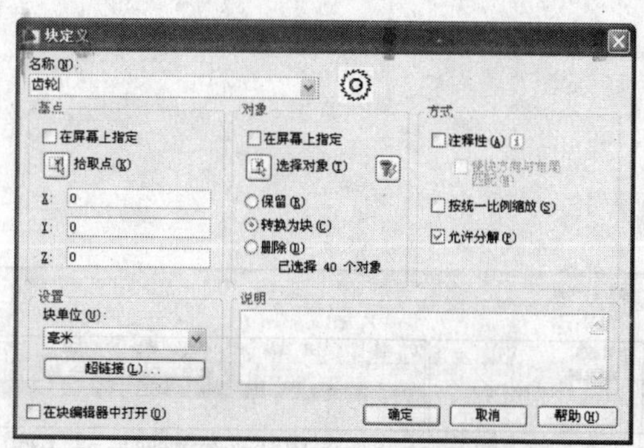

图 6-28 “块定义”对话框

（22）单击“修改”工具栏中的“复制”按钮，选择创建块后的齿轮，指定基点将齿轮复制 5 个并调整到合适角度及位置，完成后效果如图 6–29 所示。

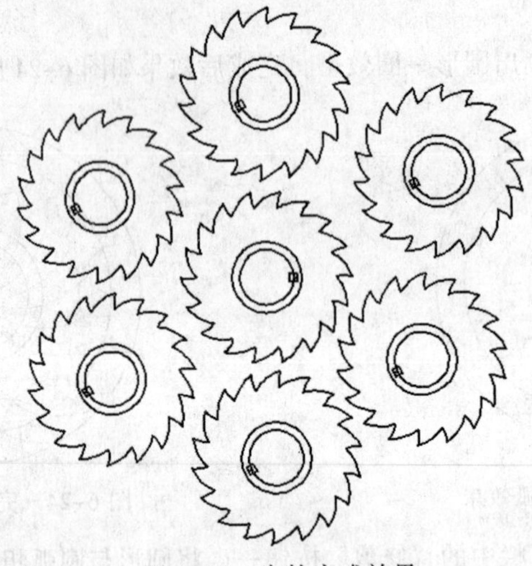

图 6–29　齿轮完成效果

6.3.2　制作双扇门图例

1．实例目标

本实例通过绘制双扇门图形，使读者了解并掌握设置线宽和“镜像”命令的使用方法。

2．制作步骤

可以按照下面的步骤进行操作：

（1）选择“格式”→“单位”命令，在弹出的“图形单位”对话框中，设置要建图形的长度、角度和缩放比例，单击“确定”按钮完成。

（2）单击“图层”工具栏中的“图层特性管理器”按钮，在“图层特性管理器”对话框中单击“新建”按钮，并将其命名为“外框”层，颜色选取“黑色”，其他设置为默认。单击“置为当前”按钮，将该图层设为当前图层，如图 6–30 所示。

（3）单击“绘图”工具栏中的“多段线”按钮，在绘图区域指定起始点。

（4）在命令提示行中分别输入“H↙”，“4↙”，“4↙”，设置宽度。

（5）在命令提示行中分别输入“L↙”，“2100↙”，向右移动鼠标并输入“1600↙”，向下移动鼠标并输入“2100↙”，如图 6–31 所示。

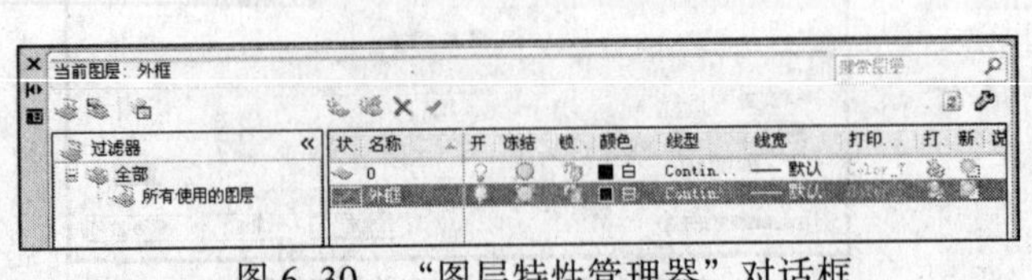

图 6–30　“图层特性管理器”对话框

图 6–31　绘制多段线

（6）单击“绘图”工具栏中的“多段线”按钮，在绘图区域指定起始点并绘制一条直线，如图 6-32 所示。

（7）单击“修改”工具栏中的“偏移”按钮，在命令提示行中输入“100↙”，在绘图区选择多段线，单击完成偏移后的效果如图 6-33 所示。

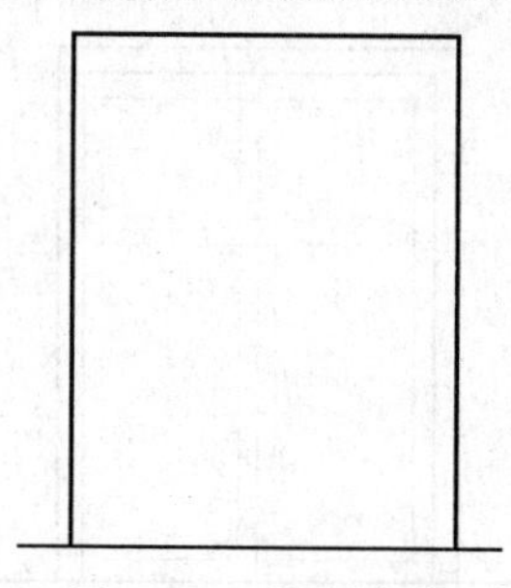

图 6-32 绘制直线

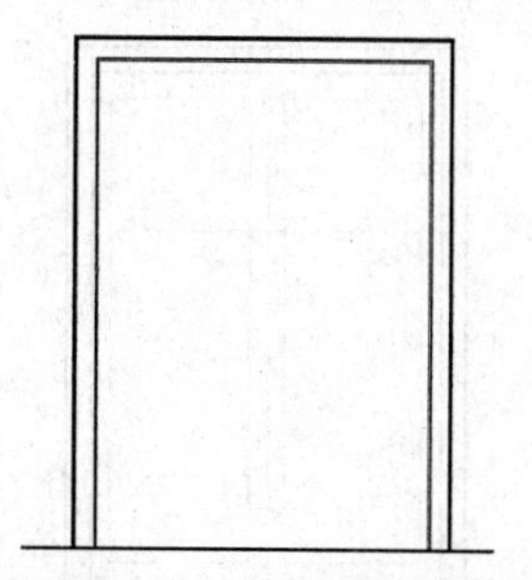

图 6-33 偏移完成效果

（8）单击“图层”工具栏中的“图层特性管理器”按钮，在“图层特性管理器”对话框中单击“新建”按钮，并将其命名为“门”层，颜色选取“黑色”，其他设置为默认。单击“置为当前”按钮，将该图层设为当前图层，如图 6-34 所示。

（9）单击“绘图”工具栏中的“直线”按钮，在门框中间单击指定起始点，在命令提示行中输入“2000↙”，如图 6-35 所示。

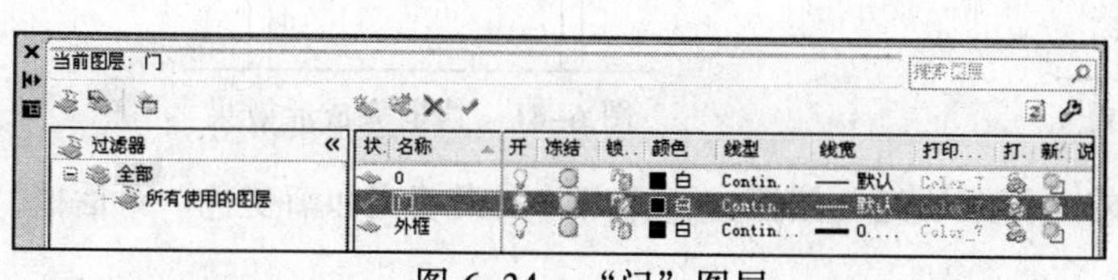

图 6-34 “门”图层

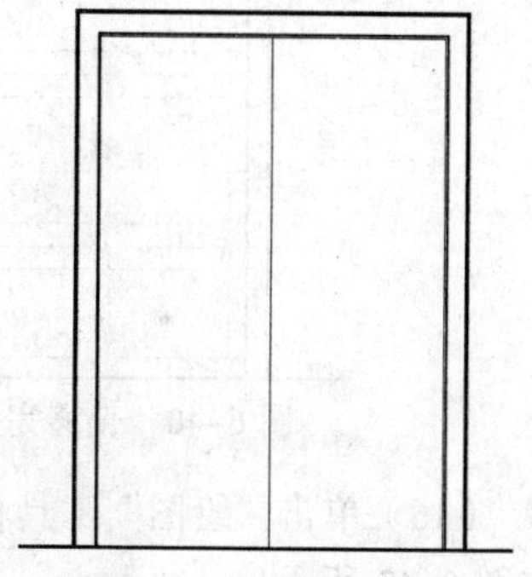

图 6-35 绘制直线

（10）单击“绘图”工具栏中的“矩形”按钮，在绘图区域中单击指定起始点，在命令提示行中输入“@550，1800↙”，如图 6-36 所示。

（11）单击“修改”工具栏中的“复制”按钮，选择矩形，指定基点将矩形复制一个并调整到合适的位置，完成后效果如图 6-37 所示。

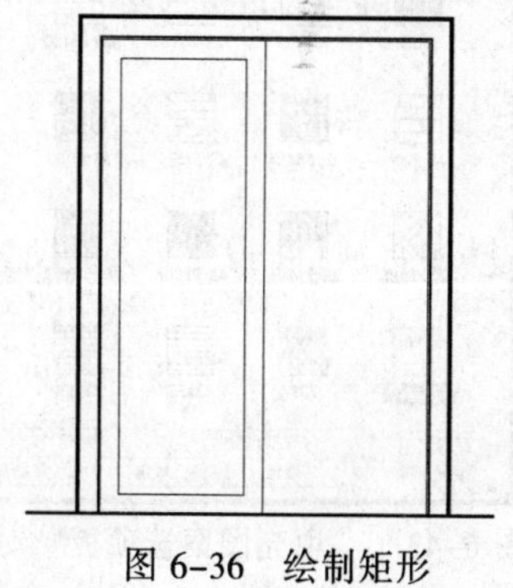

图 6-36 绘制矩形

图 6-37 复制矩形效果

（12）单击“绘图”工具栏中的“直线”按钮⁄，在门中间单击指定起始点，在命令提示行中输入“1250↙”，如图 6-38 所示。

（13）单击“修改”工具栏中“偏移”按钮，在命令提示行中输入“100↙”，在绘图区选择直线，单击完成偏移后效果如图 6-39 所示。

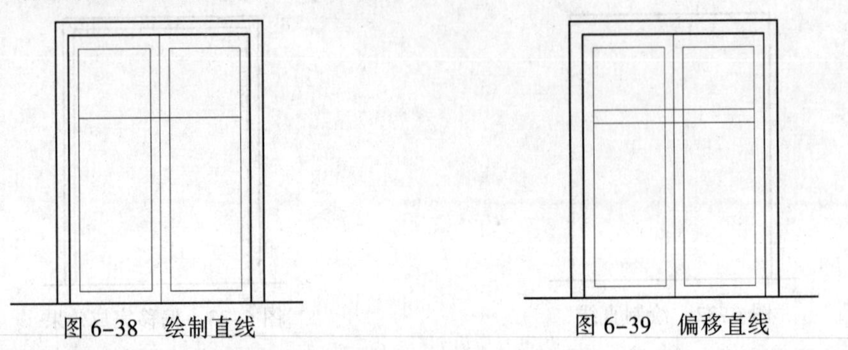

图 6-38　绘制直线　　图 6-39　偏移直线

（14）用同样的方法偏移出其他直线，完成偏移后效果如图 6-40 所示。

（15）选择偏移后的直线和两侧矩形，单击“修改”工具栏中的“修剪”按钮⁄，在绘图区单击相交的线段，完成后效果如图 6-41 所示。

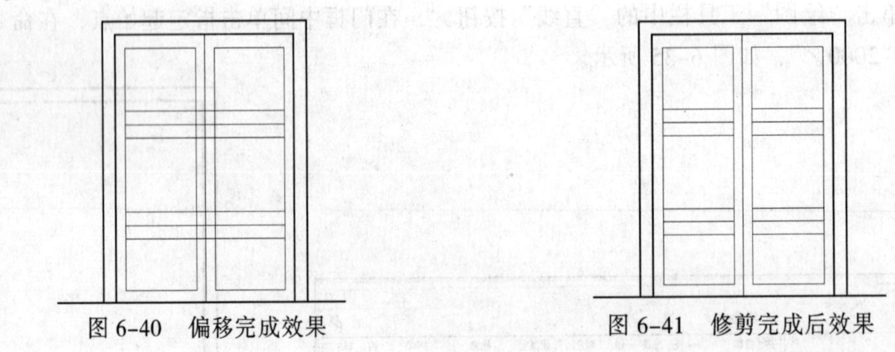

图 6-40　偏移完成效果　　图 6-41　修剪完成后效果

（16）单击“绘图”工具栏中的“图案填充”按钮，弹出“图案填充和渐变色”对话框，如图 6-42 所示。

（17）单击“样例”按钮，在弹出的“填充图案选项板”对话框中选择“AR-SAND”样例，如图 6-43 所示。

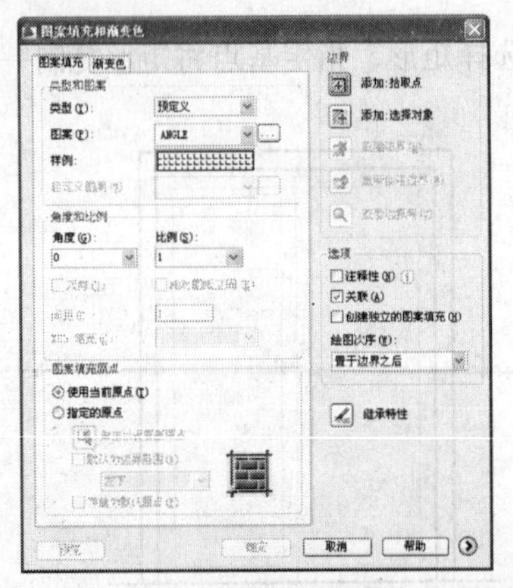

图 6-42　“图案填充和渐变色”对话框

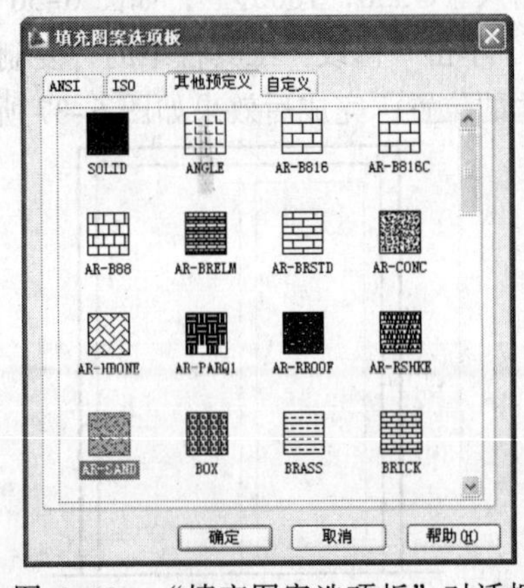

图 6-43　“填充图案选项板”对话框

（18）单击“确定”按钮，返回到“图案填充和渐变色”对话框，然后单击“添加：拾取点”按钮，在门中选择玻璃图块并填充图案，完成后效果如图 6-44 所示。

（19）单击“绘图”工具栏中“直线”按钮⁄，绘制出玻璃显示线条，完成后效果如图 6-45 所示。

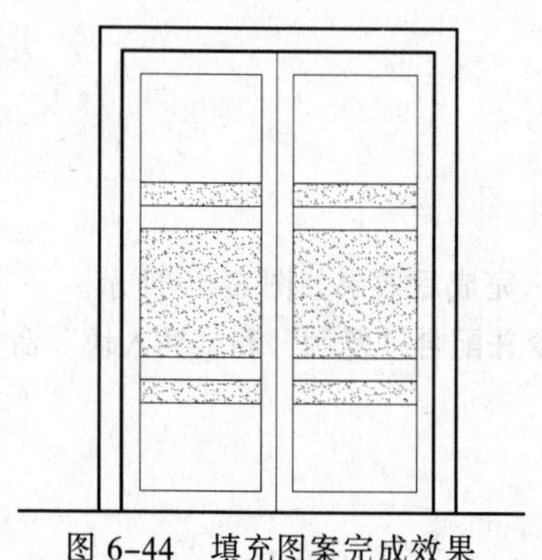

图 6-44　填充图案完成效果

图 6-45　绘制玻璃线条

（20）单击“绘图”工具栏中“插入块”按钮，在弹出的“插入”对话框中，单击“浏览”按钮，如图 6-46 所示，在弹出的“选择图形文件”对话框中，选择“把手.dwg”，如图 6-47 所示。

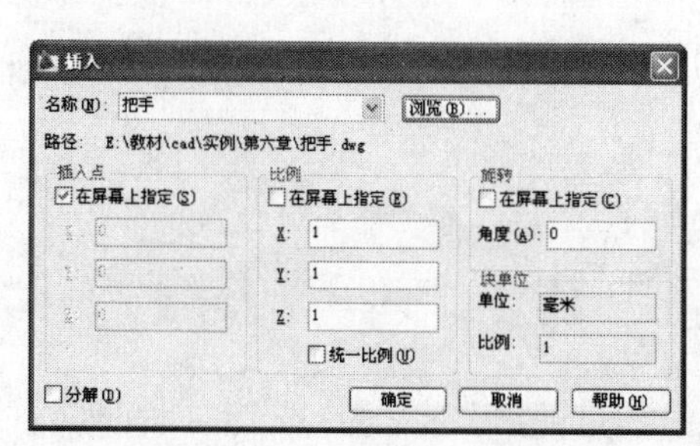

图 6-46　“插入”对话框

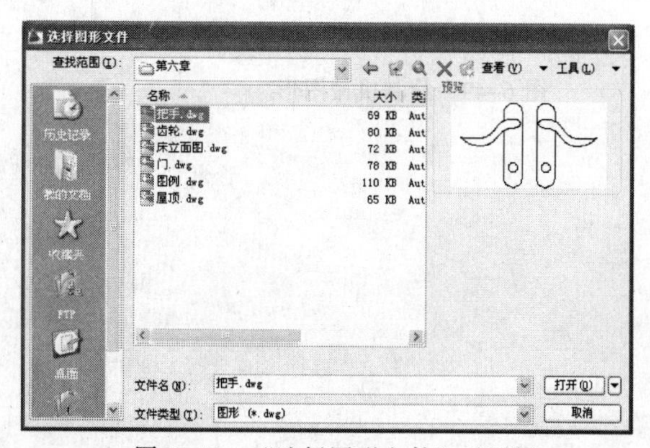

图 6-47　“选择图形文件”对话框

（21）单击“打开”按钮，将把手插入到门框中并调整到合适的位置，如图 6-48 所示。

图 6-48　完成双扇门图块

想一想

1. 简述设计中心的使用方法。
2. 简述创建块的使用方法。

练一练

1. 使用“圆”、“圆弧”和“直线”命令绘制机械图形，完成后效果如图 6-49 所示。
2. 使用“矩形”、“椭圆”、“圆弧”和“样条曲线”命令并配合“复制”和“插入块”命令绘制出双人床图形，完成后效果如图 6-50 所示。

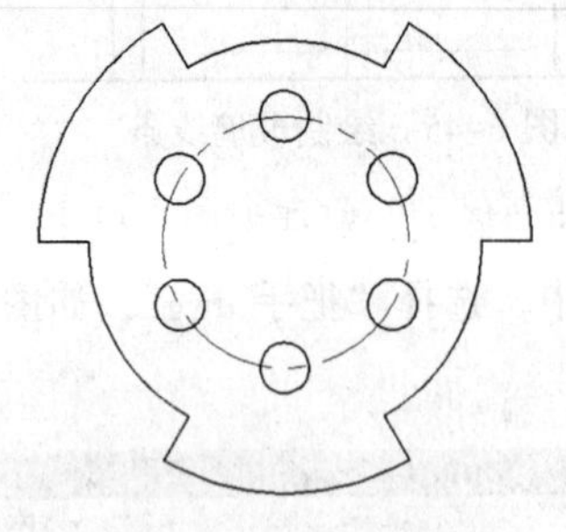

图 6-49 绘制机械图形

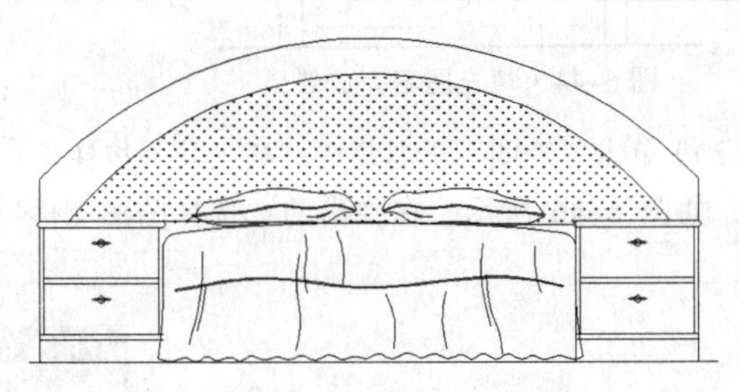

图 6-50 绘制双人床图形

第7章 尺寸标注与编辑

学习目标

- 掌握尺寸标注方式
- 设置标注样式
- 标注编辑的方法
- 标注施工布置图尺寸
- 标注皮带尺寸

当图形绘制完成后，只能显示图形外观，必须通过尺寸标志或批注，才能让人容易地了解或想象图形的设计内容，这张图才可以成为生产制造或施工的依据。本章将介绍各种尺寸标注的方法及尺寸标注的格式设置，以便读者掌握在视图上标注尺寸的方法。

7.1 尺寸标注方式

AutoCAD 提供了尺寸标注类型，分别为快速标注、线性标注、对齐标注、坐标标注、半径标注、直径标注、角度标注、基线标注、连续标注、引线标注、公差标注、圆心标注等，在“标注”菜单和“标注”工具栏中列出了尺寸标注的类型，如图 7-1 所示。

图 7-1 “标注”工具栏

7.1.1 线性标注

线性标注命令可标注水平或垂直方向的尺寸。可以通过以下几种方法执行线性标注命令：

- 在“命令提示行中”输入“DIMLINEAR”。
- 选择“标注”→“线性”命令。
- 单击“标注”工具栏上“线性”标注按钮⊢⊣。

以标注一个矩形尺寸为例，操作过程如下：

（1）确认“正交”按钮，“对象捕捉”按钮，和“对象捕捉跟踪”按钮处于打开状态。

（2）在绘图区单击指定矩形起始点，分别标注矩形的长度和宽度，图 7–2 所示为原图，图 7–3 所示为标注尺寸后效果。

图 7–2　原图

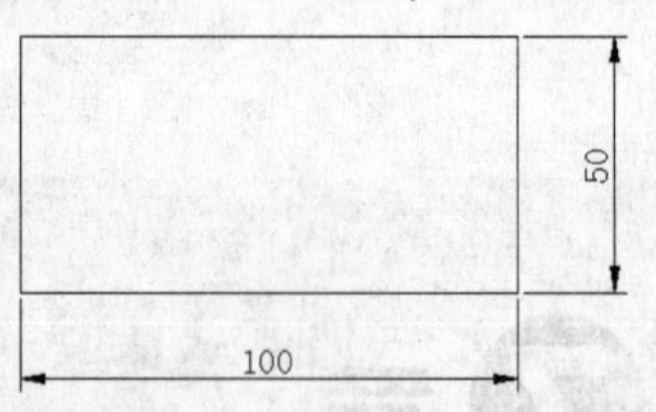

图 7–3　标注矩形尺寸

在标注尺寸过程中，命令窗口会有几个相关副选项，可使标注做不同的变化，说明如下：

① 多行文字（M）：在“命令提示行”中输入“M”，或在绘图区右击，在弹出的快捷菜单中选择“多行文字”命令，如图 7–4 所示。

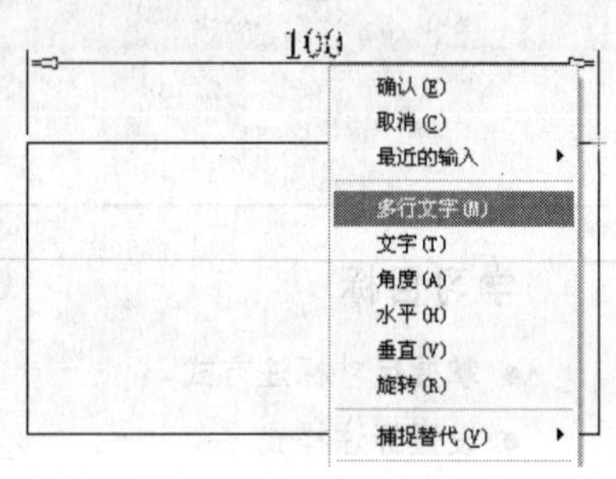

图 7–4　多行文字选项

可在弹出的多行文字编辑器窗口中编辑标注的文字，编辑完毕选择“确定”按钮返回原画面，如图 7–5 所示。然后移动光标到适当位置后单击，完成后效果如图 7–6 所示。

图 7–5　编辑文字

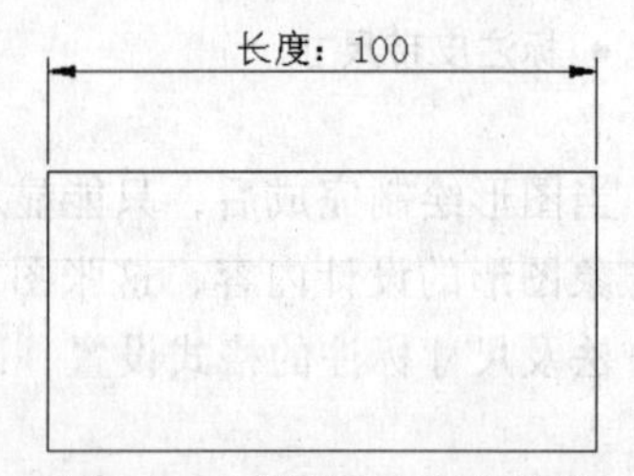

图 7–6　编辑尺寸完成效果

② 文字（T）：在命令提示区中输入“T”，接着输入文字，输入完毕右击，然后移动光标到适当位置后，单击，完成后效果如图 7–7 所示。

③ 角度（A）：在“命令提示行中”输入“A”，可设置标注文字显示的角度，例如输入文字的显示角度为 45 度，完成后效果如图 7–8 所示。

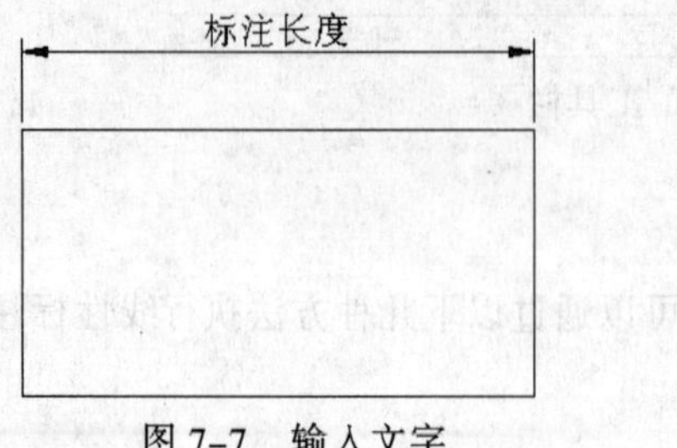

图 7–7　输入文字

图 7–8　旋转文字角度

7.1.2　对齐标注

对齐标注命令是应用于尺寸标注线与对象平行的标注方式。可以通过以下几种方法执行对齐标注命令：

- 在“命令提示行中”输入“DIMALIGNED”。
- 选择“标注”→“对齐”命令。
- 单击“标注”工具栏上“对齐”标注按钮。

以标注一个三角形尺寸为例，具体操作过程如下：

（1）单击“对齐”标注按钮，右击或按下键盘中的【Enter】键再选择要标注的对象。

（2）移动光标会出现标注线及尺寸，移至适当位置后单击鼠标左键即可完成该对象的尺寸标注。图 7-9 所示为原图，图 7-10 所示为标注尺寸后效果。

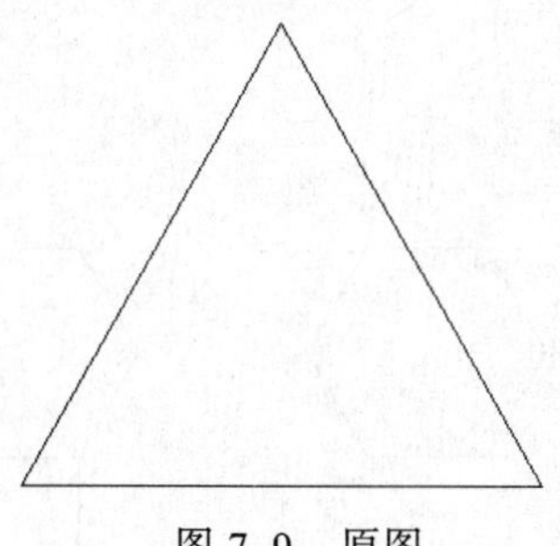

图 7-9　原图

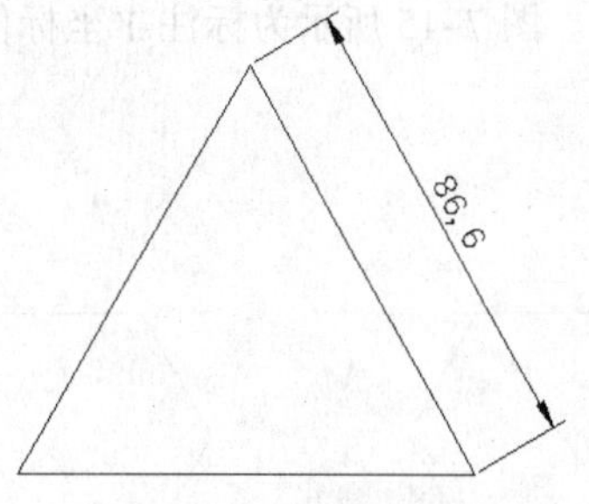

图 7-10　对齐标注尺寸

7.1.3　弧长标注

弧长标注命令用于测量圆弧或多段线弧线段上的距离。弧长标注的延伸线可以正交或径向。在标注文字的上方或前面将显示圆弧符号。可以通过以下几种方法执行弧长标注命令：

- 在“命令提示行”中输入“DIMARC”。
- 选择“标注”→“弧长”命令。
- 单击“标注”工具栏上“弧长”标注按钮。

以标注一个圆弧尺寸为例，具体操作过程如下：

（1）单击“弧长”标注按钮，选择要标注的对象。

（2）移动光标会出现标注线及尺寸，移至适当位置后单击即可完成该对象的尺寸标注。图 7-11 所示为原图，图 7-12 所示为标注尺寸后效果。

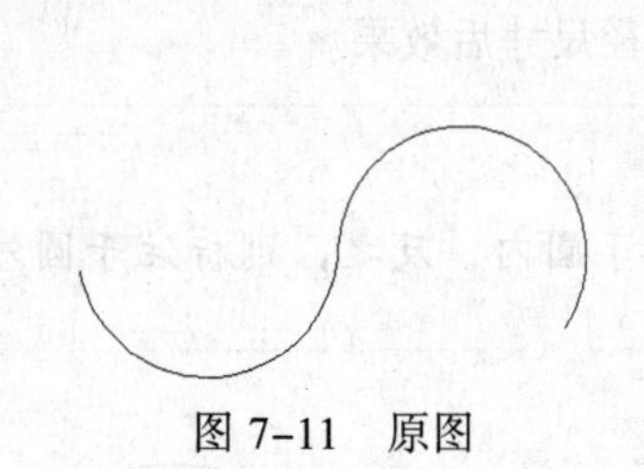

图 7-11　原图

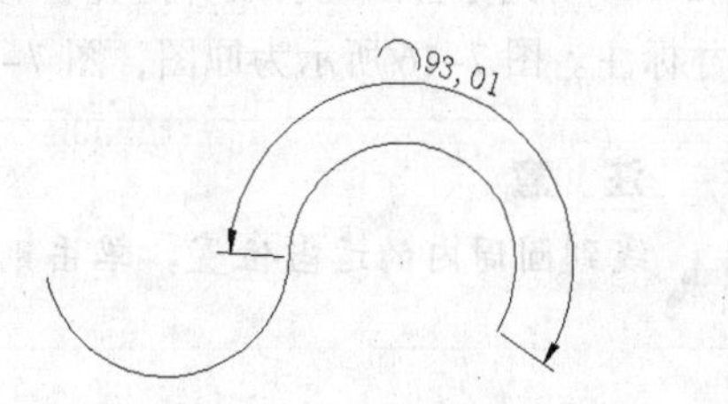

图 7-12　标注弧长尺寸

7.1.4　坐标标注

坐标标注命令可以用来标注选择坐标点的 X 或 Y 值（绝对坐标值）；由于标注当是 X 或 Y 值，因此使用此命令时最好打开“正交”模式。可以通过以下几种方法执行坐标标注命令：

- 在“命令提示行”中输入“DIMORDINATE”。
- 选择“标注”→“坐标”命令。
- 单击“标注”工具栏上“坐标”标注按钮。

以标注一个五边形坐标为例，具体操作过程如下：

（1）确认“对象捕捉”按钮□处于打开状态，单击“坐标”标注按钮，指定要标注的坐标端点。

（2）移动光标会出现引线，引出位于水平方向，可以标示出 *Y* 坐标值，接着移动引线到合适的位置，单击，完成显示标注。图 7-13 所示为原图，图 7-14 所示为标注 *X* 坐标值尺寸后效果。

（3）引出位于垂直方向，可以标示出 *X* 坐标值，接着移动引线到合适的位置后单击，完成显示标注。图 7-15 所示为标注 *Y* 坐标值尺寸后效果。

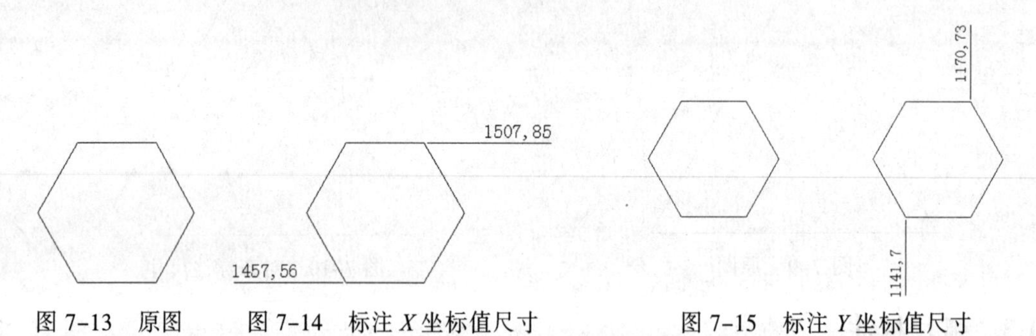

图 7-13　原图　　图 7-14　标注 *X* 坐标值尺寸　　图 7-15　标注 *Y* 坐标值尺寸

7.1.5 半径标注

半径标注命令是用来标注图形中圆或圆弧的半径。可以通过以下几种方法执行半径标注命令：

- 在命令提示行中输入“DIMRADIUS”。
- 选择“标注”→“半径”命令。
- 单击“标注”工具栏上“半径”标注按钮。

以标注一个圆形半径为例，具体操作过程如下：

（1）单击“半径”标注按钮，移动光标到要标注的圆周上并单击选取。

（2）移动光标会出现引线并随光标移动，然后移动引线到合适的位置单击即可完成该对象的尺寸标注。图 7-16 所示为原图，图 7-17 所示为标注半径尺寸后效果。

注　意

线到圆周内的适当位置，单击则会将半径值标注于圆内，反之，则标注于圆外。

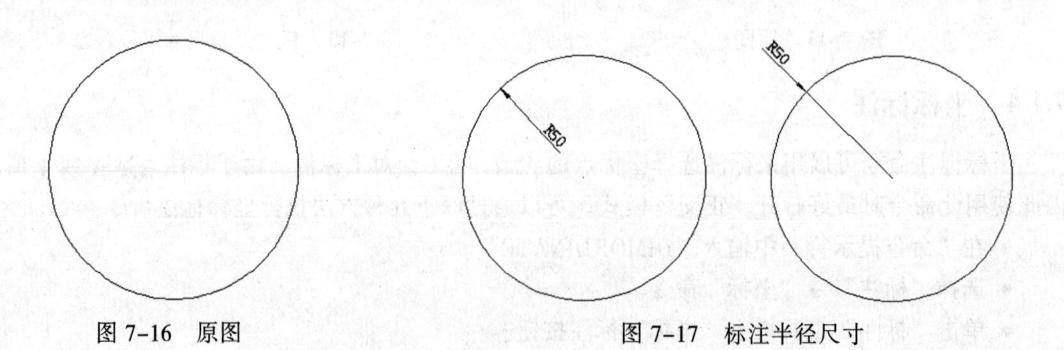

图 7-16　原图　　图 7-17　标注半径尺寸

7.1.6　折弯标注

折弯标注命令是测量选定对象的半径，并显示前面带有一个半径符号的标注文字。可以在任意合适的位置指定尺寸线的原点。可以通过以下几种方法执行折弯标注命令：

- 在“命令提示行”中输入“DIMJOGGED”。
- 选择“标注”→“折弯”命令。
- 单击“标注”工具栏上“折弯”标注按钮。

以标注两个圆弧之间尺寸为例，具体操作过程如下：

（1）单击“折弯”标注按钮，选择要标注的两个圆弧对象。

（2）移动光标会出现标注线及尺寸，移至适当位置后单击即可完成该对象的尺寸标注。图 7-18 所示为原图，图 7-19 所示为标注折弯尺寸后效果。

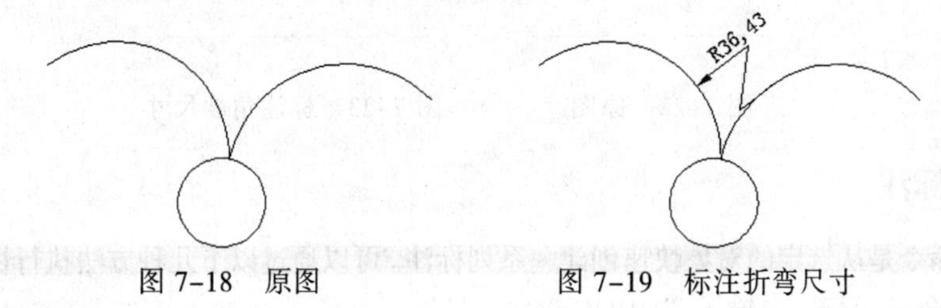

图 7-18　原图　　　　图 7-19　标注折弯尺寸

7.1.7　直径标注

直径标注命令是用来标注图形中圆或圆弧的直径。可以通过以下几种方法执行直径标注命令：

- 在“命令提示行”中输入“DIMDIAMETER”。
- 选择“标注”→“直径”命令。
- 单击“标注”工具栏上“直径”标注按钮。

以标注一个圆形直径为例，具体操作过程如下：

（1）单击“直径”标注按钮，移动光标（小方块）选择要标注的圆。

（2）移动光标到适当位置并单击即可显示标注值。图 7-20 所示为原图，图 7-21 所示为标注直径尺寸后效果。

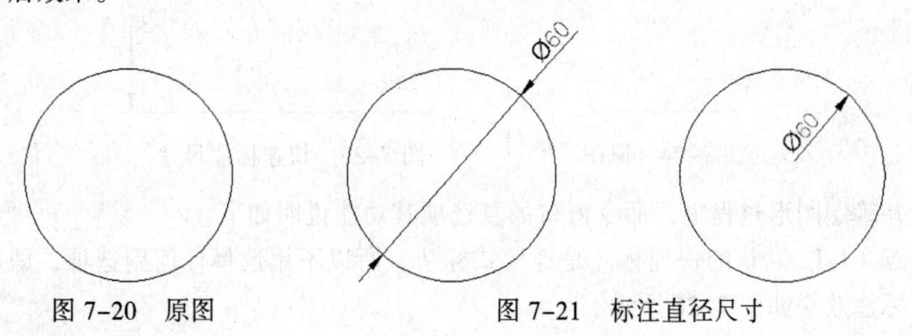

图 7-20　原图　　　　图 7-21　标注直径尺寸

7.1.8　角度标注

角度标注命令是用来标注图形中圆、弧或两线间的夹角角度。可以通过以下几种方法执行角度标注命令：

- 在“命令提示行”中输入“DIMANGULAR”。
- 选择“标注”→“角度”命令。

• 单击“标注”工具栏上“角度”标注按钮△。

以标注三角形中的夹角角度为例，具体操作过程如下：

（1）单击“角度”标注按钮△，选择要标注角度的第一及第二条线。

（2）移动光标到适当位置后，单击即可显示标注值（若光标望交点处移动是标注的空间太小，则标注弧线的箭头会自动移动至外侧）。图 7-22 所示为原图，图 7-23 所示为标注角度尺寸后效果。

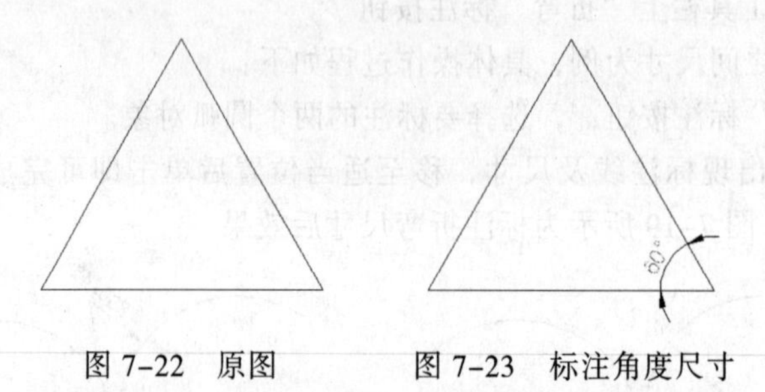

图 7-22 原图　　图 7-23 标注角度尺寸

7.1.9 快速标注

快速标注命令是从选定的对象快速创建一系列标注。可以通过以下几种方法执行快速标注命令：

• 在“命令提示行”中输入“QDIM”。

• 选择“标注”→“快速标注”命令。

• 单击“标注”工具栏上“快速标注”标注按钮⊟。

以标注一个五边形尺寸为例，具体操作过程如下：

（1）单击“快速标注”标注按钮⊟，选择要标注的对象。

（2）右击在弹出的快捷菜单中选择“确定”命令或按【Enter】键，移动光标到合适的位置并单击鼠标左键即可完成快速标注。图 7-24 所示为原图，图 7-25 所示为标注角度尺寸后效果。

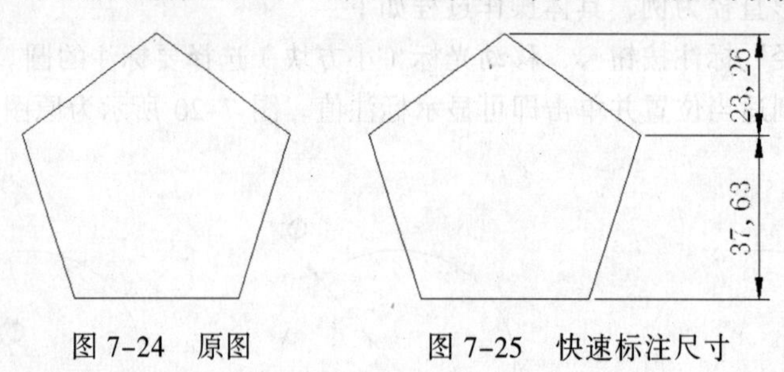

图 7-24 原图　　图 7-25 快速标注尺寸

在选择并确定图形过程中，命令窗口的复选项其功能说明如下：

（1）连续（C）：默认的快速标注是连续式标注，所以不用选择任何副选项，即可完成连续标注。连续标注效果如图 7-26 所示。

（2）并列（S）：（或者右击，从弹出的快捷菜单中选择“并列”）以并列的间隔标注作为快速标注的方式，并列标注效果如图 7-27 所示。

（3）基线（B）：在命令提示行中输入 B 并回车，以基线式标注作为快速标注方式，基线标注效果如图 7-28 所示。

（4）坐标（O）：在命令提示行中输入 O 并回车，以坐标式标注作为快速标注方式，坐标标注效果如图 7-29 所示。

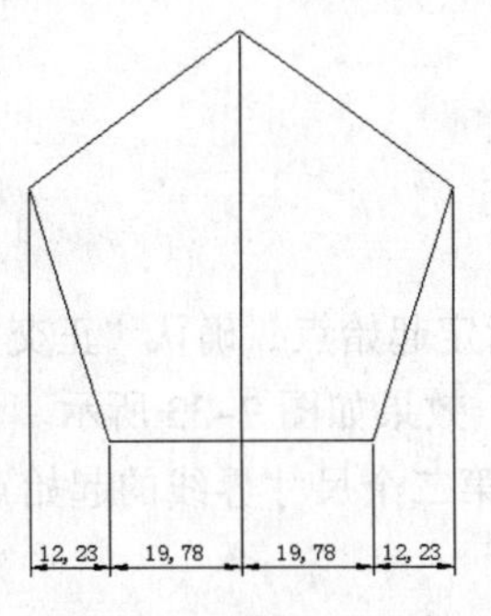

图 7-26 连续标注效果

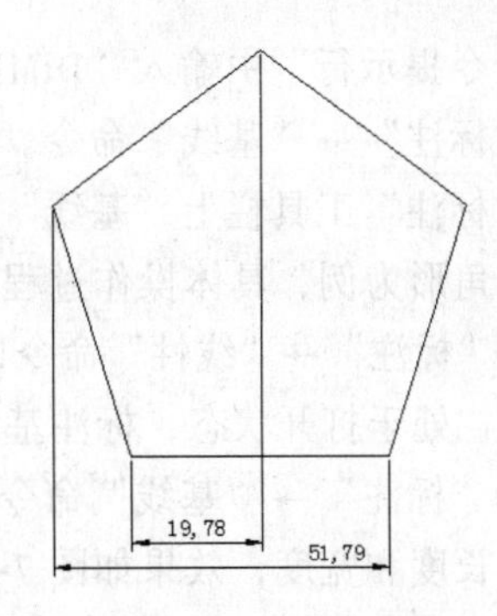

图 7-27 并列标注效果

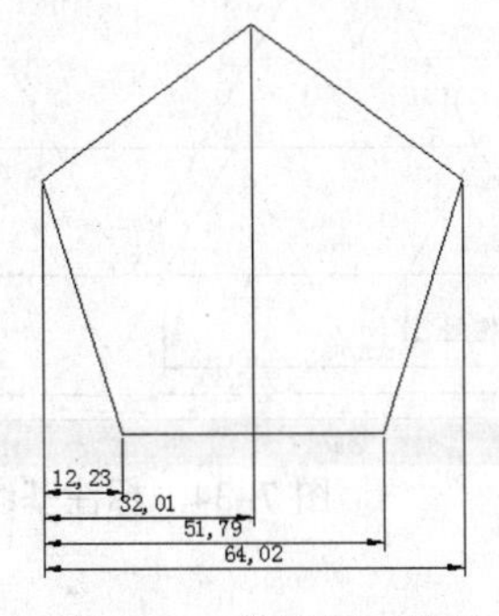

图 7-28 基线标注效果

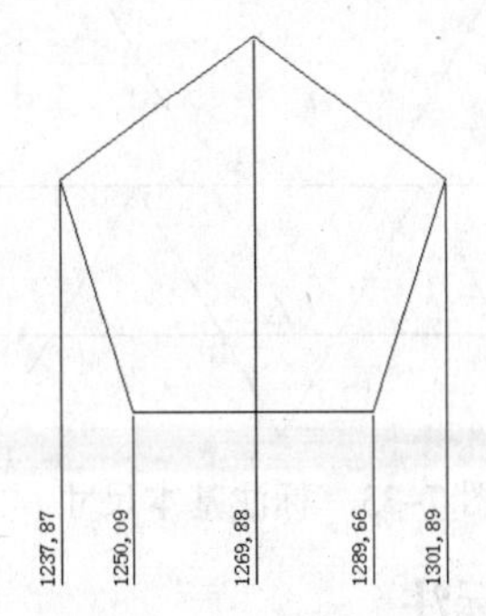

图 7-29 坐标标注效果

（5）半径（R）：在“命令提示行”中输入“R↙”，以半径标注作为快速标注方式。半径标注效果如图 7-30 所示。

（6）直径（D）：在“命令提示行”中输入“D↙”，以直径标注作为快速标注方式。直径标注效果如图 7-31 所示。

（7）基准点（P）：在“命令提示行”中输入“P↙”，选择快速基线式标注的基准点位置，基准点标注效果如图 7-32 所示。

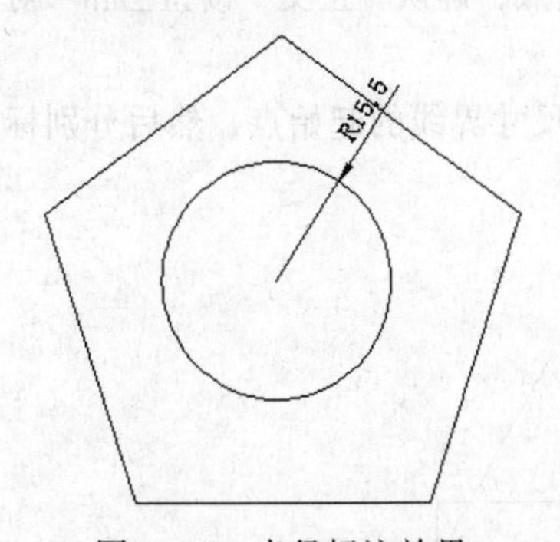

图 7-30 半径标注效果

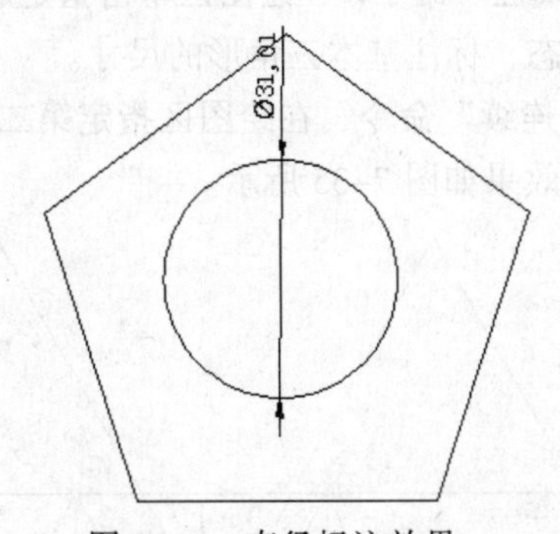

图 7-31 直径标注效果

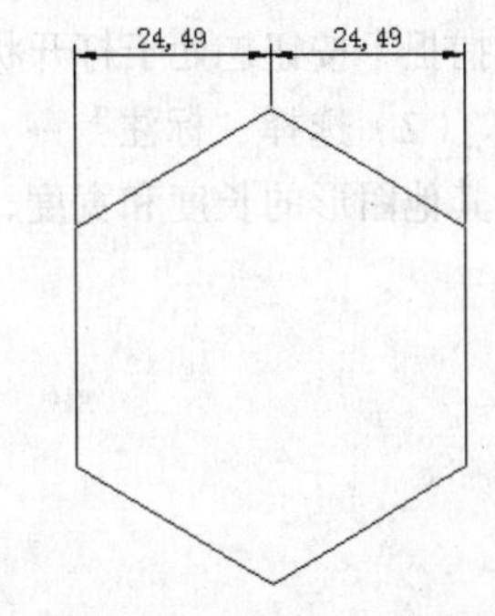

图 7-32 基准点标注效果

（8）编辑（E）：在“命令提示行”中输入“E↙”，删除新增加标注点。

7.1.10 基线标注

基线标注命令是以一标注线为基准的固定线，做连续尺寸标注的方法，可标注线性或角度尺寸。执行时必须与线性或角度标注命令搭配应用。可以通过以下几种方法执行基线标注命令：

● 在“命令提示行”中输入“DIMBASELINE”。

● 选择“标注”→“基线”命令。

● 单击“标注”工具栏上“基线”标注按钮。

以标注三角形为例，具体操作过程如下：

（1）选择“标注”→“线性”命令，在绘图区单击指定起始点，确认“正交”按钮和“对象捕捉”按钮处于打开状态，标注基本三角形的尺寸，效果如图 7-33 所示。

（2）选择“标注”→“基线”命令，在绘图区指定第二个尺寸界线的起始点，然后分别标注其他图形的长度和宽度，效果如图 7-34 所示。

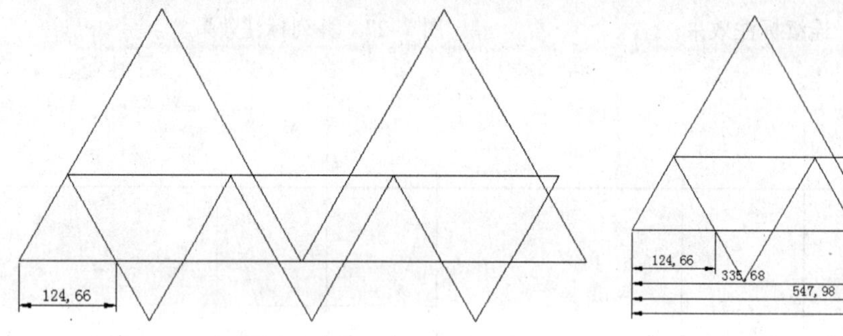

图 7-33　标注基本尺寸

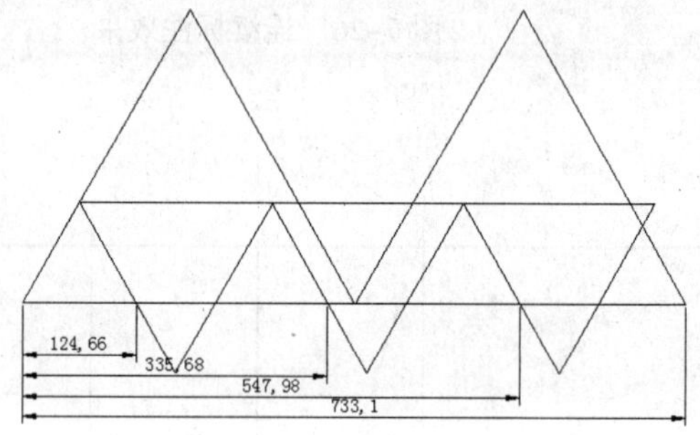

图 7-34　标注基线尺寸

7.1.11　连续标注

连续标注命令是以连续的方式连续标注尺寸，可标注线性或角度尺寸。执行时需配合线性或角度标注命令搭配使用。可以通过以下几种方法执行连续标注命令：

● 在“命令提示行”中输入“DIMBASELINE”。

● 选择“标注”→“连续”命令。

● 单击“标注”工具栏上“连续标注”按钮。

以标注三角形为例，具体操作过程如下：

（1）选择“标注”→“线性”命令，在绘图区单击指定起始点，确认“正交”按钮和“对象捕捉”按钮处于打开状态，标注基本三角形的尺寸。

（2）选择“标注”→“连续”命令，在绘图区指定第二个尺寸界线的起始点，然后分别标注其他图形的长度和宽度，效果如图 7-35 所示。

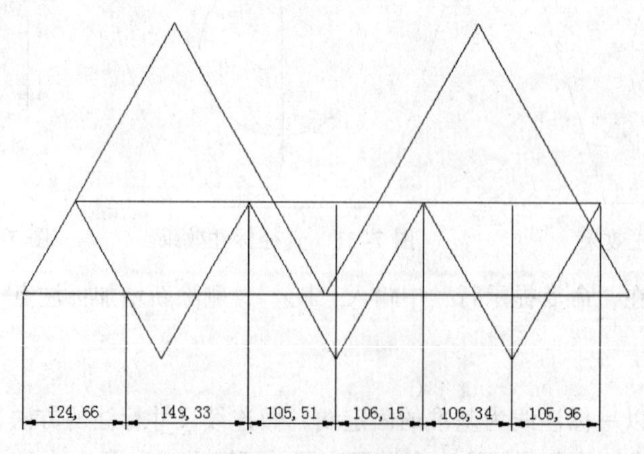

图 7-35　标注连续尺寸.

7.1.12　等距标注

等距标注命令可自动调整平行的线性标注之间的间距或共享一个公共顶点的角度标注之间的间距。尺寸线之间的间距相等。还可以通过使用间距值“0”来对齐线性标注或角度标注。可以通过以下几种方法执行等距标注命令：

- 在“命令提示行”中输入“DIMSPACE”。
- 选择“标注”→“标注间距”命令。
- 单击“标注”工具栏上“等距标注”按钮。

以标注不规则图形为例，具体操作过程如下：

（1）单击“等距标注”按钮，在绘图区单击基准标注，然后单击要产生间距的标注。

（2）在“命令提示行”输入两次“↙”，完成等距标注效果，图 7-36（a）所示为原图，图 7-36（b）所示为标注角度尺寸后效果。

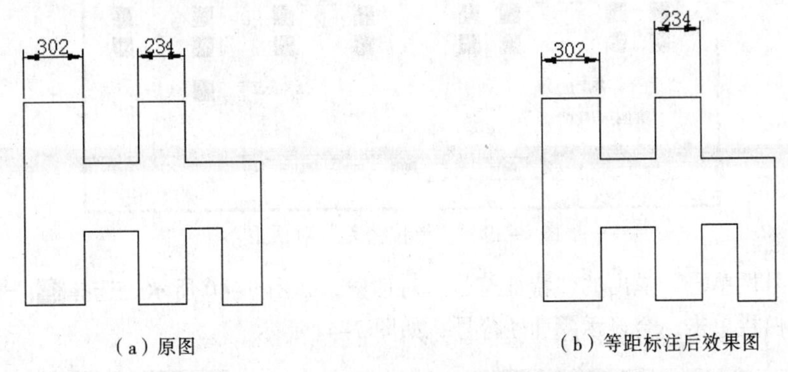

（a）原图　　　　（b）等距标注后效果图

图 7-36　等距标注前原图及后效果图

7.1.13　折断标注

折断标注命令可以将折断标注添加到线性标注、角度标注和坐标标注等。可以通过以下几种方法执行折断标注命令：

- 在“命令提示行”中输入“DIMBREAK”。
- 选择“标注”→“标注折断”命令。
- 单击“标注”工具栏上“折断标注”按钮。

以标注的圆形为例，具体操作过程如下：

（1）单击“折断标注”按钮，在绘图区单击要添加/删除折断的标注。

（2）在“命令提示行”输入“↙”，完成折断标注效果，图 7-37 所示为原图，图 7-38 所示为标注角度尺寸后效果。

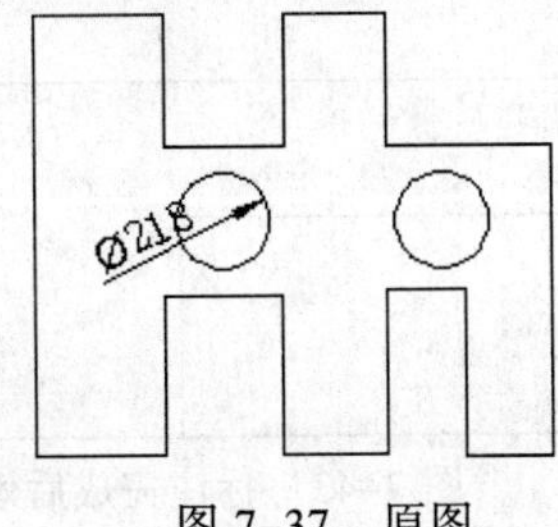

图 7-37　原图

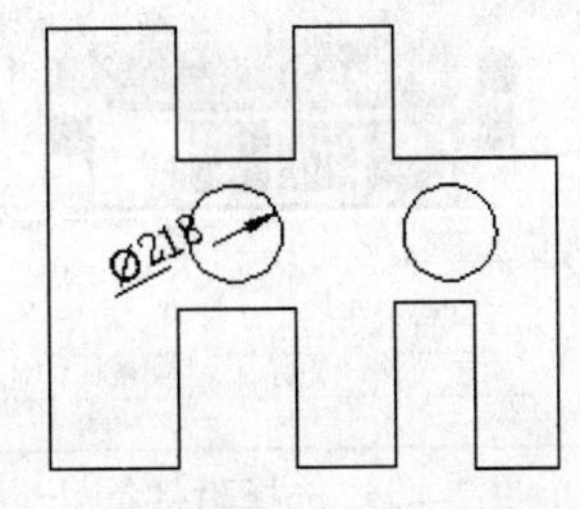

图 7-38　折断标注

7.1.14 公差标注

公差标注命令可用来标注工程制图中的几何公差。可以通过以下几种方法执行公差标注命令：

- 在命令提示行中输入“TOLERANCE”。
- 选择“标注”→“公差”命令。
- 单击“标注”工具栏上“公差”按钮。

以标注矩形为例，具体操作过程如下：

（1）确认状态栏的“对象捕捉”按钮处于打开状态。单击“公差”按钮，弹出“形位公差”对话框，如图 7-39 所示。

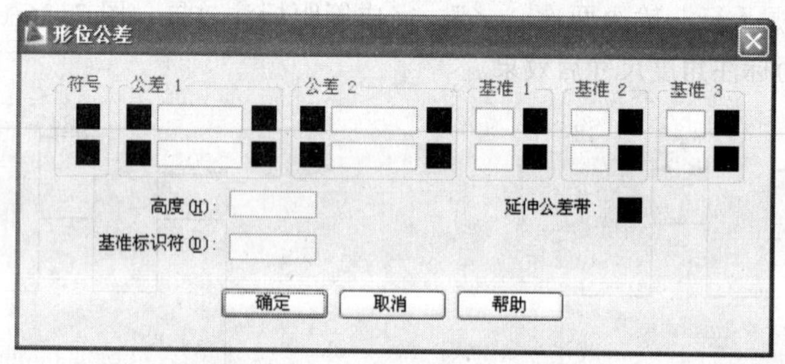

图 7-39 “形位公差”对话框

（2）在符号栏单击，弹出的“特征符号”对话框，如图 7-40 所示。选择⊕符号，在公差 1 区的第一个空白栏单击，会显示Ø直径符号，如图 7-41 所示。

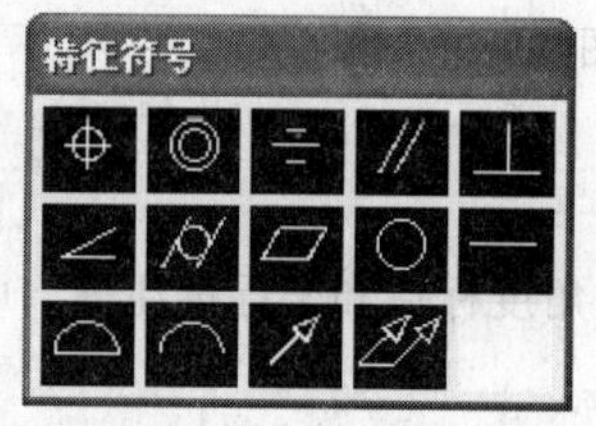

图 7-40 “特征符号”对话框

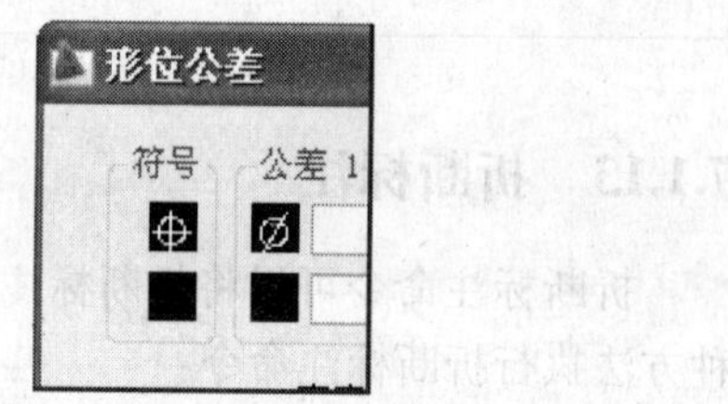

图 7-41 显示符号

（2）在第二个空白栏输入公差值“0.2”、第三个空白栏单击，在弹出的“附件符号”对话框中选择Ⓢ符号，如图 7-42 所示。

（3）在基准 1 区的第一个空白栏输入“C”，第二个空白栏选择Ⓢ符号，要标注的公差内容全部输入完毕后，选择“确定”按钮，完成后效果如图 7-43 所示。

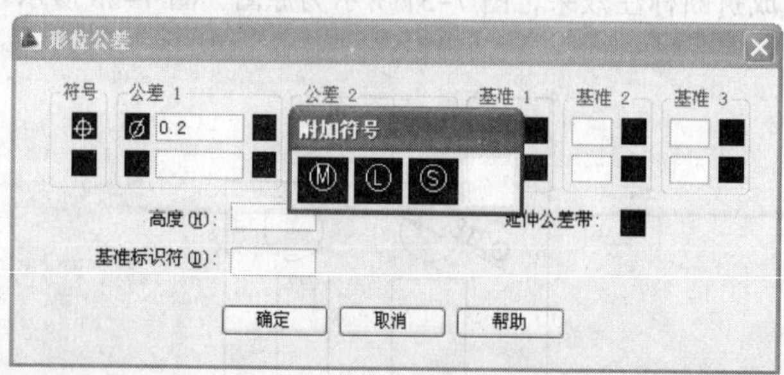

图 7-42 选择附件符号

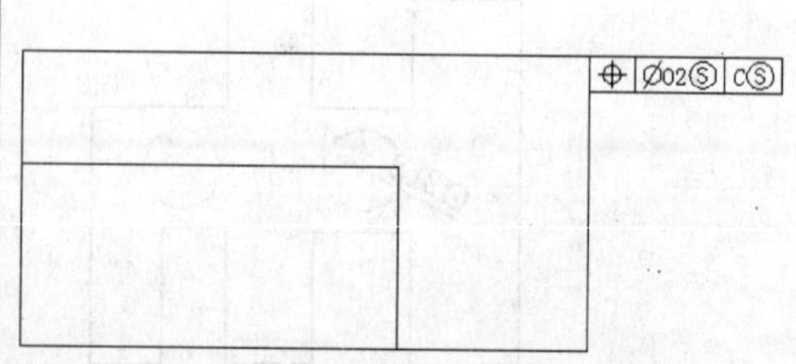

图 7-43 标注完成后效果

7.1.15 圆心标注

圆心标注命令是以十字符号来标注图形中圆或圆弧的中心点。可以通过以下几种方法执行圆心标注命令：

- 在“命令提示行”中输入“DIMBREAK”。
- 选择“标注”→“圆心标记”命令。
- 单击“标注”工具栏上“圆心标记”按钮⊕。

以标注圆形为例，具体操作过程如下：

（1）单击“圆心标记”按钮⊕，选择要标注的圆或圆弧。

（2）首先标注圆，可以移动光标到圆周上单击选取，即完成圆心标注。图 7-44 所示为原图，图 7-45 所示为圆心标注完成后效果。

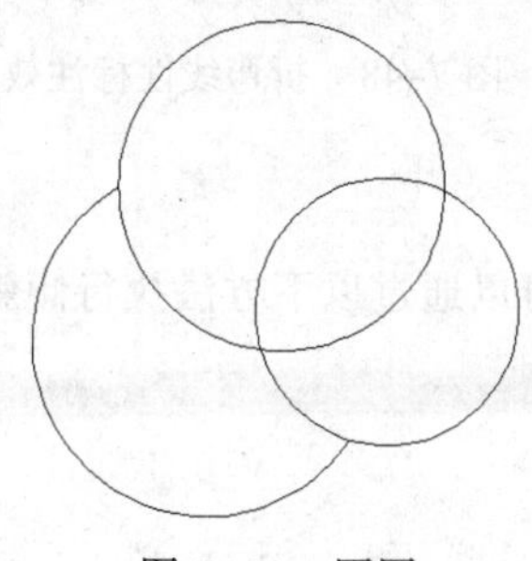

图 7-44　原图

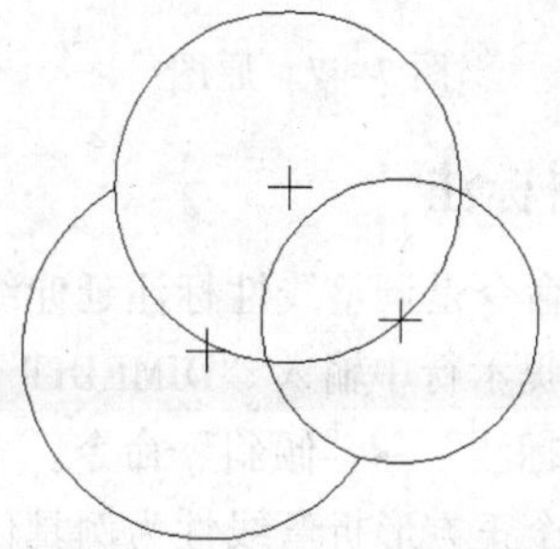

图 7-45　圆心标注效果

7.1.16 检验标注

检验标注命令用于指定应检查制造的部件的频率，以确保标注值和部件公差处于指定范围内。可以通过以下几种方法执行检验标注命令：

- 在“命令提示行”中输入“DIMINSPECT”。
- 选择“标注”→“检验”命令。
- 单击“标注”工具栏上“检验标注”按钮。

“检验标注”具体操作过程如下：

（1）单击“检验标注”按钮，弹出“检验标注”对话框，如图 7-46 所示。

（2）在“检验标注”对话框中可以在现有标注中添加或删除检验标注。检验使用户可以有效地传达应检查制造的部件的频率，以确保标注值和部件公差处于指定范围内。

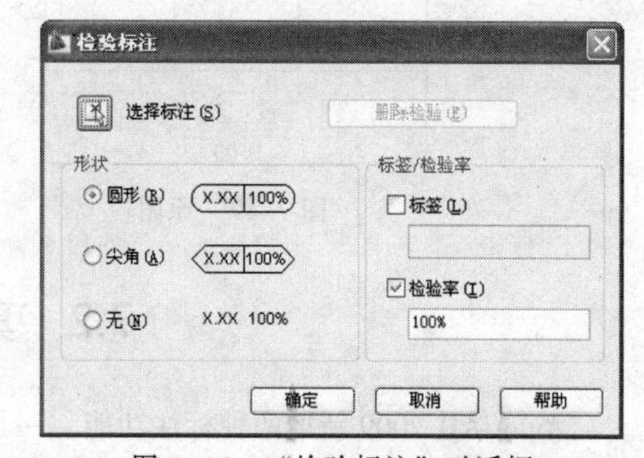

图 7-46　“检验标注”对话框

7.1.17 折弯线性标注

折弯线性标注命令是在线性标注或对齐标注中添加或删除折弯线。可以通过以下几种方法执行折弯线性标注命令：

- 在“命令提示行”中输入“DIMJOGLINE”。
- 选择“标注”→“折弯线性”命令。
- 单击“标注”工具栏上“折弯线性”按钮。

以标注一个正方形折弯线性为例具体操作过程如下：

（1）单击“折弯线性”按钮，选择线性标注线。

（2）移动光标到适当位置后，单击即可显示折弯线性标注。图 7-47 所示为原图，图 7-48 所示为折弯线性完成后效果。

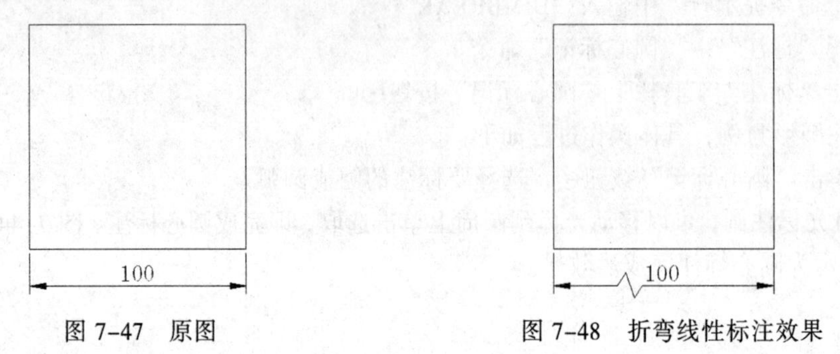

图 7-47　原图　　图 7-48　折弯线性标注效果

7.1.18　倾斜标注

倾斜标注命令是调整线性标注延伸线的倾斜角度。可以通过以下方法执行倾斜标注命令：

- 在命令提示行中输入“DIMEDIT”。
- 选择“标注”→“倾斜”命令。

以标注一个正方形折弯线性为例具体操作过程如下：

（1）选择“标注”→“倾斜”命令，选择线性标注线并按下【Enter】键。

（2）在命令提示行输入“65↙”，即可显示倾斜标注。图 7-49 所示为原图，图 7-50 所示为倾斜完成后效果。

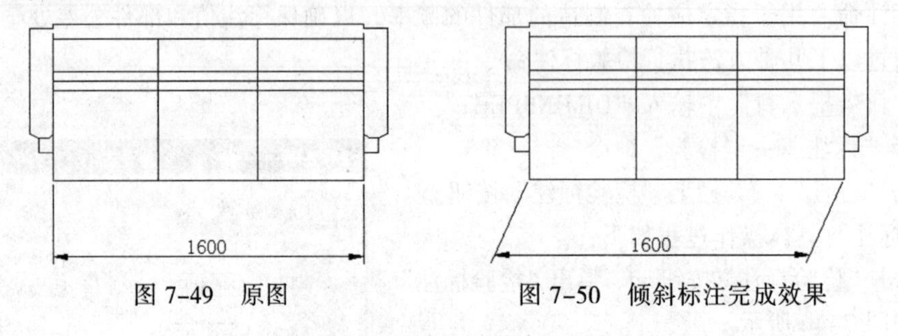

图 7-49　原图　　图 7-50　倾斜标注完成效果

7.2　真关系型标注

AutoCAD 2009 新增两种标注功能，一是几何驱动关系型标注，二是空间超越标注，这两种功能可以说是 CAD 标注功能的一大突破。

7.2.1　几何驱动关系型标注

几何驱动关系型标注就是对图形标注后，如果改变图形的几何性质，例如长度、角度、位置等，便会自动更新关联的标注：默认的标注模式是关系型标注，可以使用 DIMASSOC 参考设置与否。

以改变矩形长度为例，当矩形的某一个边其长度改变后，标注会自动跟着变更。图 7-51 所示为原图，图 7-52 所示为更改图形后标注效果。

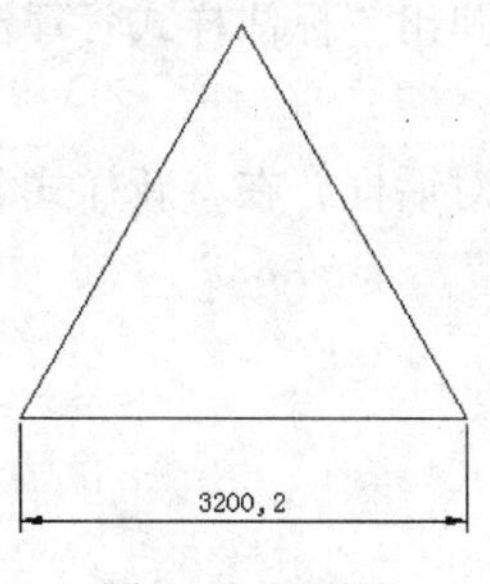

图 7-51 原图

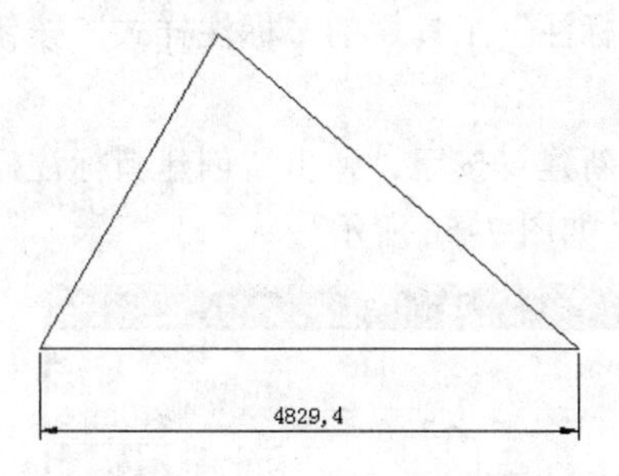

图 7-52 更改图形后标注效果

7.2.2 空间超越标注

在 AutoCAD 2009 中，标注已经不用必须在模型空间中进行了，当换到图纸空间时，也一样可以进行标注，而且所做的标注不会显示在模型空间中。这样就可以针对特别的出图需求做标注，而不用另外产生一个文件。图 7-53 所示为在模型空间中标注效果，图 7-54 所示为在布局空间中标注效果。

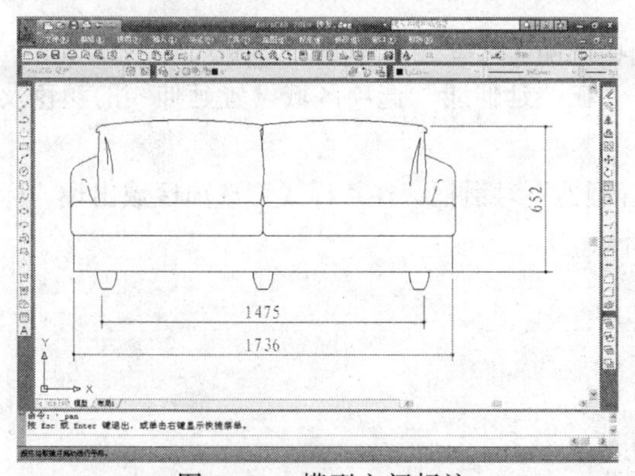

图 7-53 模型空间标注

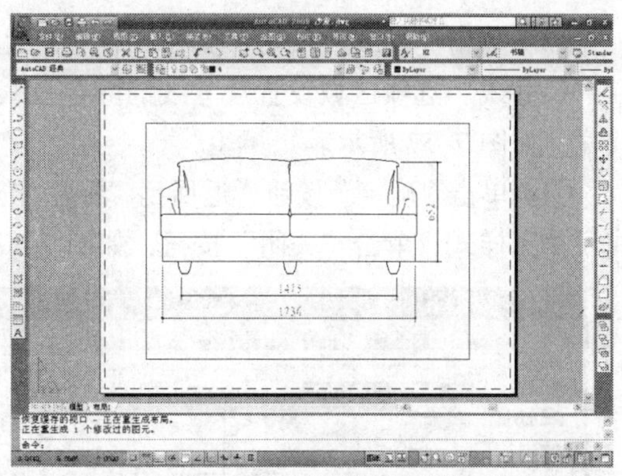

图 7-54 布局空间标注

此外，模型空间的设计图和图纸空间的设计图仍具有关联性，如果模型空间的设计图其长度或宽度有所改变，则图纸空间的设计图标注也会跟着改变。

7.3 设置标注样式

标注样式命令可用来设置尺寸标注线的显示样式、尺寸标注线间的距离，箭头显示的方式、标注文字的位置等标注格式设置。

可以通过以下几种方法执行标注样式命令：

- 在“命令提示行”中输入“DDIM”。
- 选择“标注”→“标注样式”命令。
- 单击“标注”工具栏上“标注样式”按钮。

7.3.1 新建标注样式

依不同绘图要求，可以建立适当的标注样式，例如尺寸的小数点精确位数，箭头样式、颜色、文字大小等。建立标注样式的操作方法如下：

（1）单击“标注”工具栏的“标注样式”按钮，弹出“标注样式管理器”对话框，如图7-55所示。

（2）单击“新建”按钮，弹出“创建新标注样式”对话框，在“新样式名”文本框输入名称“标注尺寸”，如图7-56所示。

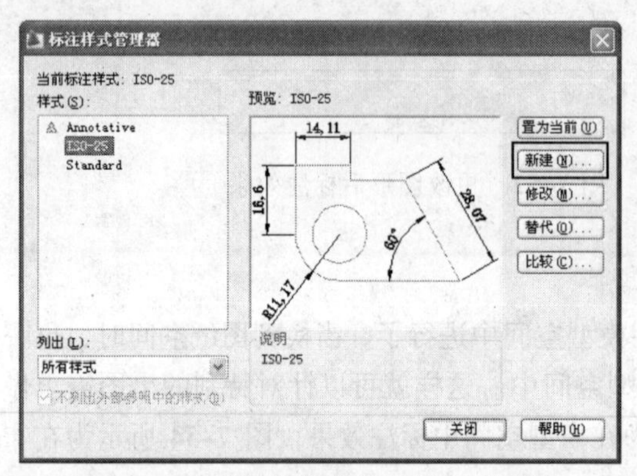

图7-55 “标注样式管理器”对话框

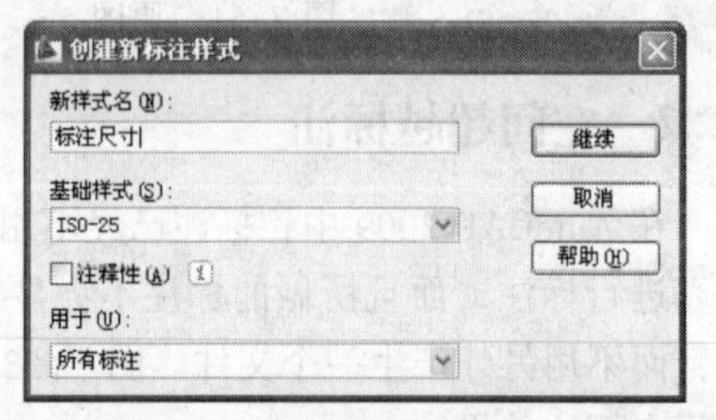

图7-56 “创建新标注样式”对话框

（3）单击“继续”按钮，弹出“新建标注样式：标注尺寸”对话框，选择“线”选项卡，在“尺寸线”选项区域设置尺寸线的颜色及线宽，在“延伸线”选项区域设置延伸线的颜色及线宽，如图7-57所示。

（4）单击“确定”按钮，返回到“标注样式管理器”对话框，在“样式”选项区域出现“标注尺寸”样式，单击“关闭”按钮，如图7-58所示。

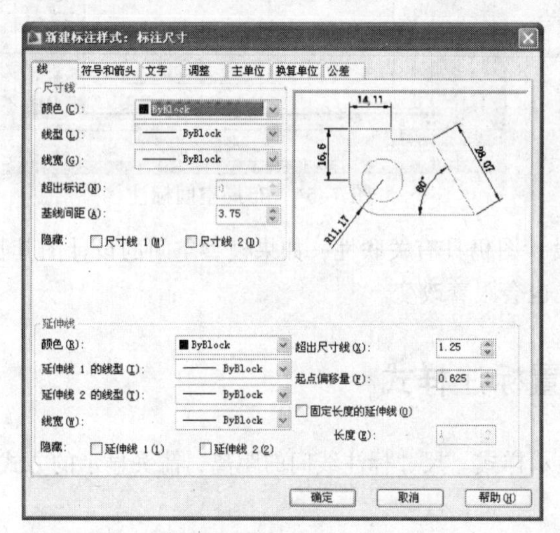

图7-57 “新建标注样式：标注尺寸”对话框

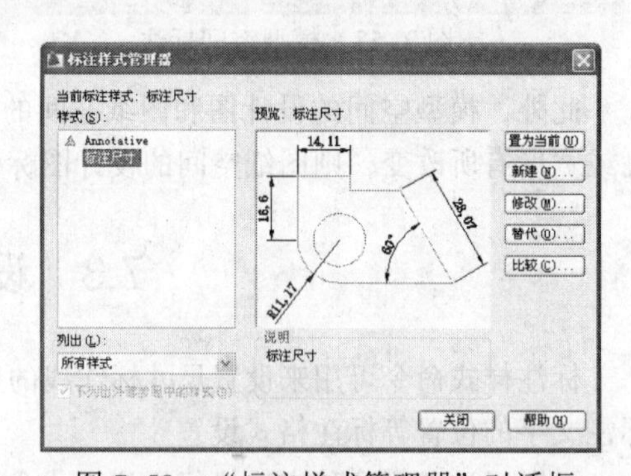

图7-58 “标注样式管理器”对话框

（5）建立标注样式后，单击“标注样式”下拉列表框的按钮，在弹出的下拉列表中就可以选择刚刚新建的标注样式，如图7-59所示。

图7-59 选择标注样式

在“新建标注样式：标注尺寸”对话框中，各选项卡的设置功能说明如下：

（1）设置“线”选项卡，如图 7-60 所示。

① “尺寸线”选项区域，主要设置尺寸线样式。

超出标记：可设置尺寸线超出尺寸界线的长度，只有在箭头样式选用短斜线时此项才有作用。

基线间距：以基线命令标注时，可设置尺寸线的距离。

隐藏：可隐藏尺寸线，使其只显示出尺寸线第一边或第二边，或者整条尺寸皆不显示，只标注出尺寸。

② “延伸线”选项区域，主要设置尺寸界线样式。

超出尺寸线：可设置尺寸界线超出尺寸线的长度。

起点偏移量：设置尺寸界线原点与标注对象的偏移量。

隐藏：可隐藏尺寸界线，使其只显示尺寸界线第一边或第二边，或尺寸界线皆不显示，只标注出尺寸。

（2）设置“符号和箭头”选项卡，如图 7-61 所示。

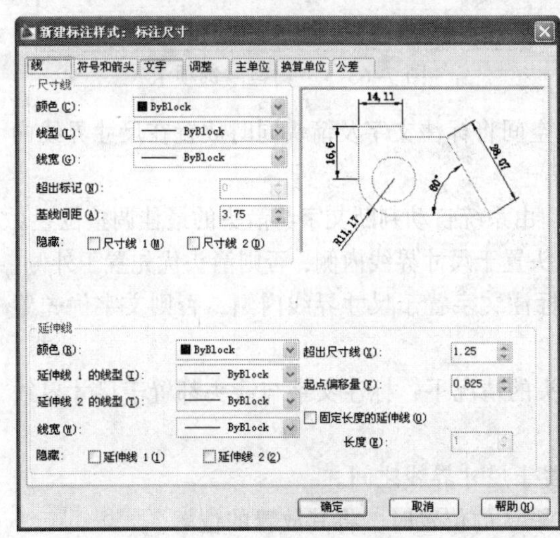

图 7-60 “线”选项卡

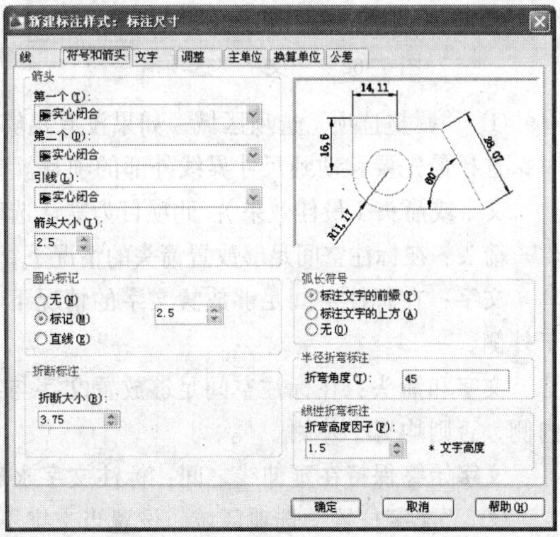

图 7-61 “符号和箭头”选项卡

① “箭头”选项区域，主要设置尺寸线第一边与第二边的箭头样式。

第一个、第二个和引线：可以出现的菜单中选择尺寸线的箭头样式

② “圆心标记”选项区域，主要设置中心标记样式，所以只有标注圆的圆心标记时此选项区域的设置才有作用。

无：不显示中心标记。

标记：显示中心标记。

直线：显示中心标记及中心线。

（3）设置“文字”选项卡，如图 7-62 所示。

① “文字外观”选项区域，设置标注文字的样式、颜色、高度，以及是否为标注文字加上外框。

② “文字位置”选项区域，设置标注文字放置的位置。

垂直：设置标注文字的垂直对齐方式；可设置置中、上方、外部。

水平：设置标注文字放置的位置，例如置中、位于尺寸界线 1、位于尺寸界线 2 等。

从尺寸线偏移：设置标注文字尺寸线间的距离。

③ “文字对齐”选项区域，设置文字对齐的方式，有水平、与尺寸线对齐及 ISO 标准方式 3 种。

（4）设置“调整”选项卡，如图 7-63 所示。

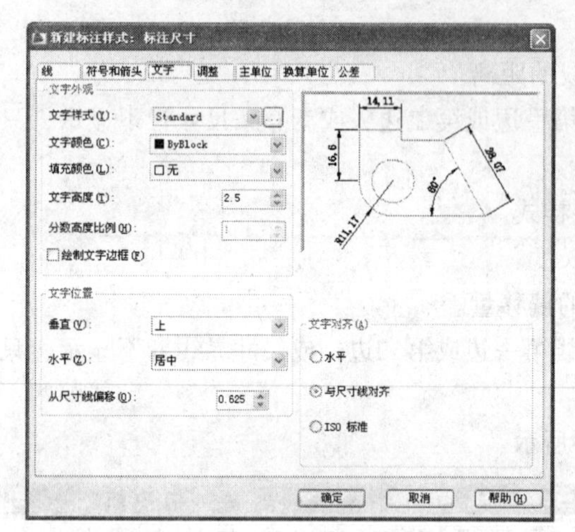

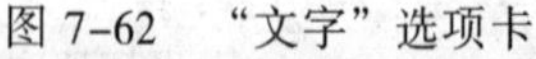
图 7-62 “文字”选项卡

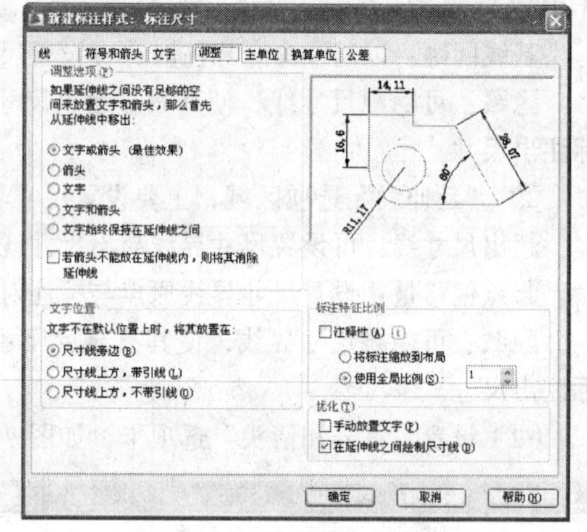

图 7-63 “调整”选项卡

① “调整选项”选项区域，如果没有足够的空间将标注文字及箭头同时放置在尺寸界线内时，选择最先要移动到尺寸界线外部的项目。

文字或箭头（最佳效果）：此项目为默认选项，由系统自动判断文字与箭头的最佳调整位置。

箭头：在标注空间足够放置箭头的情况下，箭头置于尺寸界线内侧，否则箭头优先置于外侧。

文字：在标注空间足够放置文字的情况下，标注文字置于尺寸界线内侧，否则文字优先置于外侧。

文字和箭头：在标注空间足够放置文字与箭头的情况下，标注文字与箭头都置于尺寸界线内侧，否则均置于外侧。

文字始终保持在延伸线之间：标注文字永远置于尺寸界线之间。

② “文字位置”选项区域，设置当文字不在默认的位置时，将其放置的位置。

尺寸线旁边：此为默认选项，文字如果置于尺寸界线外，则文字会在标注在线。

尺寸线上方，带引线：空间不足时，会以一条引线指向标注文字。

尺寸线上方，不带引线：空间不足时，不会以一条引线指向标注文字。

③ “标注特征比例”选项区域，设置标注箭头及文字的比例大小。

选择“使用全局比例”单选按钮，可以设置标注箭头及文字的比例大小，避免标注显示太大或太小。

（5）设置“主单位”选项卡，如图 7-64 所示。

例如以十进位制的单位格式，设置线性标注的精确度为小数点两位，角度标注的精确度为小数点一位，会得到图 7-65 所示的标注结果。

（6）设置“换算单位”选项卡，如图 7-66 所示。

选中“显示换算单位”复选框，则可以多用另外一个单位标注尺寸。

例如，标注的主要单位是厘米，换算单位用英寸，所以在换算单位乘法器栏输入 0.0394，就可以同时以厘米及英寸标注尺寸，标注实例如图 7-67 所示。

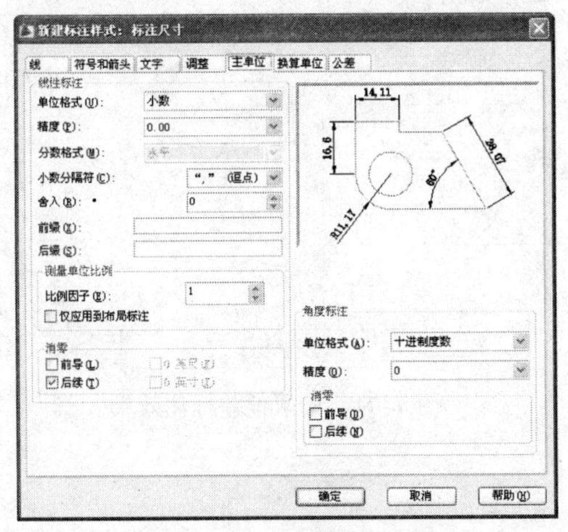

图 7-64 “主单位”选项卡

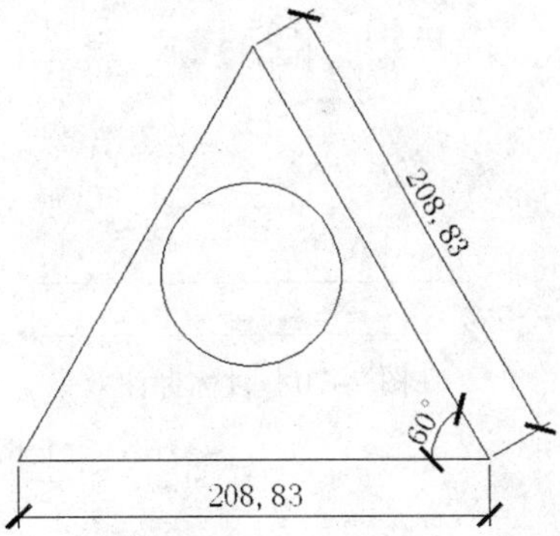

图 7-65 标注尺寸

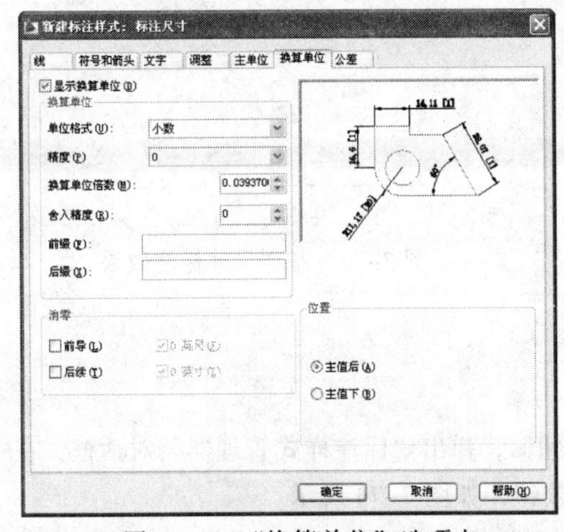

图 7-66 “换算单位”选项卡

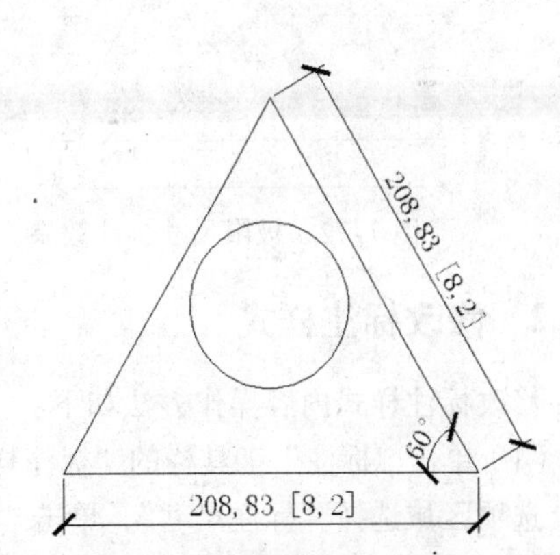

图 7-67 换算单位后效果

（7）设置“公差”选项卡，如图 7-68 所示。

“公差”选项卡，可以设置公差标注方式。

在“方式”文本框可以选择的公差标注方式，有对称、极限偏差、极限尺寸、基本尺寸等项目，而且可以在上偏差和下偏差栏设置公差范围，图 7-69~7-73 所示为标注实例。

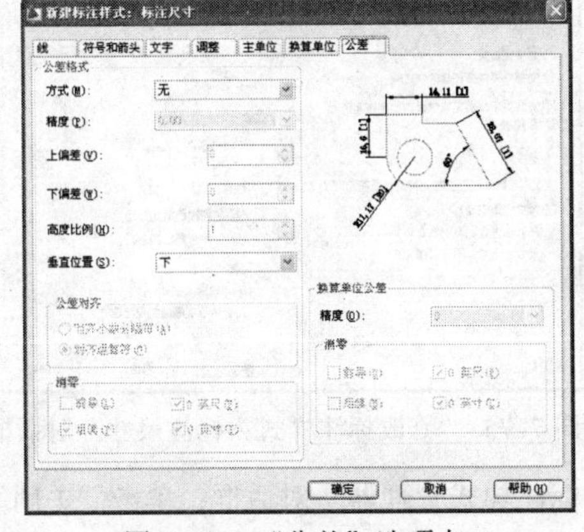

图 7-68 “公差”选项卡

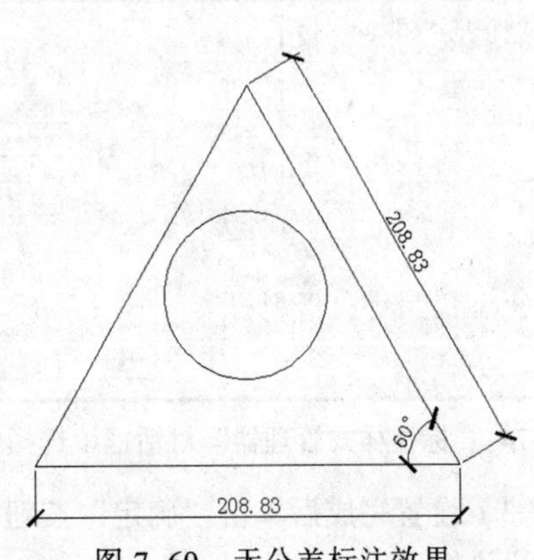

图 7-69 无公差标注效果

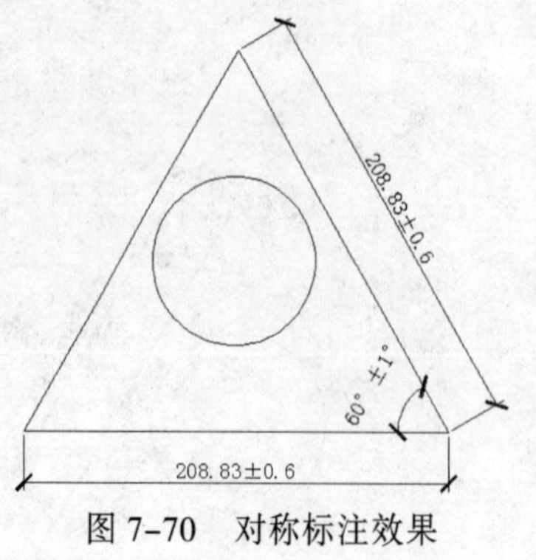

图 7–70　对称标注效果

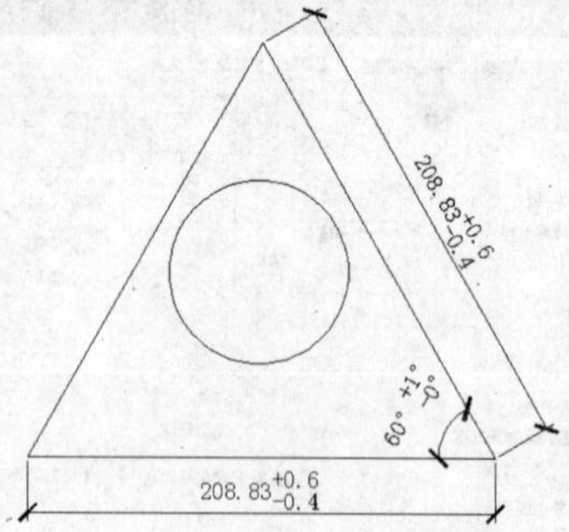

208.83 +0.6 -0.4

图 7–71　极限偏差标注效果

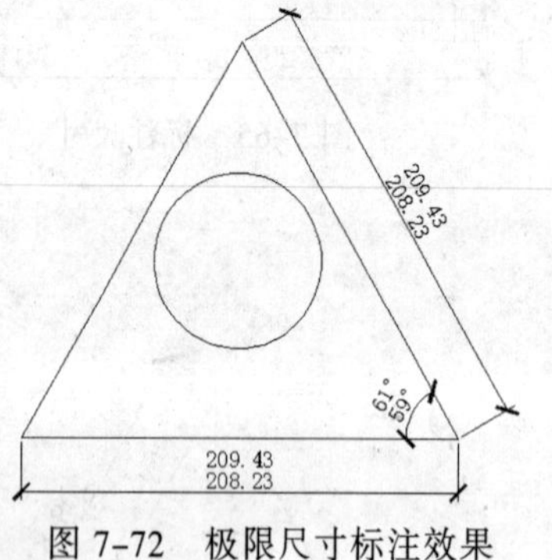

图 7–72　极限尺寸标注效果

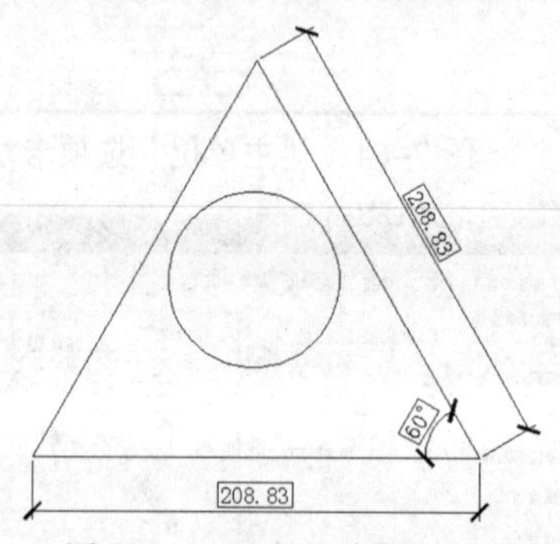

图 7–73　基本尺寸标注效果

7.3.2　修改标注样式

修改标注样式内容操作方法如下：

（1）单击“标注”工具栏的“标注样式”按钮，弹出“标注样式管理器”对话框，在“样式”选项区域选择“标注尺寸”，单击“修改”按钮，如图 7–74 所示。

（2）在弹出的“修改标注样式：标注尺寸”对话框中，选择要修改的选项卡并修改设置内容，如图 7–75 所示。

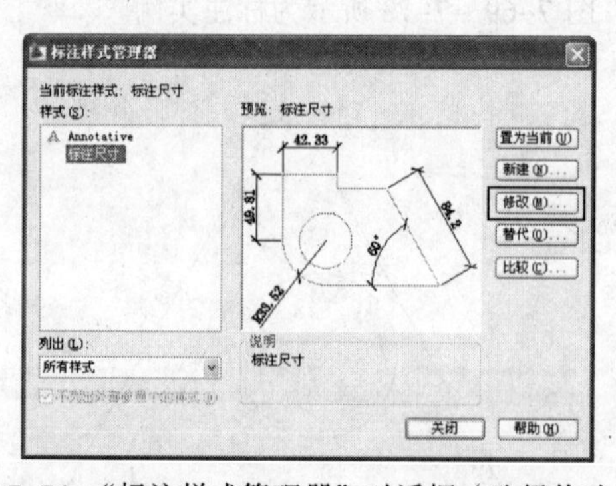

图 7–74　“标注样式管理器”对话框（选择修改）

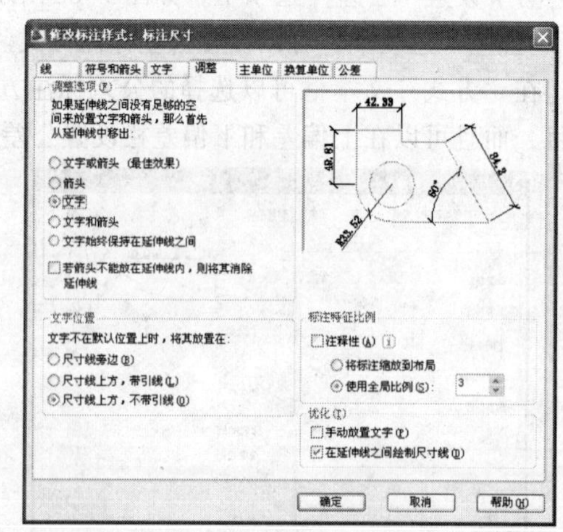

图 7–75　“修改标注样式：标注尺寸”对话框

（3）设置完成后单击“确定”按钮，返回到“标注样式管理器”对话框，单击“关闭”按钮完成修改。

7.3.3 样式替代

利用样式替代的功能，可以在保留原来的标注样式的情况下，新增一个替代样式，例如改变标注的全局比例。样式替代操作方法如下：

（1）单击“标注”工具栏中的“标注样式”按钮，弹出“标注样式管理器”对话框，选择“替代”按钮。如图 7-76 所示。

（2）弹出“替代当前样式；标注尺寸”对话框，选择与修改选项卡并修改设置内容，选择“确定”按钮，如图 7-77 所示。

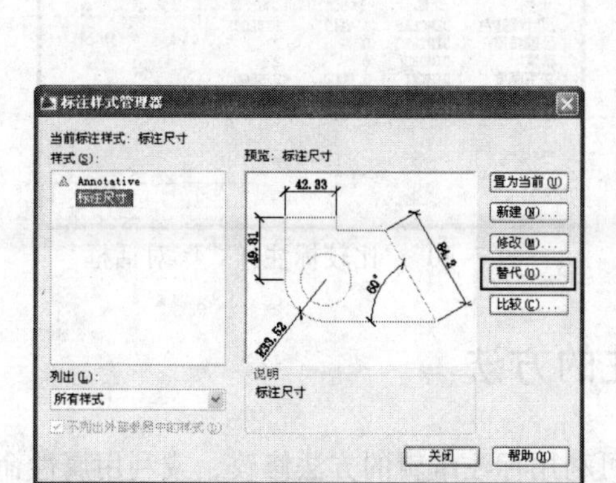

图 7-76 “标注样式管理器”对话框（选择替代）

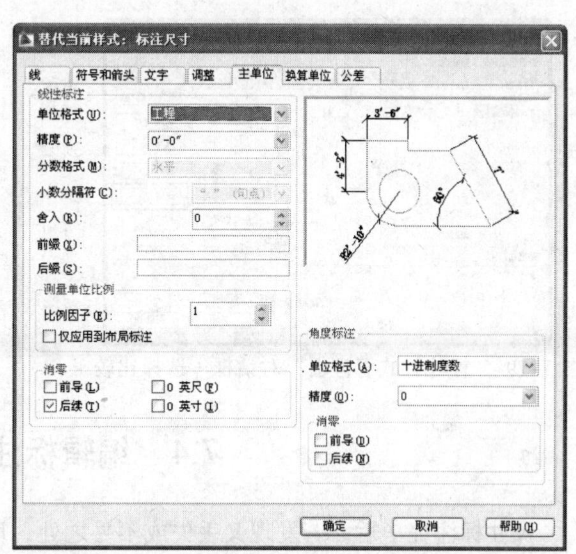

图 7-77 “替代标注样式：标注尺寸”对话框

（3）设置完成后单击“确定”按钮，返回到“标注样式管理器”窗口后，选择“关闭”按钮后完成替代。接下来如果在绘图区进行标注的工作，就会以原来的标注样式加上替代后的样式设置来进行标注。

另外，如果要把替代后的样式恢复成原标注样式的设置，可在样式替代项目上右击，弹出快捷菜单后，选择保存到当前样式，即可恢复后的样式恢复或远标注样式中的设置，如图 7-78 所示。

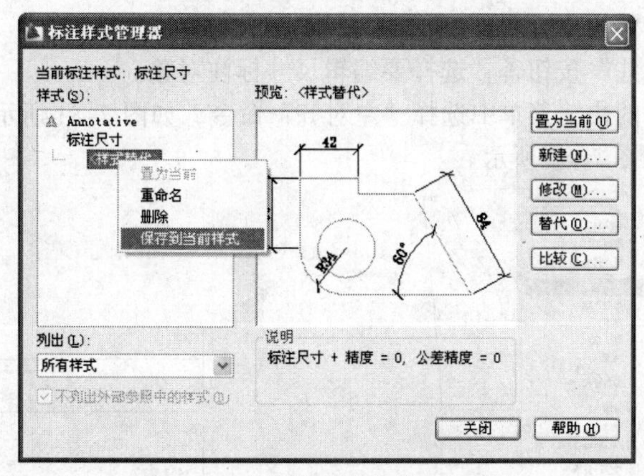

图 7-78 “保持到当前样式”命令

7.3.4 比较标注样式

文件中如果有好几种标注方式，想要比较两个标注样式的差异，其操作方法如下：

（1）单击“标注”工具栏的“标注样式”按钮，弹出“标注样式管理器”对话框，选择“比较”按钮，如图 7-79 所示。

（2）弹出“比较标注样式”对话框，在“比较”文本框选择 ISO-25，在“与”文本框选择要比较的标注样式“标注尺寸”，即可比较两个标注样式间的差异，比较完毕选择“关闭”按钮，如图 7-80 所示。

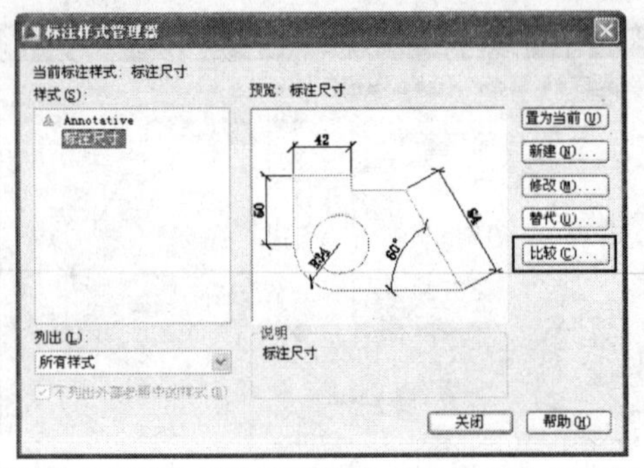

图 7-79 “标注样式管理器”对话框（选择比较）

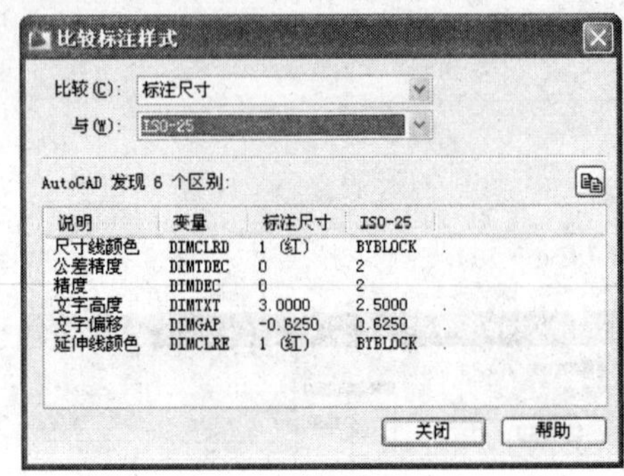

图 7-80 “比较标注样式”对话框

7.4 编辑标注的方法

尺寸标注完毕后。若发现又丢失或不妥之处，可利用标注编辑的方法修改，或利用属性命令改变标注样式。

7.4.1 编辑标注文字

编辑标注文字命令是用来调整标注文字位置，例如靠左、靠右或旋转某个角度。可以通过以下几种方法执行编辑标注命令：

- 在“命令提示行”中输入“DIMTEDIT”。
- 选择“标注”→“对齐文字”命令。
- 单击“标注”工具栏上“编辑标注”按钮。

编辑标注文字，具体操作过程如下：

（1）单击“编辑标注”按钮，选择要编辑尺寸标注对象。

（2）右击，在弹出的快捷菜单中选择“左对齐”命令，如图 7-81 所示。确定完成后即可将标注文字置于左侧，如图 7-82 所示。

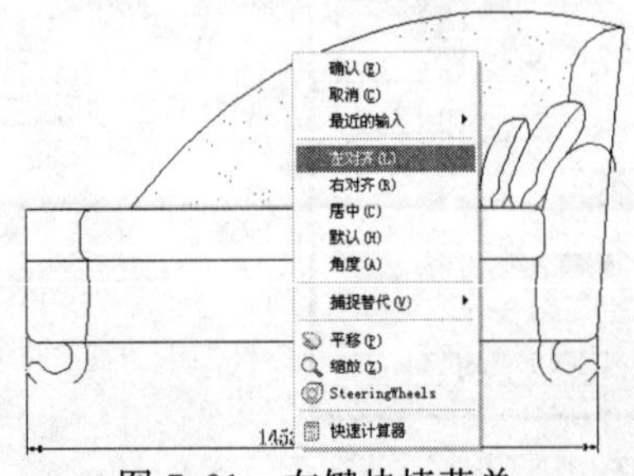

图 7-81 右键快捷菜单

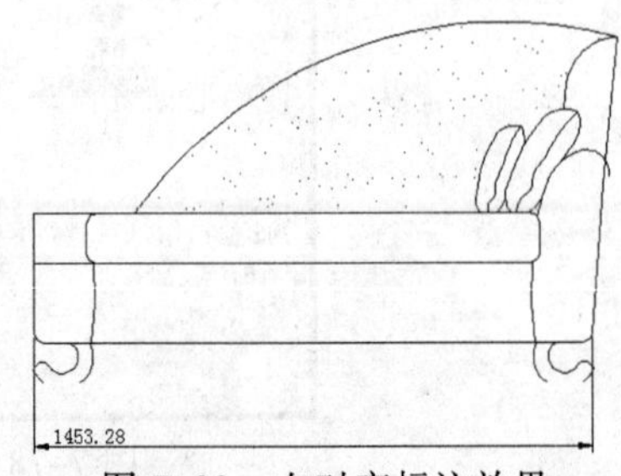

图 7-82 左对齐标注效果

（3）用同样的方法可以执行其他标注文字选项，如图 7-83 和 7-84 所示。

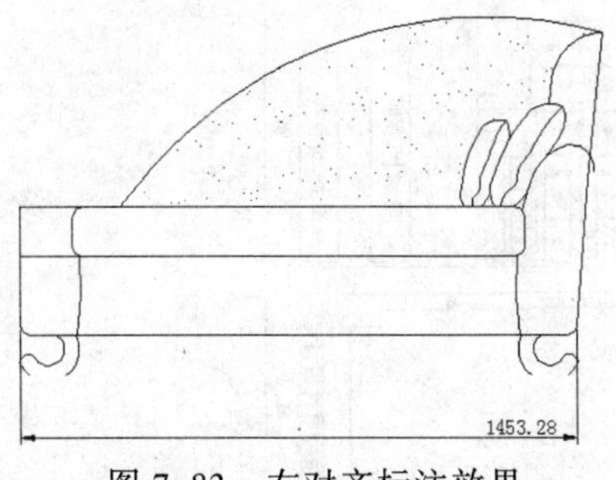

图 7-83　右对齐标注效果

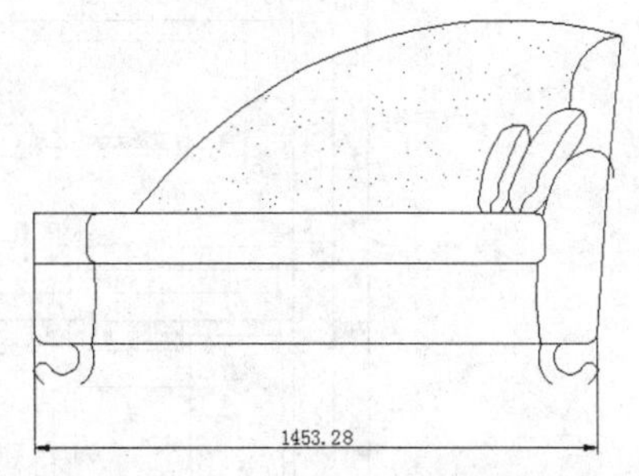

图 7-84　中心对齐标注效果

7.4.2　标注更新

标注更新命令可用来将选择的标注文字，更新为另外一个标注样式。可以通过以下几种方法执行标注更新命令：

- 选择“标注”→“更新”命令。
- 单击“标注”工具栏上“标注更新”按钮。

标注更新，具体操作过程如下：

（1）在“标注样式”下拉列表框选择“标注尺寸”，单击“标注”工具栏上“标注更新”按钮。

（2）选择更新尺寸标注对象，右击即可。图 7-85 所示为原图形中的标注文字是采用 ISO-25 标注样式，图 7-86 所示为更新为“标注尺寸”标注样式。

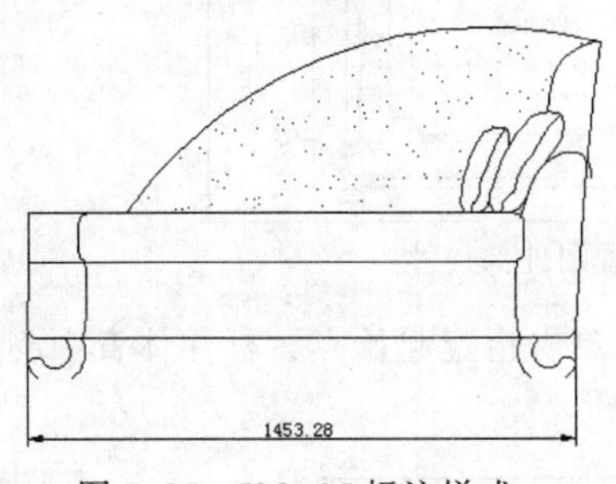

图 7-85　ISO-25 标注样式

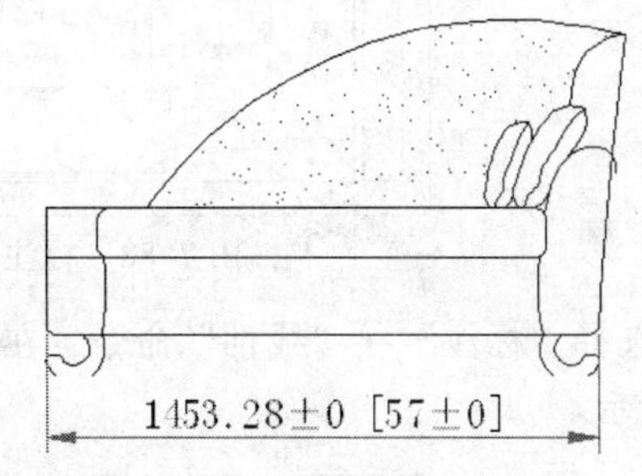

图 7-86　更新标注尺寸效果

7.5　标注尺寸案例

7.5.1　标注施工布置图尺寸

（1）单击“文件”→“打开”命令，在弹出的“选择文件”对话框中，选择“施工布置图.dwg”文件，如图 7-87 所示。

（2）选择“格式”→“标注样式”命令，在弹出的“标注样式管理器”对话框中，设置其各项参数。

（3）选择“标注”→“线性”命令，在绘图区单击指定起始点，确认“正交”按钮、“对象捕捉”按钮和“对象捕捉跟踪”按钮处于打开状态，标注施工布置图外部尺寸，如图 7-88 所示。

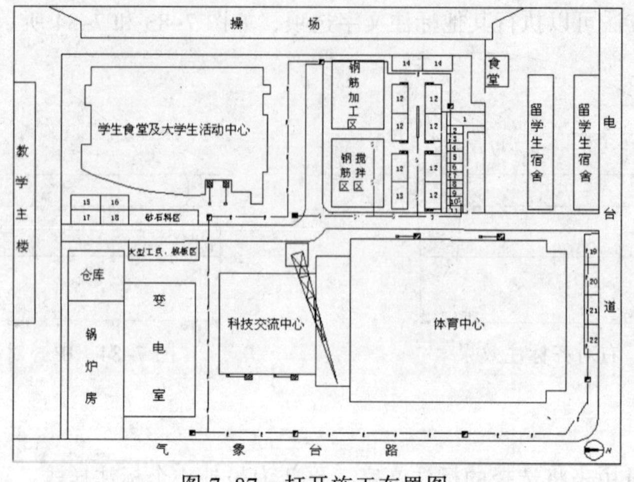

图 7-87 打开施工布置图

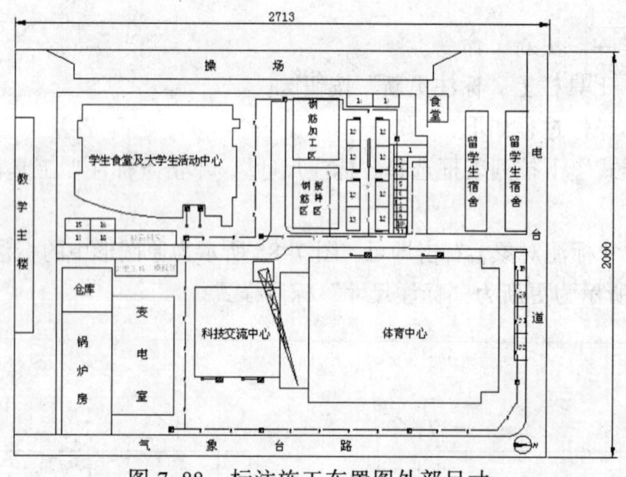

图 7-88 标注施工布置图外部尺寸

（4）选择“标注”→“线性”命令，在绘图区单击指定起始点，标注体育中心尺寸，如图 7-89 所示。

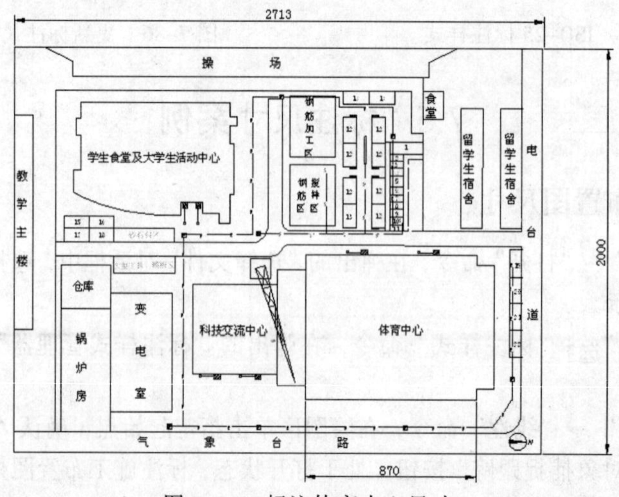

图 7-89 标注体育中心尺寸

（5）选择“标注”→“连续”命令，在绘图区指定第二个尺寸界线的起始点，然后分别标注其他图形的长度，如图 7-90 所示。

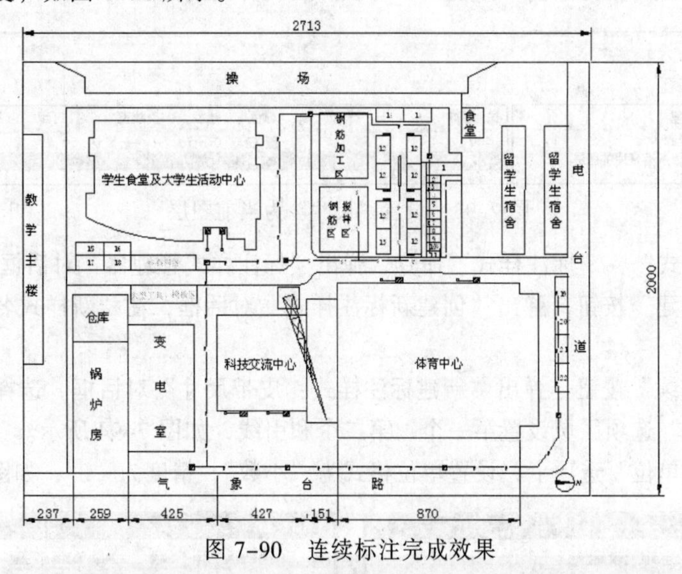

图 7-90　连续标注完成效果

（6）选择“标注”→“线性”命令，在绘图区单击指定起始点，标注起始点到教学主楼尺寸。

（7）选择“标注”→“基线”命令，在绘图区指定第二个尺寸界线的起始点，然后分别标注其他图形的长度，标注尺寸完成后效果如图 7-91 所示。

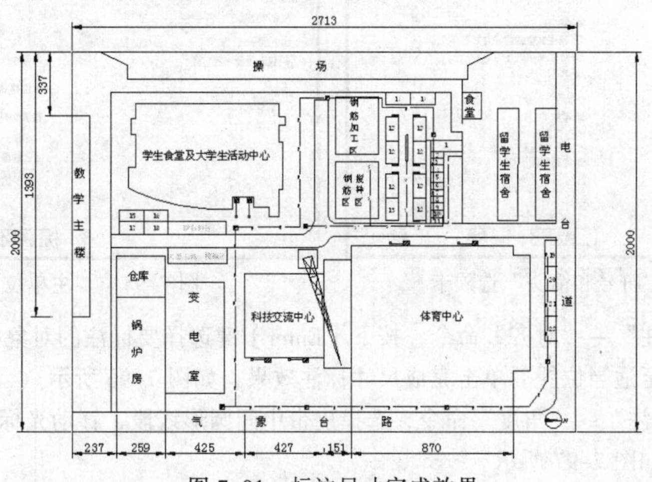

图 7-91　标注尺寸完成效果

7.5.2　标注皮带尺寸

（1）单击“文件”→“打开”命令，在弹出的“选择文件”对话框中，选择“皮带图.dwg”文件，如图 7-92 所示。

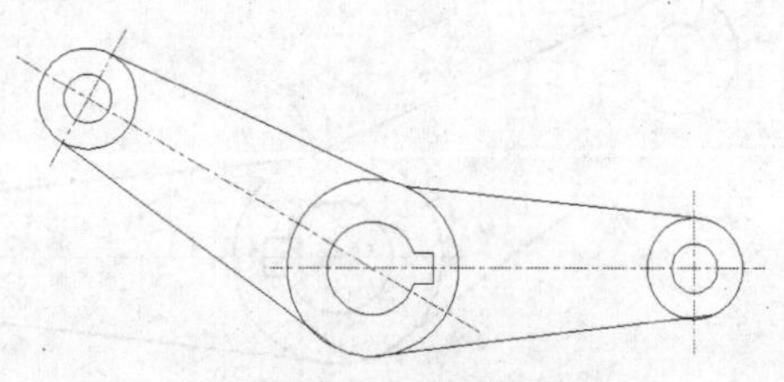
图 7-92　打开皮带图形

（2）单击“图层”工具栏“图层特性管理器”按钮，弹出“图层特性管理器”对话框。

（3）在“图层特性管理器”对话框中单击“新建”按钮，并将其命名为“尺寸”层，其他设置为默认。单击“置为当前”按钮，将该图层设为当前图层，如图 7-93 所示。

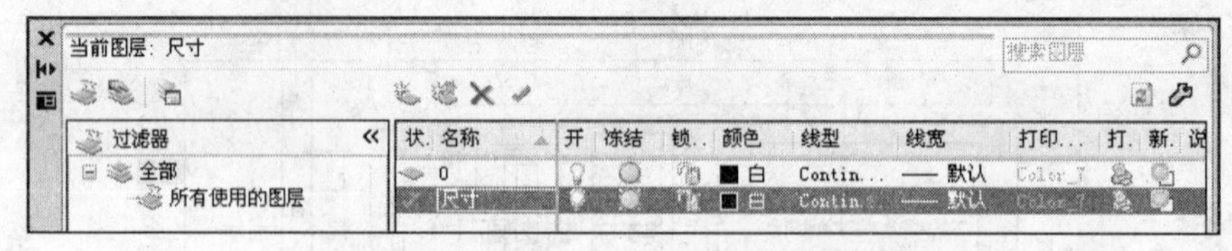

图 7-93　设置“尺寸”为当前图层

（4）选择“格式”→“标注样式”命令，弹出“标注样式管理器”对话框中。

（5）单击“新建”按钮，弹出“创建新标注样式”对话框，在“新样式名”文本框输入名称“皮带尺寸”。

（6）单击“继续”按钮，弹出“新建标注样式：皮带尺寸”对话框，选择“符号和箭头”选项卡，在“箭头”选项区域设置第一个、第二个和引线，如图 7-94 所示。

（7）选择“主单位”选项卡，设置单位格式为“小数”，精度为“0”，如图 7-95 所示。

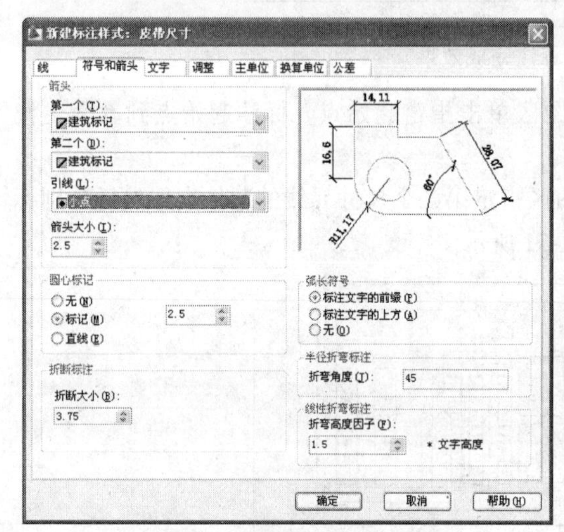

图 7-94　“符号和箭头”选项卡

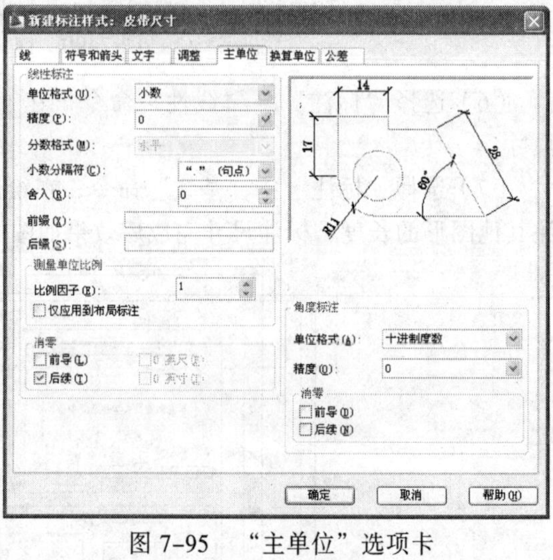

图 7-95　“主单位”选项卡

（8）选择“标注”→“对齐”命令，按下【Enter】键选择要标注的对象。

（9）移动光标至适当位置后单击完成尺寸标注效果，如图 7-96 所示。

（10）选择“标注”→“角度”命令，选择皮带中间圆形线段，移动光标到适当位置后，单击完成标注效果，如图 7-97 所示。

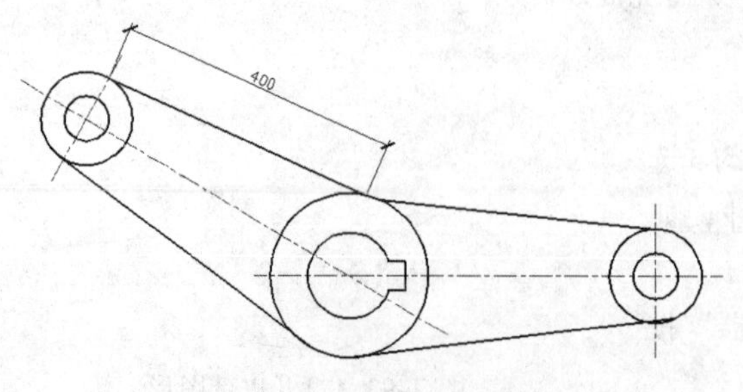

图 7-96　对齐标注完成效果

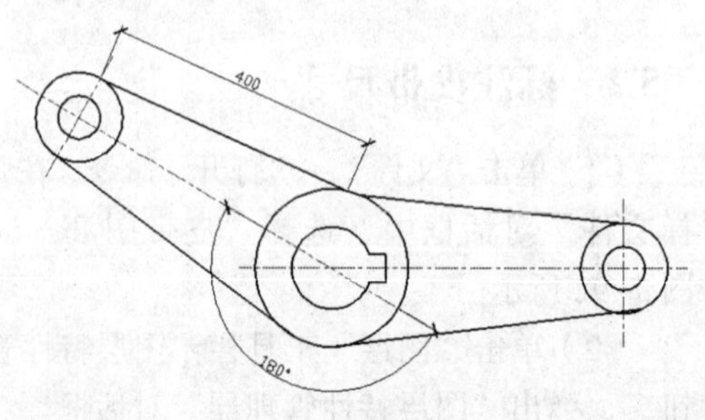

图 7-97　标注角度完成效果

（11）选择“标注”→“半径”命令，移动光标到右侧小圆的圆周上并单击选取，移动引线到合适的位置单击完成标注效果，如图 7-98 所示。

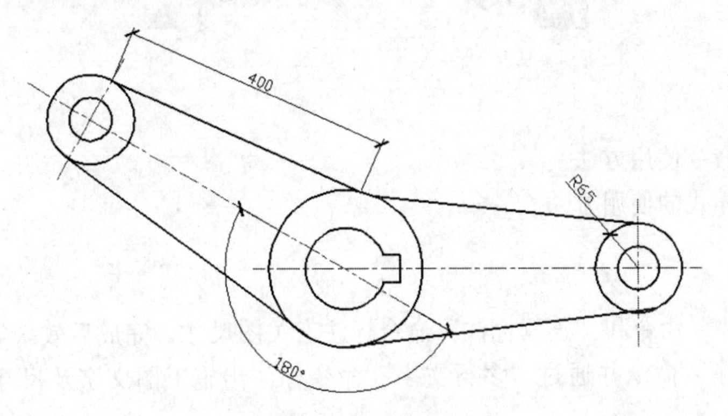

图 7-98　标注半径尺寸

（12）选择“标注”→“直径”命令，选择要皮带中大圆，移动光标到适当位置并单击完成标注效果，如图 7-99 所示。

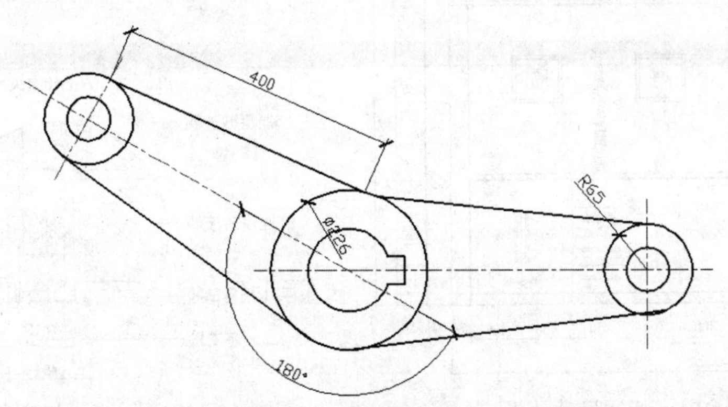

图 7-99　标注直径尺寸

（13）选择“标注”→“线性”命令，在皮带转盘中单击指定起始点，标注转盘尺寸，如图 7-100 所示。

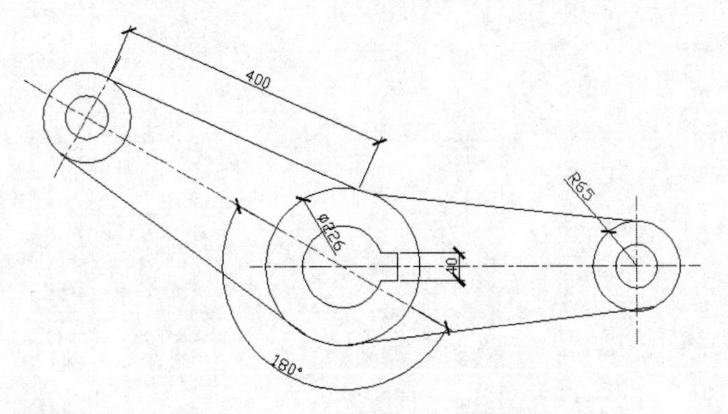

图 7-100　标注皮带尺寸完成效果

想一想

1. 简述快速标注命令使用方法。
2. 简述设置标注样式的使用方法。

练一练

1. 使用“线性标注”命令和“连续标注”命令标注玄关图尺寸，完成后效果如图 7-101 所示。
2. 使用“线性标注”命令并通过“多行文字”命令标注出施工图文字及尺寸，完成后效果如图 7-102 所示。

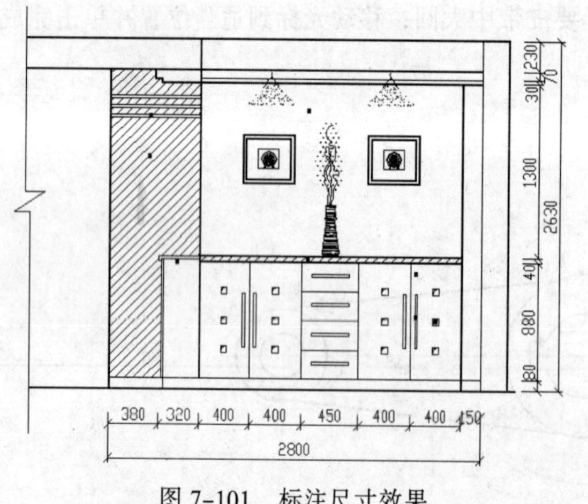

图 7-101　标注尺寸效果

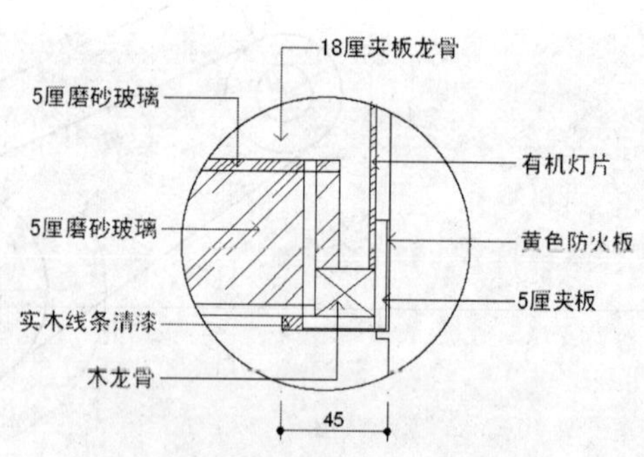

图 7-102　标注尺寸效果

第8章 AutoCAD 2009 创建三维模型

学习目标

- 设置视点
- 设置用户坐标系统
- 创建三维模型
- 绘制方桌三维模型
- 绘制桥模型

8.1 3D建模概述

AutoCAD 2009 不仅提供了丰富的二维绘图功能，而且还提供了很强的三维造型功能。AutoCAD 2009 可以利用 3 种方式来创建三维图形，即线架模型方式、曲面模型方式和实体模型方式。线架模型方式为一种轮廓模型，它由三维的直线和曲线组成，没有面和体的特征。曲面模型用面描述三维对象，它不仅定义了三维对象的边界，而且还定义了表面，即具有面的特征。实体模型不仅具有线、面的特征，而且还具有体的特征，各实体对象之间可以执行各种布尔运算操作，从而创建出复杂的三维实体图形。

AutoCAD 2009 的三维坐标系下，可以使用直线、样条曲线和三维多段线命令绘制三维直线、三维样条曲线和三维多段线，也可以使用相应的曲面绘制命令绘制曲面、旋转曲面、直纹曲面和边界曲面等。

8.2 绘制3D图形

在 AutoCAD 中，物体的三维效果可利用等角图或 3D 图形呈现，而等角图只是具有三维效果的 2D 图形，无法做出许多 3D 的效果，例如从各种不同的角度去观察图形，或对图形做着色、渲染等效果。本章就是要介绍真正的 3D 图形绘制技巧，做出各种逼真的 3D 效果，并介绍如何将画好的 3D 图形以不同的视图呈现，再设置成不同的色彩。

3D 图形的绘制虽然比 2D 复杂许多，但 3D 图形拥有比传统 2D 图形更多的优点，传达更多的内容，其主要的特点有：

- 可以从任何观测点观看 3D 图形。
- 可以产生标准且精确的 2D 视图及辅助视图。
- 可以消除隐藏线，显示更真实的图形。
- 可以描绘阴影，显示更逼真的图形效果。
- 可以做工程分析、干涉检查等。

AutoCAD 绘制 3D 图形的方式有下列 3 种：

（1）造型：输入 3D 坐标点，再以连接线段的方式构成 3D 图形，以这种方式画的图形只由点、线、曲线构成，不含面的特性，所以无法做隐藏、着色、渲染等效果，且以这种方式绘制 3D 图形的过程要输入许多 3D 坐标，烦琐费时，不太实用。

（2）曲面：利用网络构成的 3D 曲面绘制出立体图形，AutoCAD 提供各种网面建立命令，可轻易地建立 3D 网面图形，而且提供隐藏、着色及渲染的功能，但由于 3D 曲面是由网格所构成，所以得到的物体表面只是近似曲面，网格愈密愈接近真实表面。

（3）实体：这是 3D 图形绘制方法中最常用也是最容易使用的一种，可以利用 AutoCAD 提供的各种建立实体命令很快地画出立体图形，所建立的图形代表一个物体的整个体积部分，可含有体积、质量等性质，而且提供隐藏、着色及渲染的功能。

8.3 设置视点

视点是指观察图形的方向。如绘制圆锥体时，如果使用平面坐标系，即 Z 轴垂直于屏幕，此时仅能看到物体在 XY 平面上的投影。如果调整视点至当前坐标系的左上方，则会看到一个三维物体，如图 8-1 所示。

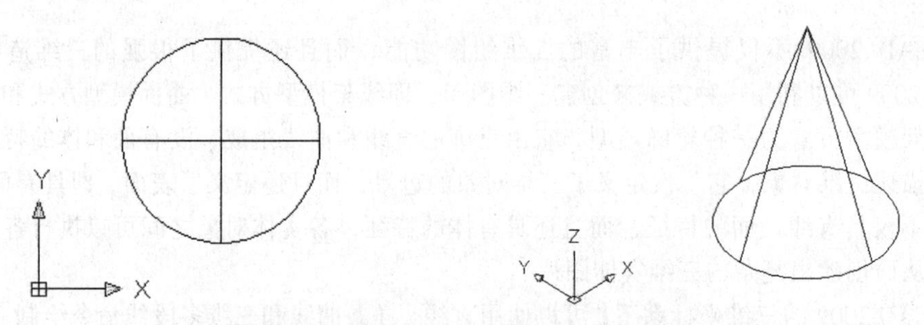

图 8-1 圆锥体在不同视图中的显示效果

8.3.1 用 VPOINT 命令设置视点

在 AutoCAD 中可以使用 VPOINT 命令设置观察视点，或者选择“视图”→“三维视图”→“视点预设”命令。执行 VPOINT 命令后 AutoCAD 会提示“指定视点或[旋转（R）]<显示指南针和三轴架>:”。该提示中各个选项的含义如下：

- “指定视点”：确定一点作为视点方向，为默认项。确定视点位置后，AutoCAD 将该点与坐标原点的连线方向作为观察方向并在屏幕上按照该方向显示图形的投影。
- “旋转”：根据角度确定设定方向。执行该选项后 AutoCAD 会提示“输入 XY 平面与 X 轴的夹角:”（输入视点方向在 XY 平面上的投影与 X 轴正方向的夹角）“输入与 XY 平面的夹角:”（输入视点方向与其在 XY 平面上投影之间的夹角）

- “显示指南针和三轴架”：根据显示出的指南针和三轴架确定视点。执行该选项后 AutoCAD 会显示图 8-2 所示的指南针和三轴架。

8.3.2 利用对话框设置视点

选择“视图”→“三维视图”→“视点预设”命令，或者在命令提示行中输入“DDVPOINT”命令，在弹出的“视点预设”对话框中可以形象直观地设置视点，如图 8-3 所示。

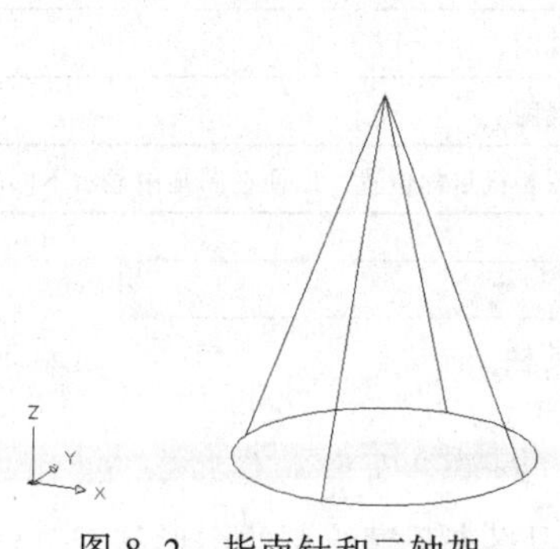
图 8-2 指南针和三轴架

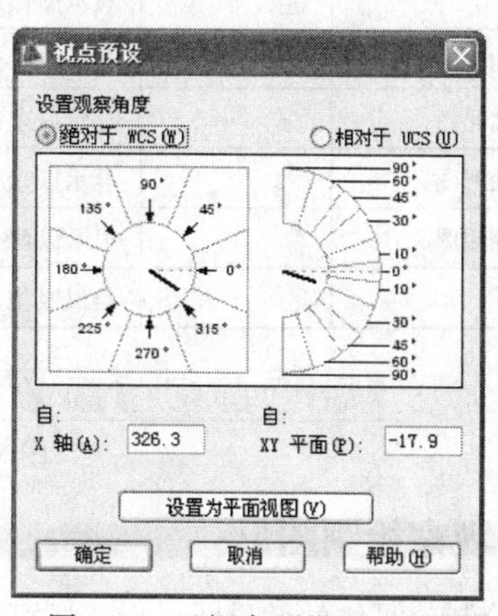

图 8-3 “视点预设”对话框

在“视点预设”对话框中“绝对于 WCS”和“相对于 UCS”两个单选按钮分别用来确定是绝对于 WCS 还是相对于 UCS 设置视点。在对话框的图像框中，左图用于确定原点和视点之间的连线在 XY 平面上的投影与 X 轴正方向的夹角，右图用于确定该连线与投影线之间的夹角，在希望设置的角度位置处单击即可。此外，也可以在“自 X 轴”和“自 XY 平面”文本框中输入相应的角度。“设置为平面视图”按钮用于设置对应的平面视图。确定视点后，单击“确定”按钮，AutoCAD 会按照该视点显示图形。

8.3.3 快速设置特殊视点

选择“视图”→“三维视图”命令，在弹出的子菜单中位于第 2、3 栏中的各项命令，可以快速地确定一些特殊的视点，如“仰视”、“俯视”、“左视”、“西南等轴测”、“东南等轴测”以及“东北等轴测”等，如图 8-4 所示。

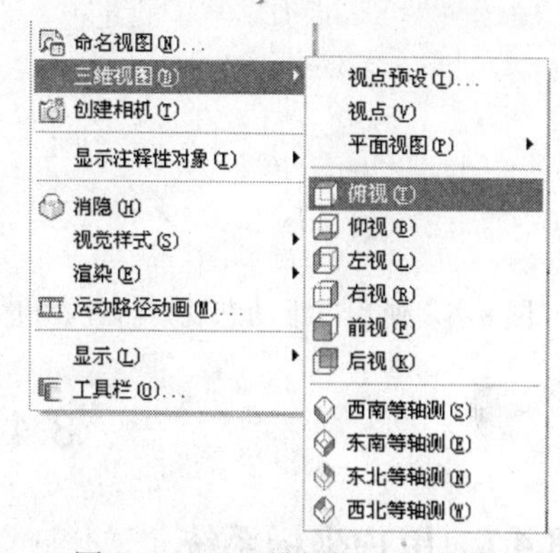

图 8-4 “三维视图”子菜单

AutoCAD 将常用的查看方式制作成工具图标以方便选取，视图工具栏上的图标按钮的功能如表 8-1 所示。图标可由“视图”工具栏上选取，如图 8-5 所示。

表 8-1 “视图”工具栏上所有图标的功能

代表命令	图标	功能
命名视图		选择自行设置保存的视图名称
俯视图		显示图形俯视图
仰视图		显示图形仰视图

续表

代表命令	图　标	功　能
左视图		显示图形左侧视图
右视图		显示图形右侧视图
前视图		显示图形前视图
后视		显示图形后视图
西南等轴测图		显示以西南方向查看的等轴测视图
东南等轴测图		显示以东南方向查看的等轴测视图
东北等轴测图		显示以东北方向查看的等轴测视图
西北等轴测图		显示以西北方向查看的等轴测视图
相机		类似照相机的取景方式，设置照相机目标位置，以便在图画中显示不同的视图

图 8-5　“视图”工具栏

8.3.4　观察绘制图形

当绘制出最终的效果图形后，还可以使用三维动态观察来观察绘制的图形是否符合要求。

选择“视图”→“动态观察”→“自由动态观察”命令，即可通过单击并拖动鼠标指针的方式在三维空间动态地观察对象，如图 8-6 所示。

“动态观察”命令中包含“受约束的动态观察”、“自由动态观察”和“连续动态观察”3 个命令，如图 8-7 所示。

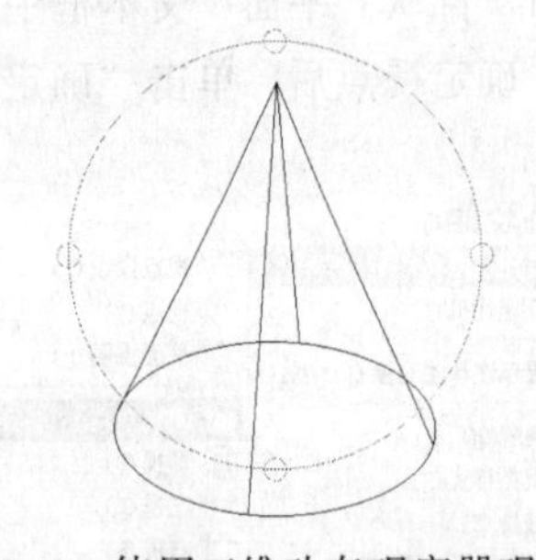

图 8-6　使用三维动态观察器观察物体

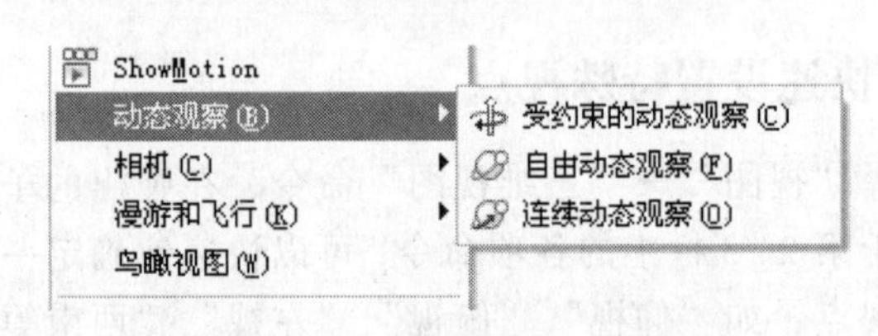

图 8-7　“动态观察”子菜单

8.4　设置用户坐标系统

8.4.1　用户坐标系统

绘制 3D 图形前，必须熟悉用户坐标系统（User Coordinate System，UCS），也可以在绘制图形时切换坐标系统到自己定义的 UCS 中，对于较复杂的图形，可将 3D 简化成 2D 的方式绘制，用于 3D 图形的尺寸标注也很方便。

每一个 UCS 都可以有不同的原点，可以将 UCS 定义到不同位置。正常情况下，坐标系统原点在绝对坐标（0，0，0）处，如图 8-8 所示，可利用 UCS 定义到立体图形的其他位置，如图 8-9 所示。

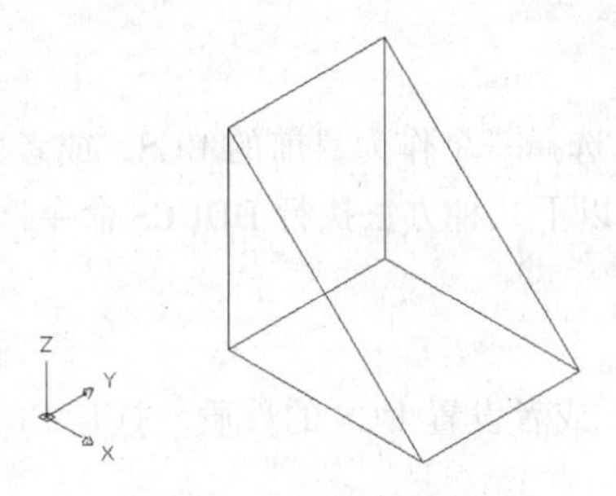

图 8-8　原点坐标显示

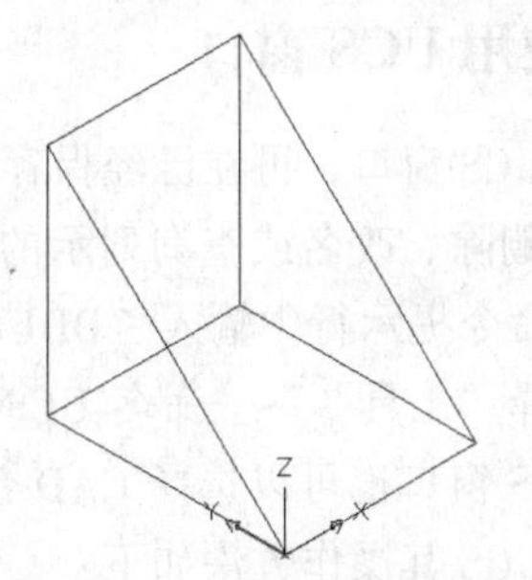

图 8-9　UCS 坐标原点

8.4.2　设置用户坐标系统

定义用户坐标系统的方式有好几种，例如指定新的坐标原点、指定新的 XY 平面、指定 3 点等方法，可依实际需要选定，“UCS”工具栏如图 8-10 所示。

图 8-10　“UCS”工具栏

可以通过以下几种方法执行 UCS 命令：

- 在“命令提示行”中输入“UCS”。
- 选择“工具”→“新建 UCS”→选择相关的 UCS 菜单命令。
- 选择“UCS”工具栏相关的 UCS 按钮或“标准”工具栏的 UCS 按钮。

“UCS”工具栏各选项的功能如表 8-2 所示。

表 8-2　“UCS”工具栏各选项的功能

项　目	图　标	功　能
UCS		移动、正交、上一个、恢复、保存、删除、应用及列示等副选项
世界 UCS		设置 WCS 为目前的 UCS 坐标
上一个 UCS		采用先前使用的 UCS 选取后随即回复前一次的 UCS
面 UCS		根据选取的面来定义新的 UCS 坐标系统，选取面的方式是在面的边界内或面的边界上单击：UCS 的 X 轴会对齐于选择点最接近的边界
对象 UCS		已选择对象的方式定义 UCS 坐标，所定义的坐标将平行于该对象的平面；选此项后，会选择要对齐的 UCS 对象
视图 UCS		设置目前的 UCS 为平行屏幕画面（视图平面）而原点不变的 UCS 坐标
原点 UCS		重新定义 UCS 坐标的原点，而 XYZ 轴方向不变；选取后将要求输入新的原点坐标
Z 轴矢量 UCS		在不改变 X 和 Y 轴方向的原则下，定义定义新的原点及 Z 轴的正方向；选取后会要求输入原点和 Z 轴正方向的点（定义 Z 轴正方向）
3 点 UCS		定义 UCS 的新原点及 X、Y 轴的正方向；选取后会依序要求输入新的原点，X 轴正方向的点及 Y 轴正方向的点
X 轴旋转 UCS		绕 X 轴旋转目前的 UCS 坐标；选取后会要求输入绕 X 轴的旋转角度
Y 轴旋转 UCS		绕 Y 轴旋转目前的 UCS 坐标；选取后会要求输入绕 Y 轴的旋转角度
Z 轴旋转 UCS		绕 Z 轴旋转目前的 UCS 坐标；选取后会要求输入绕 Z 轴旋转角度
应用 UCS		将目前的 UCS 坐标设置应用于指定的视图，或所有作用的视图

8.4.3　使用 UCS 窗口

利用 UCS 窗口，可在已经保存的命名 UCS 中，选择一个作为目前的 UCS，或者也可以对命名 UCS 做删除、改名或查询列示的操作。可以通过以下几种方法执行 DDUCS 命令：

- 在命令提示行中输入“DDUCS”或“US”。
- 选择“工具”→“命名 UCS”命令。

在 UCS 窗口也可以选择 CAD 预设的正交 UCS，或者设置 UCS 的性质。打开 UCS 窗口并修改命名的 UCS 其操作方法如下：

（1）选择“工具”→“命名 UCS”命令。

（2）弹出 UCS 对话框，选择“命名 UCS”选项卡，选择视图项目并右击，在弹出的快捷菜单中选择“置为当前”命令，如图 8-11 所示。

（3）在弹出的“UCS”对话框中可以选择“重命名”或“删除”命令，对 UCS 做更改名称或删除的操作；单击“详细信息”按钮，会弹出“UCS 详细信息”信息框，显示所选 UCS 名称的原点及 X、Y、Z 轴的方向，如图 8-12 所示。

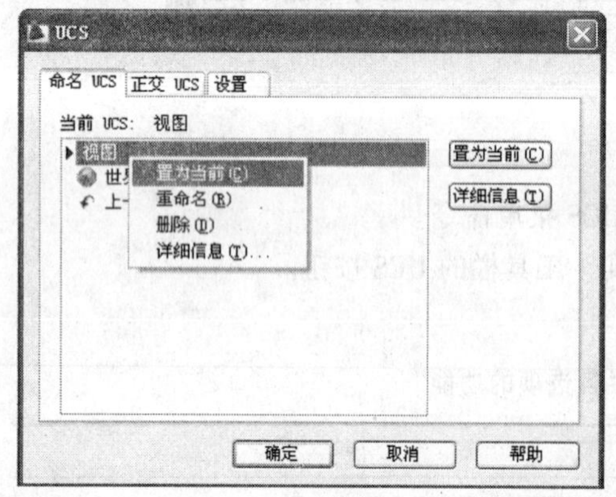

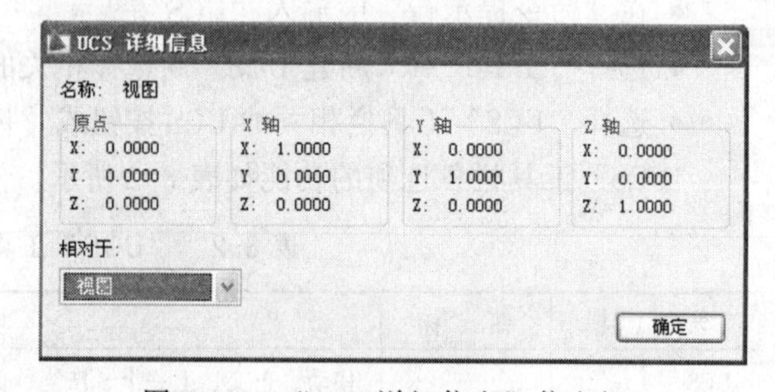

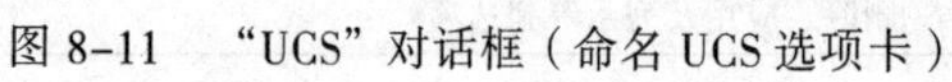

图 8-11　“UCS”对话框（命名 UCS 选项卡）　　图 8-12　“UCS 详细信息”信息框

（4）选择“正交 UCS”选项卡，可以选择 AutoCAD 事先定义的 UCS 来作为目前的 UCS，在所选择的项目上右击，在弹出的快捷菜单中选择“深度”命令，还可以设置不同深度的定义，如图 8-13 所示。

（5）选择“设置”选项卡，可以设置 UCS 的相关显示设置，如图 8-14 所示。

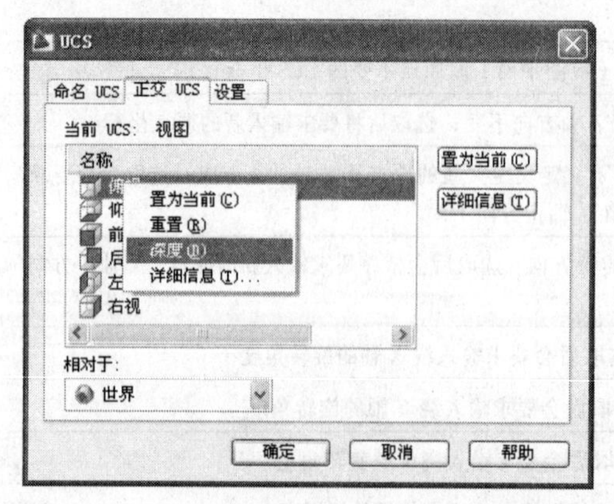

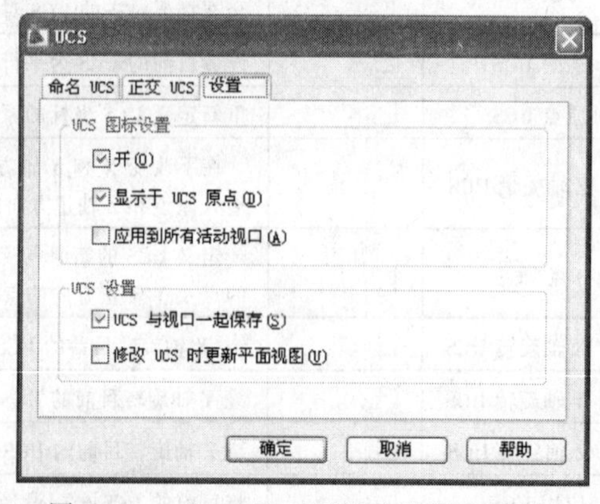

图 8-13　“UCS”对话框（正交 UCS 选项卡）　　图 8-14　“UCS”对话框（设置选项卡）

8.5 创建 3D 模型

8.5.1 绘制基本曲面

空间物体都是由三维面围成的，三维面可能是平面或曲面，可以画出物体的表面来反映物体的形状，此种模型就是 3D 表面模型。面模型是一种很重要的模型，在 AutoCAD 中提供了长方体、楔体、棱锥体和球体等基本立方体表面以及常见的曲面命令，下面介绍如何进行曲面绘制。绘制各种曲面的方法如表 8-3 所示。

表 8-3 绘制各种曲面的方法

名　称	输　入	操 作 方 法	绘 制 效 果
绘制长方体表面	AI_BOX	在绘图区中指定起始点，在“命令提示区”输入数值“120↙”，“150↙”，“80↙”，“↙”，完成长方体表面效果，如图 8-15 所示	图 8-15 绘制长方体表面
绘制楔体表面	AI_WEDGE	在绘图区中指定起始点，在“命令提示区”输入数值“80↙”，“80↙”，“100↙”，“↙”，完成楔体表面效果，如图 8-16 所示	图 8-16 绘制楔体表面
绘制棱锥面	AI_PYRAMID	在绘图区指定棱锥底面的第一角点位置，指定棱锥底面的第二角点位置，指定棱锥底面的第三角点位置，指定棱锥底面的第四角点位置，指定棱锥面的顶点位置，完成棱锥面效果，如图 8-17 所示	图 8-17 绘制棱锥面
绘制圆锥面	AI_CONE	在绘图区中指定圆锥的中心点，在“命令提示区”输入数值“80↙”，“40↙”，“120↙”，“↙”，完成圆锥面效果，如图 8-18 所示	图 8-18 绘制圆锥面
绘制球面	AI_SPHERE	在绘图区指定球面的中心点，在“命令提示区”输入“50↙”，“16↙”，“16↙”，完成球面效果，如图 8-19 所示	图 8-19 绘制球面
绘制上半球	AI_DOME	在绘图区指定上半球面的中心点，在“命令提示区”输入“50↙”，“16↙”，“8↙”，完成上半球面效果，如图 8-20 所示	图 8-20 绘制上半球

续表

名　称	输　入	操作方法	绘制效果
绘制下半球	AI_DISH	在绘图区指定下半球面的中心点，在“命令提示区”输入“50↙”，“16↙”，“8↙”，完成下半球面效果，如图 8-21 所示	图 8-21　绘制下半球
绘制圆环面	AI_TORUS	在绘图区指定圆环面的中心点，在“命令提示区”输入“400↙”，“100↙”，“16↙”，“16↙”，完成圆环效果，如图 8-22 所示	图 8-22　绘制圆环面

8.5.2　绘制三维面

在“绘图”→“建模”→“网格”菜单中包含了“二维填充”、“三维面”、“边”、“三维网格”、“旋转网格”、“平移网格”、“直纹网格”、“边界网格” 8 个命令，如图 8-23 所示。表 8-4 介绍如何进行三维面的绘制。

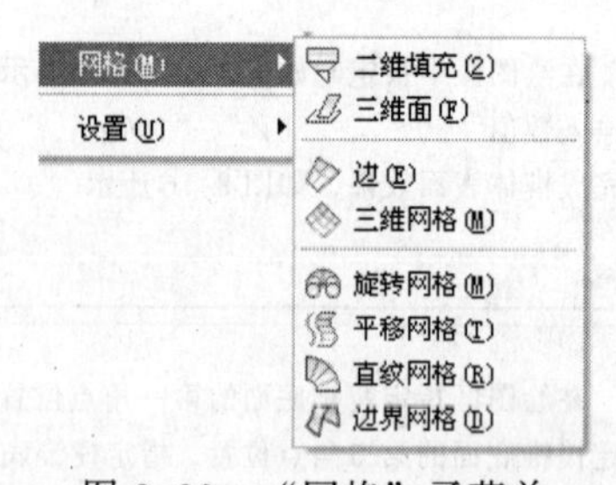

图 8-23　“网格”子菜单

表 8-4　“网格”子菜单各命令的使用方法

名称	操作方法	输　入	操作步骤	绘制效果
绘制三维面	选择“绘图”→“建模”→“网格”→“三维面”命令	3DFACE	在绘图区中指定第一个点，向右下角移动确定第二个点，向右移动确定第三个点，向上移动确定第四个点，完成三维面效果，如图 8-24 所示	图 8-24　绘制三维面
绘制旋转网格	选择“绘图”→“建模”→“网格”→“旋转网格”命令	REVSURF	使用“样条曲线”和“直线”命令，在绘图区绘制一条垂直线和酒杯轮廓，选择“绘图”→“建模”→“网格”→“旋转网格”命令，在绘图区选择酒杯轮廓，再选择直线，在“命令提示行”中输入两次↙，完成旋转网格效果，如图 8-25 所示	图 8-25　绘制旋转网格
绘制平移网格	选择“绘图”→“建模”→“网格”→“平移网格”命令	TABSURF	单击“绘图”工具栏中“直线”按钮，在绘图区绘制一个工字形状，选择“绘图”→“建模”→“网格”→“平移网格”命令，在绘图区选择图形，然后选择直线，完成平移网格效果，如图 8-26 所示	图 8-26　绘制平移网格

续表

名称	操作方法	输入	操作步骤	绘制效果
绘制直纹网格	选择“绘图”→“建模”→“网格”→“直纹网格”命令	RULESURF	单击“绘图”工具栏中“圆”按钮，在绘图区绘制两个大小不同的圆形，选择“绘图”→“建模”→“网格”→“直纹网格”命令，在绘图区选择一个圆形，然后在选择第二个圆形，完成直纹网格效果，如图 8-27 所示	图 8-27 绘制直纹网格
绘制边界网格	选择“绘图”→“建模”→“网格”→“边界网格”命令	EDGESURF	单击“绘图”工具栏中“直线”按钮，在绘图区绘制一个以 4 条首尾连接的多边形，选择“绘图”→“建模”→“网格”→“边界网格”命令，分别在绘图区选择边界线条，完成边界网格效果，如图 8-28 所示	图 8-28 绘制边界网格

8.5.3 绘制三维实体

在 AutoCAD 中，选择“绘图”→“建模”菜单中的子菜单，可以绘制出三维实体，如图 8-29 所示。三维实体是具有质量、体积和重心等特征的三维对象。在 AutoCAD 中除了可以直接使用系统提供的命令创建长方体、球体和圆锥体等实体外，还可以通过旋转和拉伸二维对象，对实体进行并集、交集和差集等布尔运算创建出更为复杂的实体。

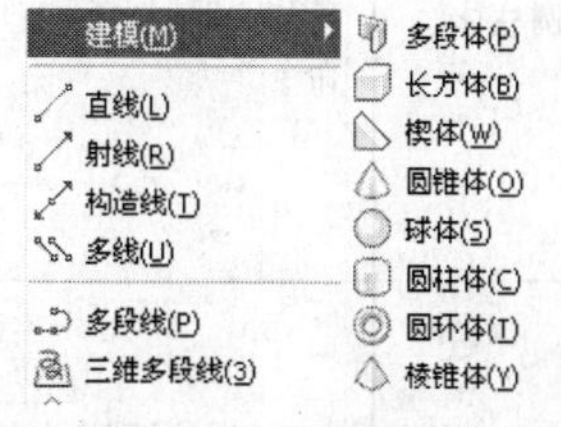

图 8-29 “建模”子菜单

三维实体是三维图形中最重要的部分，具有实体的特征，即其内部是空心的。可以对三维实体进行打孔、挖槽等布尔运算，从而形成具有实用意义的物体。

在实际的三维绘图工作中，三维实体是最常见的，我们可以绘制出各种形式的基本实体，如长方体、楔体、球体、圆柱体、圆环体、圆锥体等。表 8-5 介绍如何绘制三维实体。

表 8-5 绘制三维实体的方法

名称	操作方法	输入	操作步骤	绘制效果
绘制多段体	选择“绘图”→“建模”→“多段体”命令	POLYSOLID	在绘图区中指定起始点，向右移动确定第二个点，向下移动确定第三个点，向右移动确定第四个点，完成多段体效果，如图 8-30 所示	图 8-30 绘制多段体
绘制长方体	选择“绘图”→“建模”→“长方体”命令	BOX	在绘图区制定起始点，绘制出长方形长度及宽度，然后向上移动确定长方体高度，完成长方体效果，如图 8-31 所示	图 8-31 绘制长方体
绘制楔体	选择“绘图”→“建模”→“楔体”命令	WEDGE	在绘图区制定起始点，绘制出楔体底面长度及宽度，然后向上移动确定楔体高度，完成长方体效果，如图 8-32 所示	图 8-32 绘制楔体

续表

名　称	操作方法	输　入	操作步骤	绘制效果
绘制圆锥体	选择“绘图”→“建模”→“圆锥体”命令	CONE	在绘图区制定起始点，绘制出圆锥底面圆形，然后向上移动确定圆锥高度，完成圆锥体效果，如图 8-33 所示	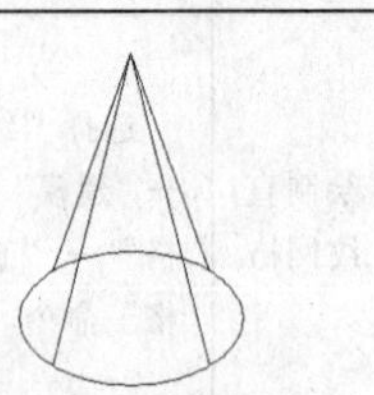 图 8-33　绘制圆锥体
绘制球体	选择“绘图”→“建模”→“球体”命令	SPHERE	在“命令提示行”中输入“ISOLINES↙”，“20↙”在绘图区制定起始点，确定圆的直径，完成球体效果，如图 8-34 所示	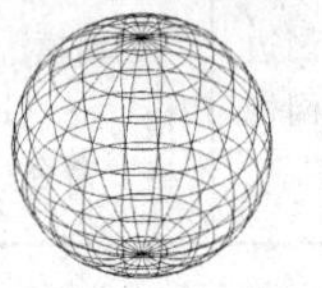 图 8-34　绘制球体
绘制圆柱体	选择“绘图”→“建模”→“球柱体”命令	CYLINDER	在绘图区制定起始点，绘制出圆柱底面圆形，然后向上移动确定圆柱高度，完成圆柱体效果，如图 8-35 所示	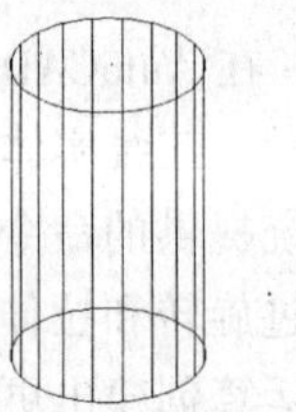 图 8-35　绘制圆柱体
绘制圆环体	选择“绘图”→“建模”→“圆环体”命令	TORUS	在绘图区指定圆环的起始点，绘制出圆环的外直径，然后向内确定圆环的内直径，完成圆环效果，如图 8-36 所示	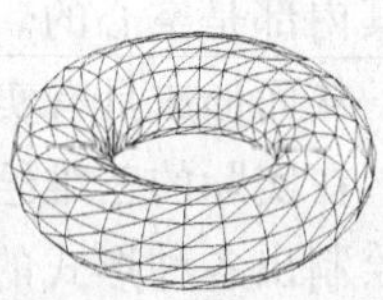 图 8-36　绘制圆环体
绘制棱锥体	选择“绘图”→“建模”→“棱锥体”命令	PYRAMID	在绘图区制定起始点，绘制出棱锥底面方形，然后向上移动确定棱锥体高度，完成棱锥体效果，如图 8-37 所示	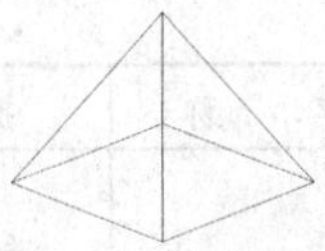 图 8-37　绘制棱锥体

8.5.4　布尔运算

AutoCAD 2009 中的布尔运算指的是实体间通过何种逻辑方式进行组合。布尔运算包含“并集”、“差集”和“交集”运算。

1. 并集运算

并集运算是指将多个实体组合成一个实体。可以通过以下几种方法执行并集运算命令：

- 在“命令提示行”中输入“UNION”或“UNI”；
- 选择“修改”→“实体编辑”→“并集”命令；
- 单击“实体编辑”工具栏的“并集”按钮。

并集运算的使用步骤如下：

（1）使用长方体和圆柱体绘制两个相交的图形，如图 8-38 所示。

（2）选择“修改”→“实体编辑”→“并集”命令，在绘图区选择长方体，再选择圆柱体，如图 8-39 所示。

（3）在“命令提示行”中输入“↙”，完成并集运算效果，如图 8-40 所示。

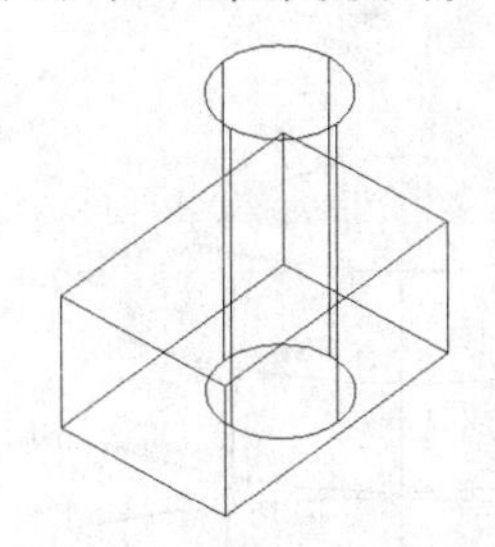

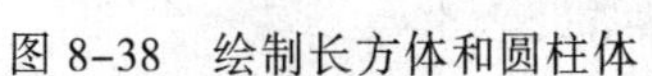

图 8-38　绘制长方体和圆柱体

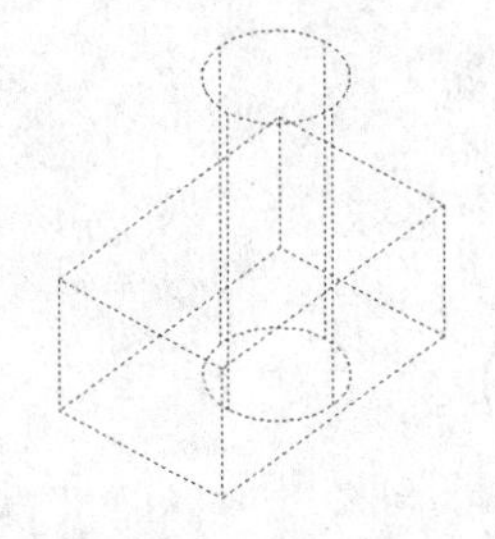

图 8-39　选择图形对象

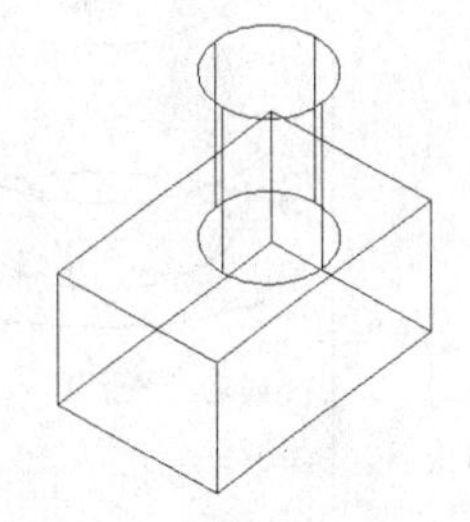

图 8-40　并集运算完成效果

2. 差集运算

差集运算是指从一些实体中减去另一些实体，从而得到一个新的实体。可以通过以下几种方法执行差集运算命令：

- 在“命令提示行”中输入“SUBTRACT”或“SU”；
- 选择“修改”→“实体编辑”→“差集”命令；
- 单击“实体编辑”工具栏的“差集”按钮。

差集运算的使用步骤如下：

（1）使用长方体和棱柱体绘制两个相交的图形，如图 8-41 所示。

（2）选择“修改”→“实体编辑”→“差集”命令，在绘图区选择长方体，输入“↙”。

（3）在绘图区选择棱柱体，输入“↙”，完成差集运算效果，如图 8-42 所示。

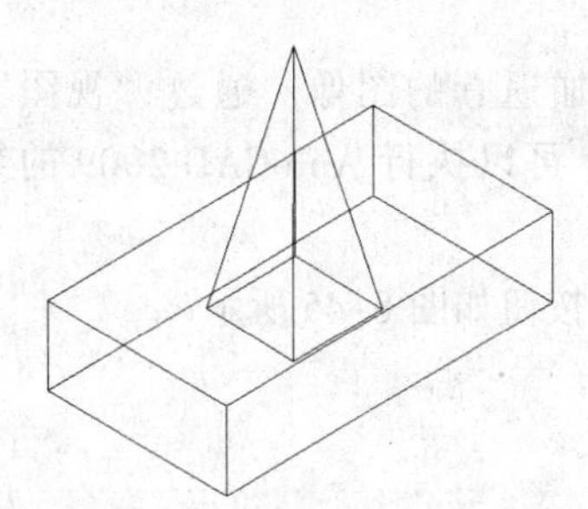

图 8-41　绘制长方体和棱柱体

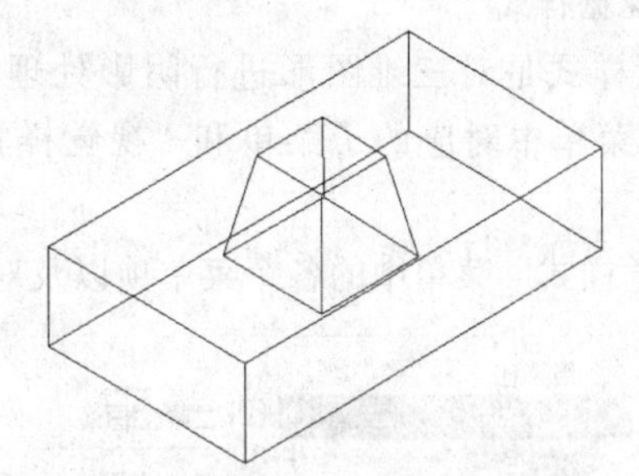

图 8-42　差集运算完成效果

3. 交集运算

交集运算是通过各个实体的公共部分绘制新实体。可以通过以下几种方法执行并集运算命令：

- 在“命令提示行”中输入“INTERSECT”或“IN”；
- 选择“修改”→“实体编辑”→“交集”命令；
- 单击“实体编辑”工具栏的“交集”按钮。

交集运算的使用步骤如下：

（1）使用圆柱体和球体绘制两个相交的图形，如图 8-43 所示。

（2）选择“修改”→“实体编辑”→“交集”命令，在绘图区选择圆柱体，然后再选择球体。

（3）在“命令提示行”中输入“↙”，完成交集运算效果，如图 8-44 所示。

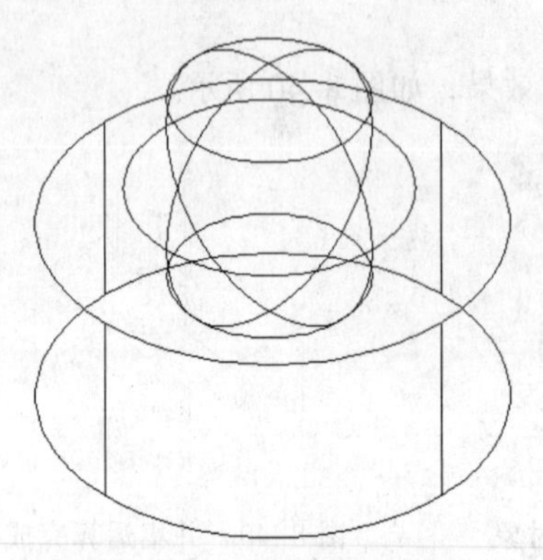

图 8-43 创建圆柱体和球体

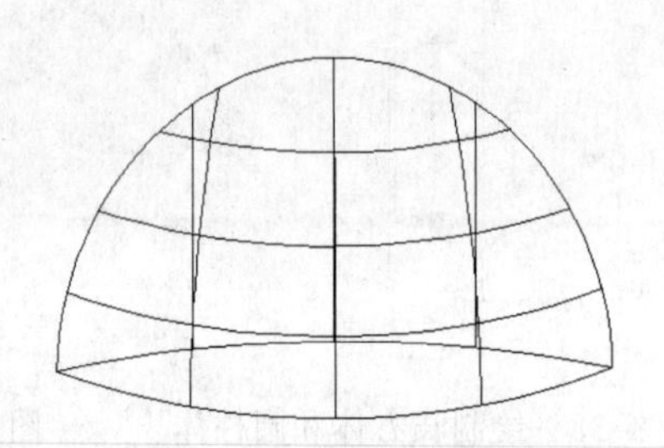

图 8-44 交集运算完成效果

8.5.5 视觉样式与渲染

利用 AutoCAD 可以对三维对象以视觉样式或者渲染的方式显示。视觉样式是对三维图形进行阴影处理，渲染可以使三维对象的表面显示出明暗色彩和光影效果，从而形成逼真的图像。

“视觉样式”选项使用来自观察者左后方上面的固定环境光。创建真实的三维图像可以帮助设计者看到最终的设计，这样要比线框表示清楚的多。而视觉样式和渲染可以增强图像的真实感。在各类图像中，视觉样式可消除隐藏线并为可见平面指定颜色，渲染则添加和调整光源并为图像表面附着上材质以产生真实的效果。

1. 视觉样式

视觉样式是对三维图形进行阴影处理，以生成更加逼真的图像。通过“视图”→“视觉样式”菜单中对应的子菜单和“视觉样式”工具栏，可以执行 AutoCAD 2009 的绘制实体操作。

“视觉样式”菜单中的各个菜单项以及对应的工具栏按钮如图 8-45 所示。

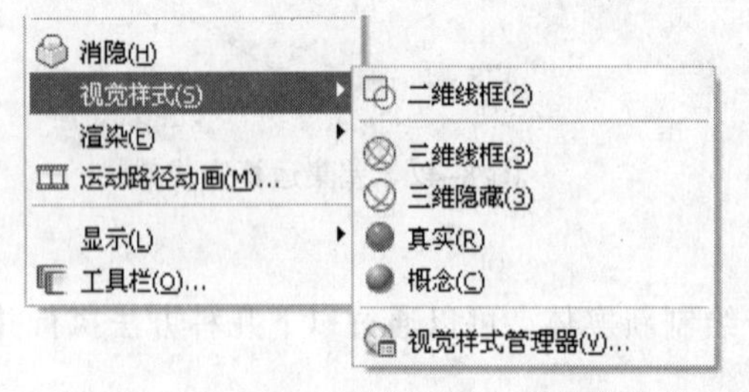

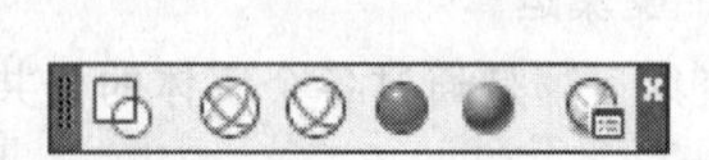

图 8-45 “视觉样式”子菜单及工具栏

- “二维线框”：显示用直线和曲线表示边界的对象。光栅和 OLE 对象、线型和线宽都是可见的。即使将 COMPASS 系统变量的值设置为 1，它也不会出现在二维线框视图中。
- “三维框线”：显示用直线和曲线表示边界的对象。显示一个已着色的三维 UCS 图标。可以将 COMPASS 系统变量设置为 1 来查看坐标球。

- “三维隐藏”：显示用三维线框表示的对象并隐藏表示后向面的直线。
- “真实”：着色多边形平面间的对象，并使对象的边平滑化。将显示已附着到对象的材质。
- “概念”：着色多边形平面间的对象，并使对象的边平滑化。着色使用冷色和暖色之间的过渡。效果缺乏真实感，但是可以更方便地查看模型的细节。

选择“视图”→“视觉样式”→“真实”命令可以显示实体图形。

2. 渲染

使用渲染的方式有以下 3 种方法：

（1）选择“视图”→“渲染”→“渲染”命令。

（2）在“命令提示行”中输入“RENDER”。

（3）单击“渲染”工具栏中“渲染”按钮。

8.6 三维模型制作综合实训案例

8.6.1 绘制方桌三维模型

1. 实例目标

本实例通过创建三维图形，使读者掌握建模在图形中的应用。

2. 制作步骤

可以按照下面的方法进行操作，其步骤如下：

（1）选择“格式”→“单位”命令，在弹出的“图形单位”对话框中设置其长度、角度和缩放比例，单击“确定”完成，如图 8-46 所示。

（2）选择“绘图”→“建模”→“圆柱体”命令。

（3）在“命令提示行”中输入“E↙”，“C↙”，再输入“0,0,0↙”，指定椭圆形中心点。

（4）在“命令提示行”中输入“50↙”，再输入“50↙”。

（5）选择“视图”→“三维视图”→“东南等轴测”命令，切换到东南等轴测视图，完成圆柱效果如图 8-47 所示。

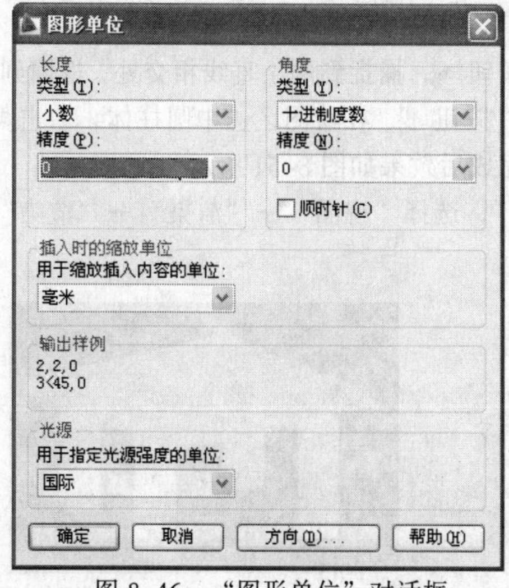

图 8-46 “图形单位”对话框

图 8-47 绘制圆柱体

（6）选择“绘图”→“建模”→“长方体”命令。

（7）在“命令提示行”输入“-100,-100,300↙”，指定长方体中心点。

（8）在“命令提示行”输入“L↙”，再输入“600↙”，“600↙”，“30↙”。

（9）选择“视图”→“动态观察”→“受约束的动态观察”命令，调整视图角度完成后效果如图 8-48 所示。

（10）单击“绘图”工具栏中“直线”按钮，捕捉长方体对角线并绘制出两条直线，如图 8-49 所示。

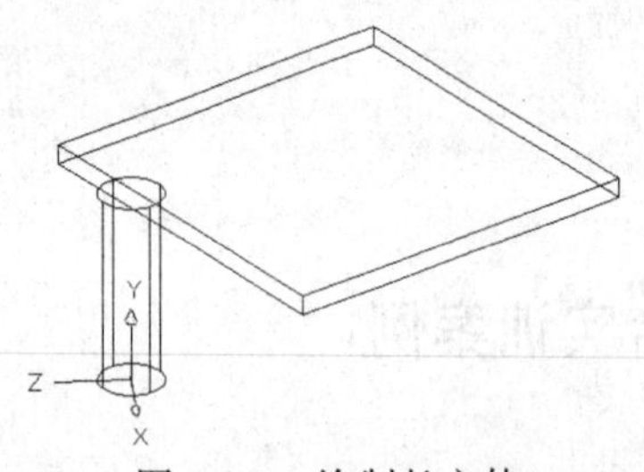

图 8-48　绘制长方体

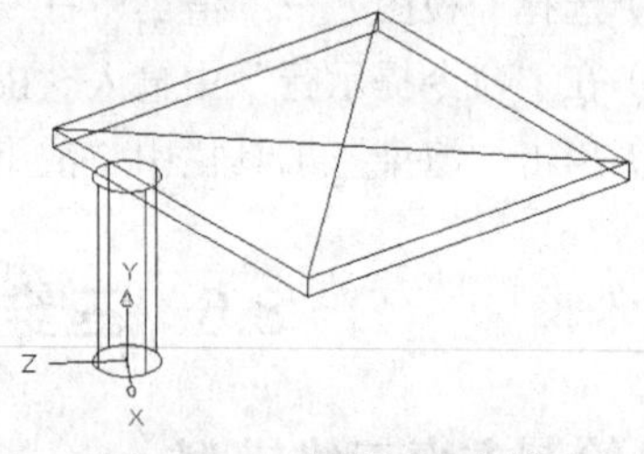

图 8-49　绘制两条直线

（11）单击“修改”工具栏中“阵列”按钮，在弹出的“阵列”对话框中选择“环形阵列”单选按钮，设置项目总数为“4”，填充角度为“360”，如图 8-50 所示。

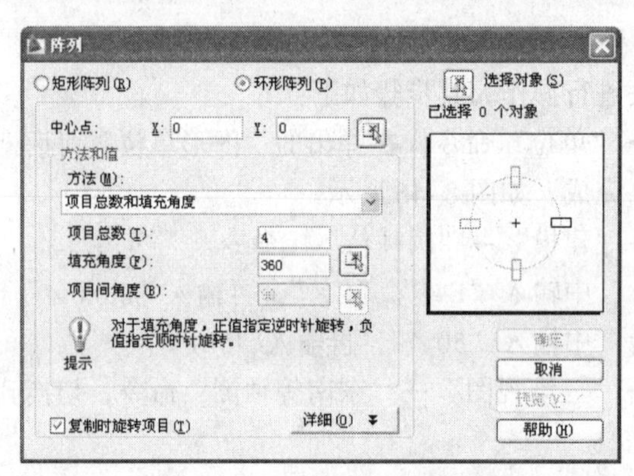

图 8-50　“阵列”对话框

（12）单击“中心点”后面的“选择对象”按钮，捕捉到两条直线相交处，返回到“阵列”对话框，单击“选择对象”前面的“选择对象”按钮，在绘图区选中圆柱体，右击再次返回到“阵列”对话框，单击“确定”按钮，阵列完成后效果如图 8-51 所示。

（13）选择桌面图形，设置其颜色为“黄色”，选择“视图”→“渲染”→“渲染”命令，渲染完成后效果如图 8-52 所示。

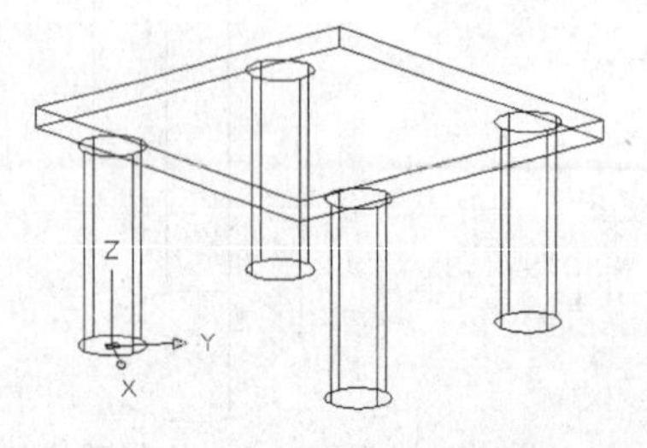

图 8-51　阵列完成后效果

图 8-52　方桌渲染完成效果

8.6.2 绘制桥模型

1．实例目标

本实例通过创建三维图形，使读者掌握拉伸命令在图形中的应用。

2．制作步骤

可以按照下面的方法进行操作，其步骤如下：

（1）选择“格式”→“单位”命令，在弹出的“图形单位”对话框中设置其长度、角度和缩放比例。

（2）选择“视图”→“三维视图”→“前视”命令，切换到前视图。

（3）单击“绘图”工具栏中“多段线”按钮，在“命令提示行”中输入“0,0,0↙”，指定起始点。

（4）确认“正交”按钮，处于打开状态。向上移动光标并输入“10↙”，向右移动光标并输入“20↙”。在“命令提示行”中输入“A↙”，“S↙”。

（5）在“命令提示行”中输入“100，50↙”，再输入“200，10↙”。

（6）在“命令提示行”中输入“L↙”，向右移动光标并输入“20↙”，向下移动光标并输入“10↙，C↙”。绘制完成后效果如图 8-53 所示。

（7）单击“绘图”工具栏中“圆”按钮，捕捉多段线的中心点，在“命令提示区”中输入“80↙”，如图 8-54 所示。

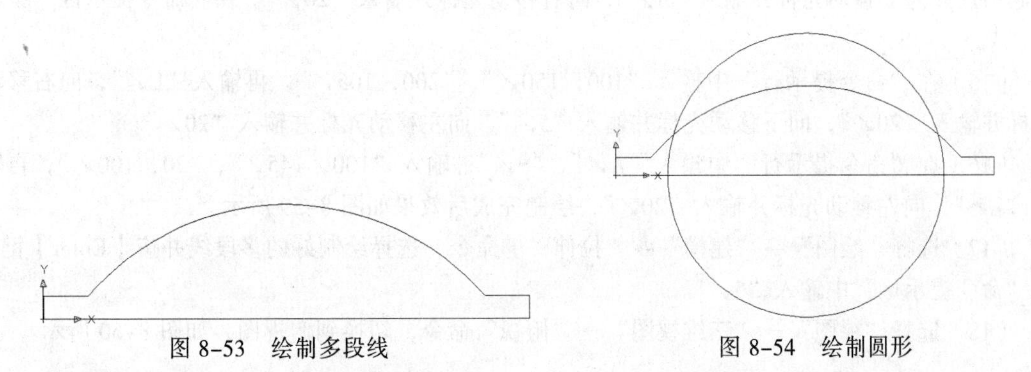

图 8-53 绘制多段线　　图 8-54 绘制圆形

（8）单击“修改”工具栏中“移动”按钮，在绘图区选择圆形，在“命令提示行”输入“D↙”，“40↙”，移动完成后效果如图 8-55 所示。

（9）选择多段线和圆形，单击“修改”工具栏上“修剪”按钮，将多余的图形进行修剪，修剪完成后效果如图 8-56 所示。

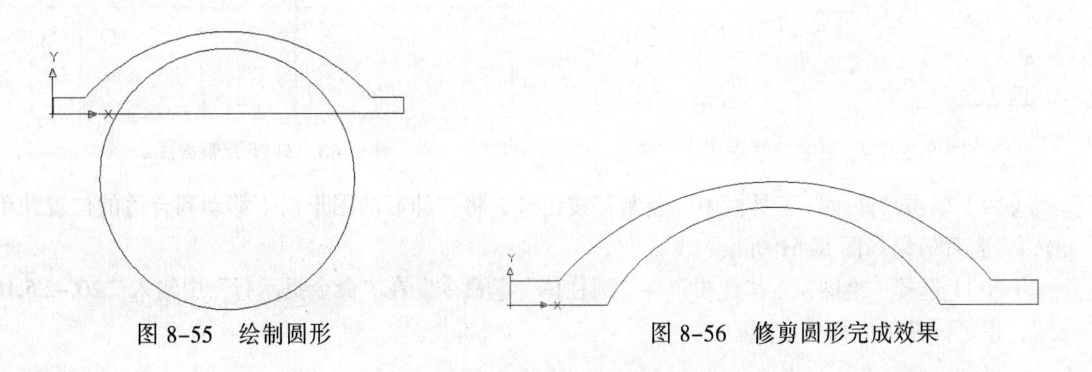

图 8-55 绘制圆形　　图 8-56 修剪圆形完成效果

（10）单击“绘图”工具栏中“面域”按钮，在绘图区选择所有图形然后按【Enter】键，将图形组合成一个面域效果，如图 8-57 所示。

（11）选择“绘图”→“建模”→“拉伸”命令，选择图形并按【Enter】键，在“命令提示区”中输入“50↙”。

（12）选择“视图”→“三维视图”→“西南等轴测视图”命令，切换到西南等轴测视图，如图 8-58 所示。

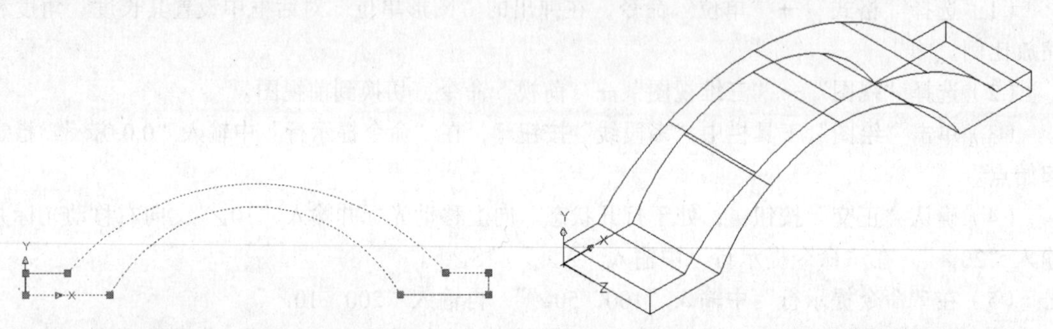

图 8-57　创建面域效果　　图 8-58　切换西南等轴测视图

（13）选择“视图”→“三维视图”→“前视”命令，切换到前视图。

（14）单击“绘图”工具栏中“多段线”按钮，在“命令提示区”中输入“0,100↙”，指定起始点。向上移动光标并输入“5↙”，向右移动光标并输入“20↙”。在“命令提示区”中输入“A↙”，“S↙”。

（15）在“命令提示行”中输入“100，150↙”，“200，105↙”。再输入“L↙”，向右移动光标并输入“20↙”，向下移动光标并输入“5↙”，向左移动光标并输入“20↙”。

（16）在“命令提示行”中输入“A↙”，“S↙”，输入“100，145↙”，“20，100↙”，再输入“L↙”，向左移动光标并输入“20↙”，绘制完成后效果如图 8-59 所示。

（17）选择“绘图”→“建模”→“拉伸”命令，选择绘制好的多段线并按【Enter】键，在“命令提示区”中输入“5↙”。

（18）选择“视图”→“三维视图”→“俯视”命令，切换到俯视图，如图 8-60 所示。

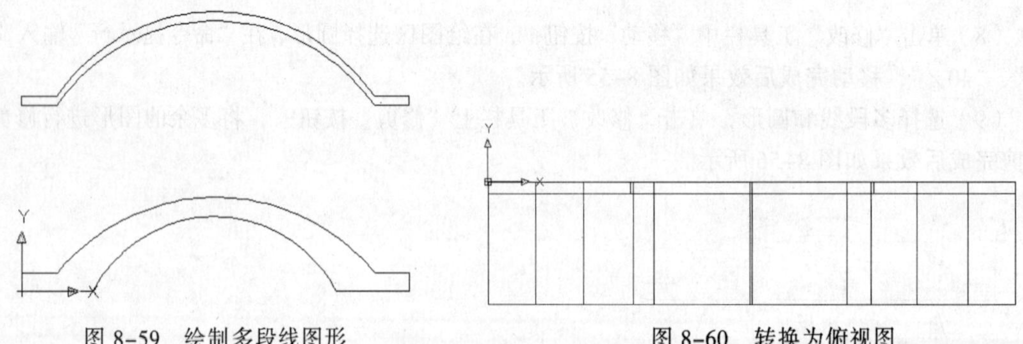

图 8-59　绘制多段线图形　　图 8-60　转换为俯视图

（19）单击“修改”工具栏中“复制”按钮，将拉伸后的图形向下移动到合适的位置并单击，完成后效果如图 8-61 所示。

（20)）选择“绘图”→“建模”→“圆柱体”命令。在“命令提示行”中输入“20,-2.5,10↙”，指定圆柱体底面中心点。

（21）在“命令提示区”中输入“2.5↙”，再输入“95↙”，如图 8-62 所示。

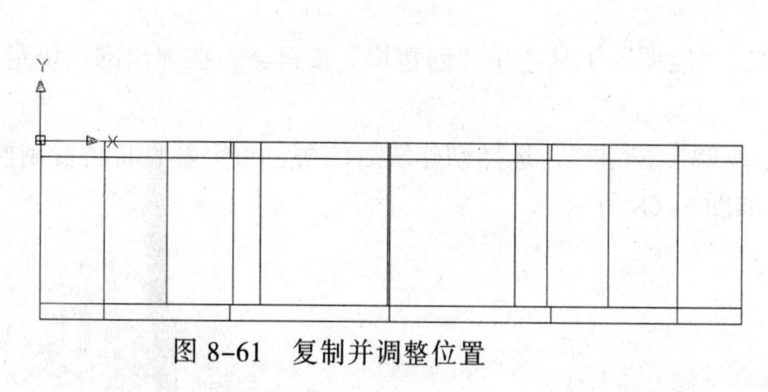

图 8-61　复制并调整位置

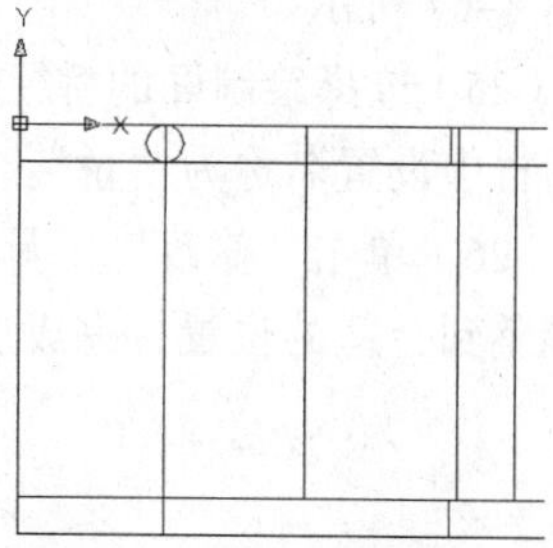

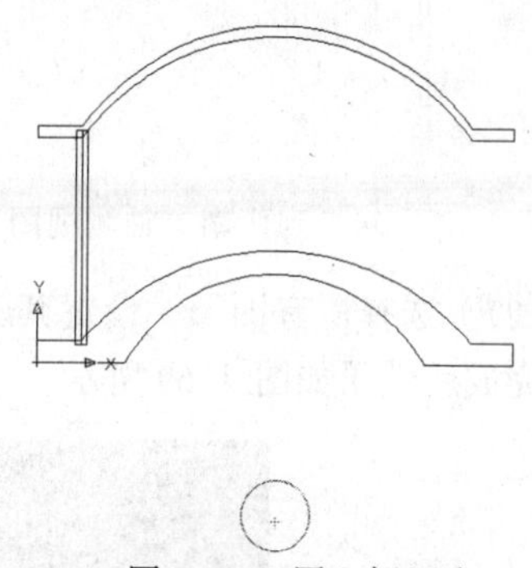

图 8-62　创建圆柱体

（22）选择“视图”→“三维视图”→“前视”命令，切换到前视图，如图 8-63 所示。

（23）选择“标注”→“圆心标记”命令，单击底部多段线中的圆弧，然后在底部得到圆心标记点，如图 8-64 所示。

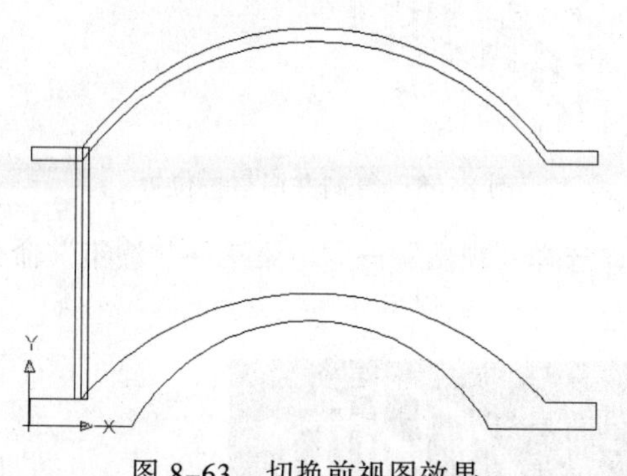

图 8-63　切换前视图效果

图 8-64　圆心标记点

（24）单击“修改”工具栏中“阵列”按钮，在弹出的“阵列”对话框中选择“环形阵列”单选按钮，设置项目总数为“6”，填充角度为“-95”，选中“复制时旋转项目”复选框，如图 8-65 所示。

（25）单击“中心点”后面的“选择对象”按钮，捕捉圆心标记点，右击返回到“阵列”对话框，单击“选择对象”前面的“选择对象”按钮，在绘图区选中圆柱体，右击再次返回到“阵列”对话框，单击“确定”按钮，阵列完成后效果如图 8-66 所示。

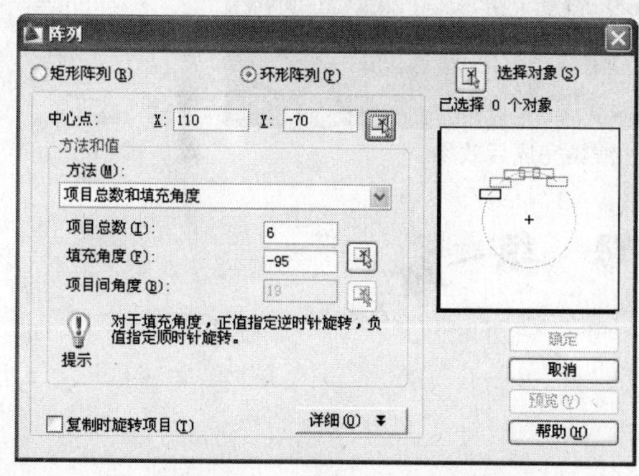

图 8-65　“阵列”对话框设置

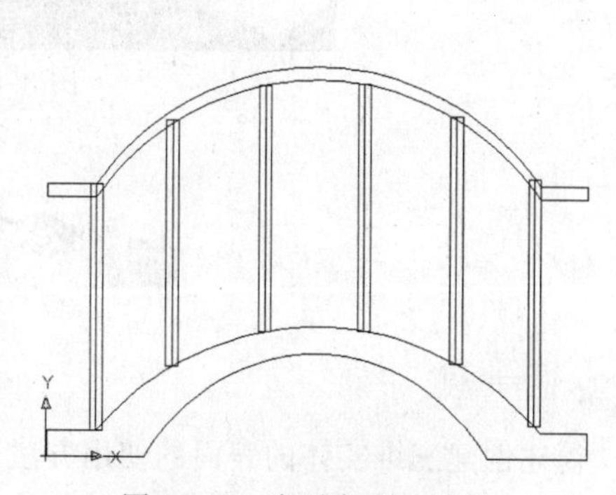

图 8-66　阵列完成后效果

（24）选择“视图”→“三维视图”→“西南等轴测视图”命令，切换到西南等轴测视图，如图 8-67 所示。

（25）选择绘制好的桥模型，单击“绘图”工具栏中“创建块”按钮，在弹出的“块定义”对话框中设置名称为“桥”。

（26）单击“修改”工具栏中“复制”按钮，选择创建块后的桥，指定基点将桥复制两个并调整到合适的位置，完成后效果如图 8-68 所示。

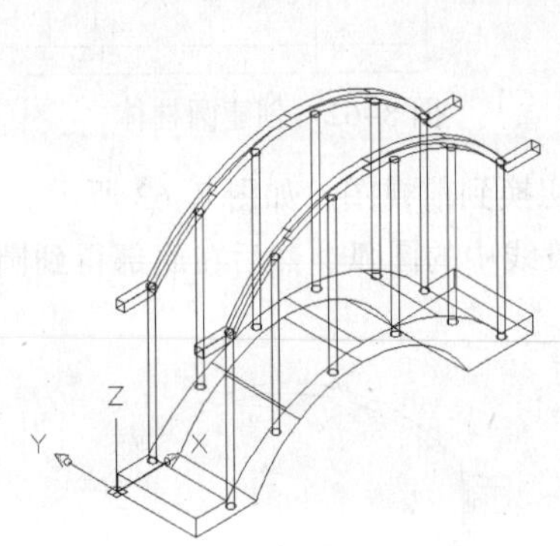

图 8-67　转换到西南等轴测视图

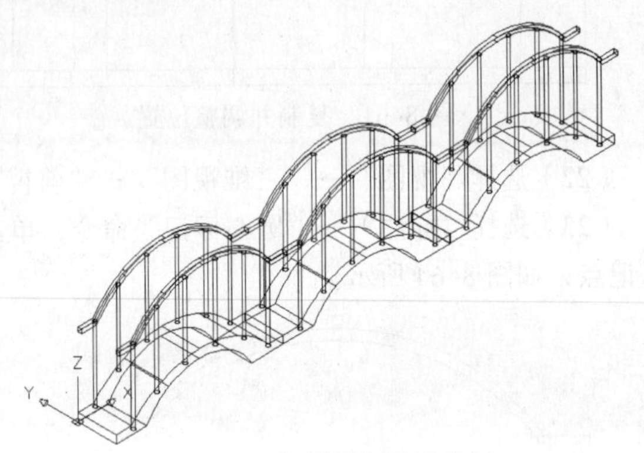

图 8-68　复制并调整桥位置

（27）选择所有图形，设置其颜色为“橙色”，选择“视图”→“渲染”→“渲染”命令，渲染完成后效果如图 8-69 所示。

图 8-69　渲染完成后效果

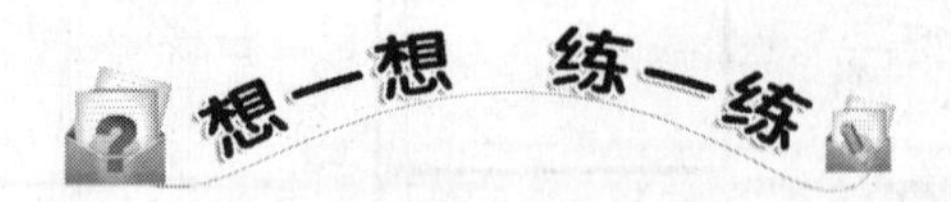

想一想

1. 简述创建三维实体的表面的使用方法。
2. 简述布尔运算的几种类型。

练一练

1. 使用圆锥体、圆柱体和长方体工具，创建休息亭模型，完成后效果如图 8-70 所示。
2. 使用圆柱体、圆锥体和球体工具并配合东南等轴测视图，创建天塔模型，完成后效果如图 8-71 所示。

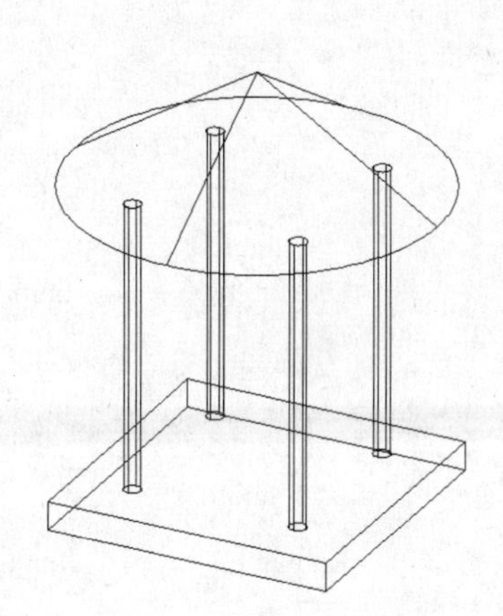

图 8-70 创建休息亭模型

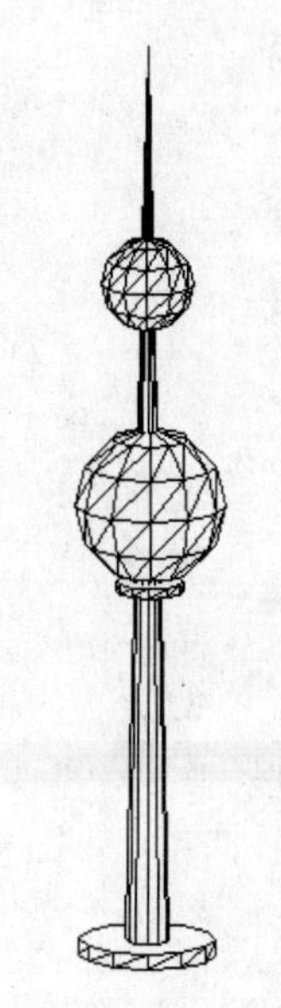

图 8-71 创建天塔模型

第2篇 应用部分

第 2 篇为“应用部分”，主要通过十几个精彩范例，详细介绍了绘制室内设计立面图、绘制室内设计平面图、绘制专卖店布置图和绘制建筑平面图等方面的综合应用。此外，在每章的最后，还安排了一定数量的思考题与上机练习题，用来巩固所学知识。

第9章 绘制室内设计立面图

学习目标

- 绘制玄关立面图
- 绘制书房立面图
- 绘制卧室立面图

9.1 室内设计立面图简述

室内设计立面图，反应的是室内墙面的装饰及布置情况，它的具体作用包括：固定墙面装修并画出装饰品、说明家具的陈设。同时，在设计上还可以作为设计效果及透视效果的一个参照。

剖切空间后看到的物体（如家具、家电）、空间竖向和横向的尺寸、墙面装饰材料（材质，色彩与工艺）和装饰物（如壁面、悬挂织物、灯具装饰物）等都是需要通过绘制室内设计立面图进行标明。

从空间组合角度讲，内部空间的规模、尺度和功能会对外观多种要素（如体量组合、窗门大小等）有所影响。因此，外部特征和内部使用功能应该做到协调统一。

受时代、地点、设计师风格等因素的影响，世界上没有完全一致的室内样式。因此，立面设计就应该突出自己的风格。并且，随着内部空间组织方式的不断变化，还出现了新的室内形体概念、表现手法和形体处理方法。例如：在国外，在对空间的组织上，就打破了“六面体”这一传统概念，而是将一个大空间自由灵活地分隔成很多小空间。

对于室内设计，体形方面的表现可以各有特点，但体量组合却有着一些共同的原则。

1. 主从分明、有机组合

组成室内体量的因素可以分为“主要和次要”两种，因此在设计时应该做到“主从分明”；而“有机结合”说的则是各个要素之间，应该进行巧妙、紧密而有序的连接，使其最终形成统一和谐的整体。

2. 对比和变化

对各要素进行适当的对比和变化，目的在于避免单调。具体作法是利用功能特点组织空间、体量，并对比其本身在大小、高低、横竖、直曲间的差异，从而求得体量组合上的变化。

3．稳定

长久以来，人们一直把稳定作为一种形式美的原则来对待。当然，随着时代的前进，这种观念也逐渐被改变。

与传统室内设计相比，现代室内设计把轮廓线变得简洁，突出的是其与形体组合后的各种变化效果。除此之外，在比例与尺度、虚实与凹凸、色彩与质感、装饰与细部的处理以及墙面与窗的组织等方面，现代室内设计也都有着自己的特点：

（1）比例与尺度的处理。在比例处理上，首先要解决室内设计整体的比例关系（即长、宽、高的比例关系）；之后，还要解决好各部分间的比例关系，墙面分割的比例关系和每一个细部的比例关系。

尺度处理的作用在于让几何形体的大小和经过室内设计后人体感觉的空间大小相一致。

（2）虚实与凹凸的处理。虚与实、凹与凸是对立统一的关系，它们的处理效果好坏，将直接影响到墙面、柱、阳台、凹廊、门窗、挑檐、门廊的组合。由此可见，虚实与凹凸的处理对于室内设计外观效果的影响很大。而巧妙利用虚与实、凹与凸的对比与变化，是处理的关键所在。

（3）色彩与质感的处理。色彩与质感，受制于设计材料。因此，要想将色彩与质感处理得当，获得良好的效果，就必须对所使用的设计材料进行选择。此外，从色彩角度讲，还应该考虑到民族文化的影响。

（4）装饰与细部的处理。装饰，是室内设计的一个组成部分。因此，它应该与构图、尺度、色彩质感等细部问题一样，与整体保持统一。同时，就装饰本身而言，它也应该保持着整体上的统一。

（5）墙面的处理。墙面处理是将墙、垛、柱、窗洞、槛墙等要素组织起来，使之有条理、有秩序、有变化。为此，在组织墙面时必须充分利用这些内在要素的规律性，使之既能反映内部空间和结构的特点，同时又具有美好的形式——特别是具有各种形式的韵律感，从而形成一个统一和谐的整体。

9.2 绘制玄关立面图

9.2.1 建立玄关立面图区域

（1）在标准工具栏中单击“新建”按钮，在弹出的“选择样板”对话框中选择“模板样式”。

（2）选择“格式”→“单位”命令，在弹出的“图形单位”对话框中设置其长度、角度和缩放比例，单击“确定”完成，如图 9-1 所示。

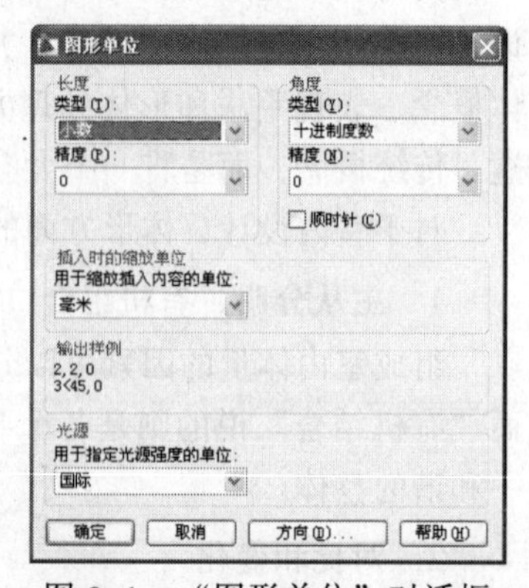

图 9-1 “图形单位”对话框

（3）选择“格式”→“图形界限”命令，在“命令提示行”中输入“0，0↙”。

（4）在“命令提示行”中输入“@2500，3000↙”。

（5）在“命令提示行”中输入“Z↙”，再次输入“A↙”。

9.2.2 绘制辅助线

（1）单击“图层”工具栏“图层特性管理器”按钮，在“图层特性管理器”对话框中单击“新建”按钮，并将其命名为“辅助线”层，其颜色选取“红色”，其他设置为默认。单击“置为当前”按钮，将该图层设为当前图层。

（2）单击状态栏中的“正交”按钮，打开正交模式。单击“绘图”工具栏中“直线”按钮。

（3）单击指定起始点，绘制第一条辅助线，如图 9-2 所示。

（4）单击“修改”工具栏中“偏移”按钮，在“命令提示区”输入“578↙”，在绘图区选择直线，单击完成偏移后效果如图 9-3 所示。

图 9-2 绘制直线

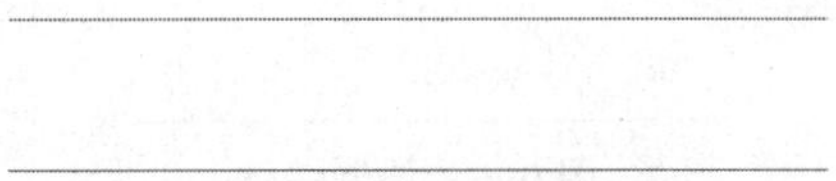

图 9-3 偏移线段效果

（5）使用偏移命令依次偏移出 559，542，360，330，330，100，完成横向辅助线，如图 9-4 所示。

（6）单击“绘图”工具栏中“直线”按钮，单击指定起始点，向下绘制一条直线。

（7）使用偏移命令依次偏移出 1000，1204，完成纵向辅助线，如图 9-5 所示。

图 9-4 绘制横向辅助线

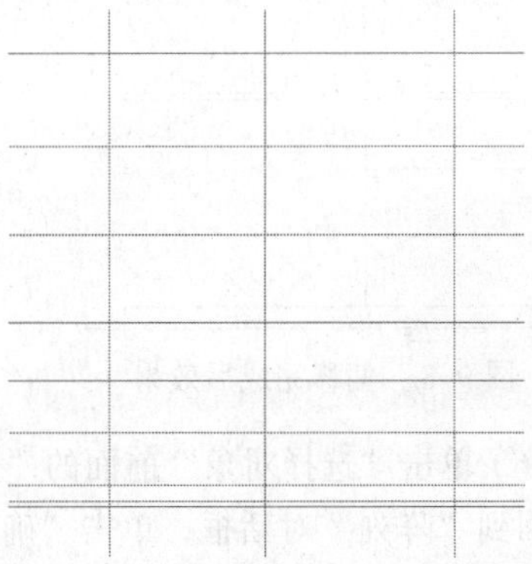

图 9-5 绘制纵向辅助线

9.2.3 绘制玄关立面图

（1）单击“图层”工具栏“图层特性管理器”按钮，在“图层特性管理器”对话框中单击“新建”按钮，并将其命名为“玄关立面图”层，其颜色选取“黑色”，其他设置为默认。单击“置为当前”按钮，将该图层设为当前图层。

（2）单击“绘图”工具栏中“直线”按钮，在绘图区域中指定起始点，向左移动光标并输入“2400↙”，向下移动光标并输入“2800↙”，向右移动光标并输入“2400↙”，绘制墙边线段如图 9-6 所示。

（3）单击“绘图”工具栏中“直线”按钮，借助辅助线绘制出玄关柜子框架轮廓，并将辅助线隐藏，如图 9-7 所示。

（4）单击“修改”工具栏中“偏移”按钮，偏移出墙体的内部图形，偏移完成后效果如图 9-8 所示。

（5）单击“修改”工具栏中“阵列”按钮，在弹出的“阵列”对话框中选择“矩形阵列”单选按钮，设置列数为“10”，列偏移为“88”，如图 9-9 所示。

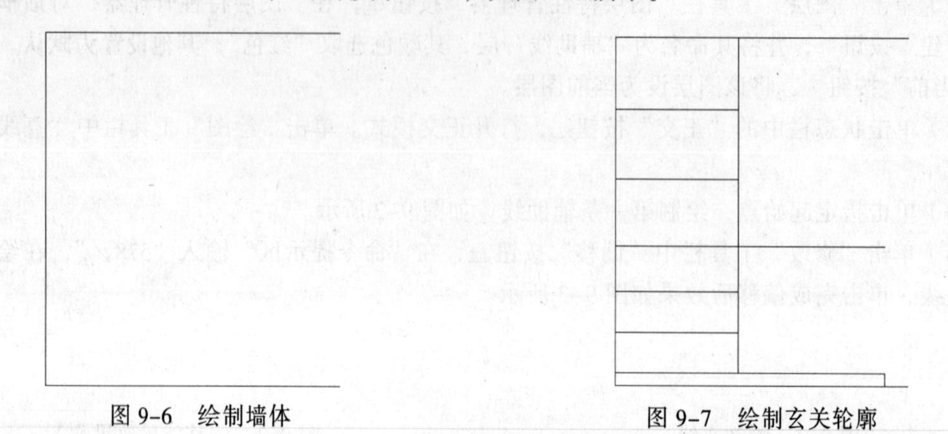

图 9-6　绘制墙体　　　　图 9-7　绘制玄关轮廓

图 9-8　偏移完成后效果

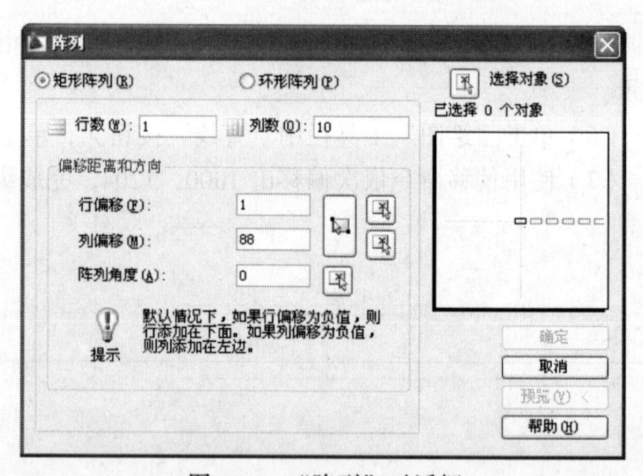

图 9-9　“阵列”对话框

（6）单击“选择对象”前面的“选择对象”按钮，在绘图区选择图 9-10 所示的线段，右击返回到“阵列”对话框，单击“确定”按钮，阵列完成后效果如图 9-11 所示。

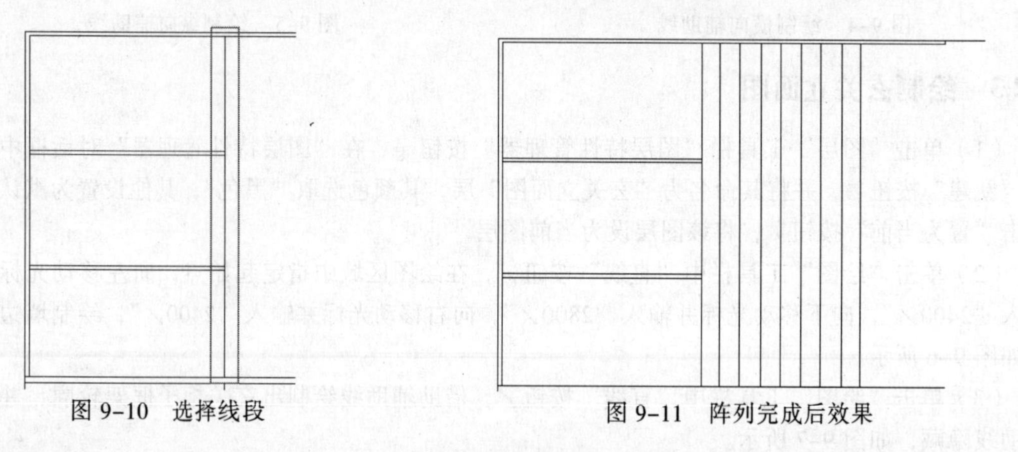

图 9-10　选择线段　　　　图 9-11　阵列完成后效果

（7）单击“绘图”工具栏中“矩形”按钮，在阵列后的图形中单击指定起始点，在“命令提示区”中输入“@400，-386↙”，如图 9-12 所示。

（8）选择矩形和相交的直线，单击“修改”工具栏中“修剪”按钮，在绘图区单击相交的线段，修剪完成后效果如图 9-13 所示。

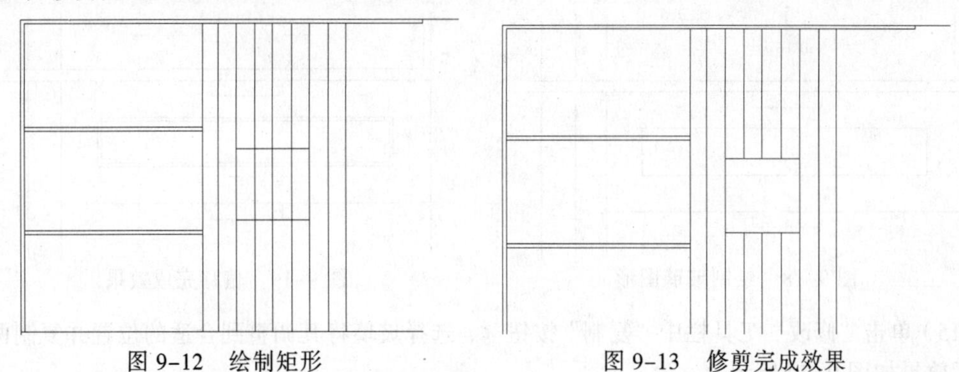

图 9-12 绘制矩形　　　　图 9-13 修剪完成效果

（9）单击“修改”工具栏中“偏移”按钮，在“命令提示区”输入“60↙”，在绘图区选择矩形，单击完成偏移后效果如图 9-14 所示。

（10）单击“绘图”工具栏中“直线”按钮，绘制出柜子拐角图形，如图 9-15 所示。

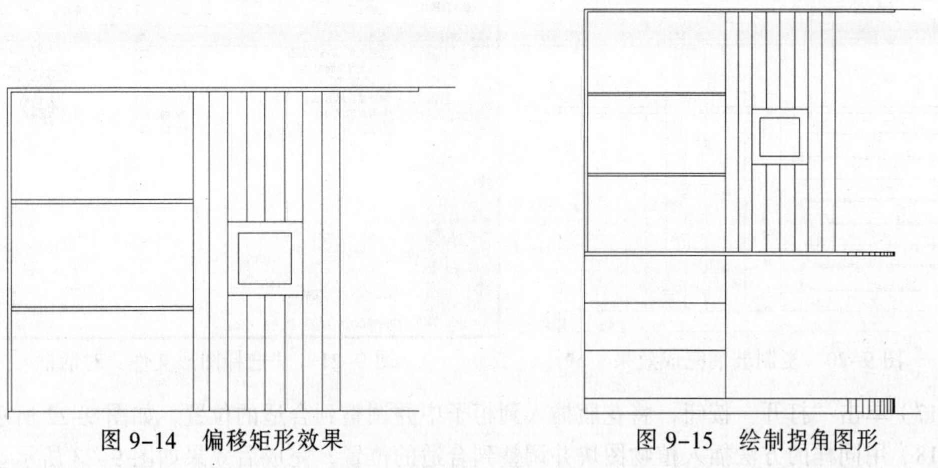

图 9-14 偏移矩形效果　　　　图 9-15 绘制拐角图形

（11）单击“绘图”工具栏中“矩形”按钮，在绘图区域中单击指定起始点，在“命令提示区”中输入“@195，40↙”，绘制出扶手图形，如图 9-16 所示。

（12）单击“修改”工具栏中“复制”按钮，选择扶手将其调整到合适的位置并复制两个，完成后效果如图 9-17 所示。

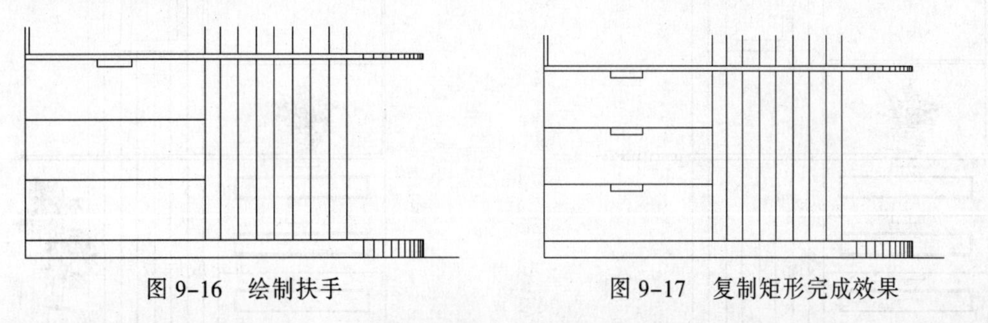

图 9-16 绘制扶手　　　　图 9-17 复制矩形完成效果

（13）单击“绘图”工具栏中“矩形”按钮，在绘图区域中单击指定起始点，在“命令提示区”中输入“@800，-120↙”，绘制出玻璃图形，如图 9-18 所示。

（14）单击“修改”工具栏中“偏移”按钮，在“命令提示区”输入“10↙”，在绘图区选择矩形并单击，完成偏移后效果如图 9-19 所示。

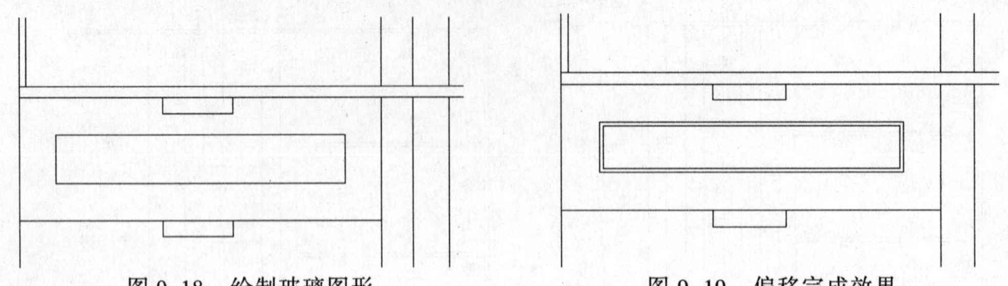

图 9-18　绘制玻璃图形　　　　图 9-19　偏移完成效果

（15）单击“修改”工具栏中“复制”按钮，选择玻璃将其调整到合适的位置并复制两个，完成后效果如图 9-20 所示。

（16）单击“绘图”工具栏中“插入块”按钮，在弹出的“插入”对话框中，单击“浏览”按钮，在弹出的“选择图形文件”对话框中，选择“花瓶.dwg”，如图 9-21 所示。

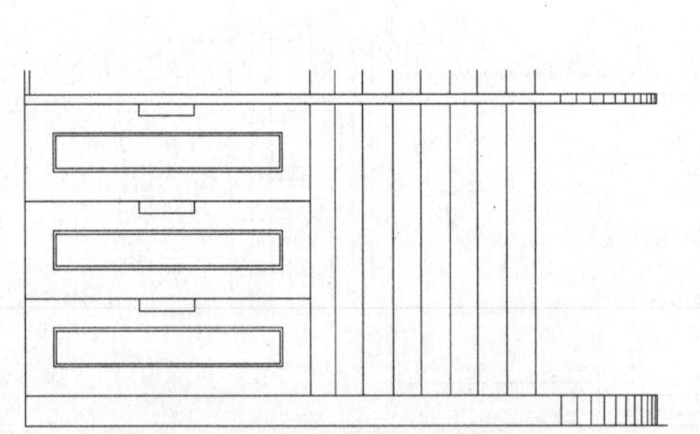

图 9-20　复制玻璃完成效果

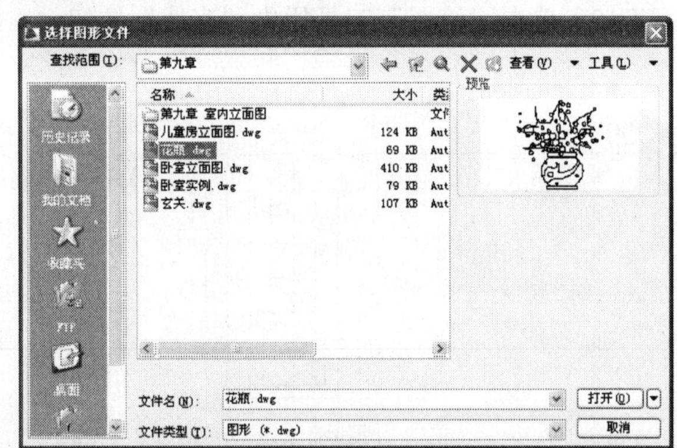

图 9-21　“选择图形文件”对话框

（17）单击“打开”按钮，将花瓶插入到柜子中并调整到合适的位置，如图 9-22 所示。

（18）用同样的方法插入植物图块并调整到合适的位置，完成后效果如图 9-23 所示。

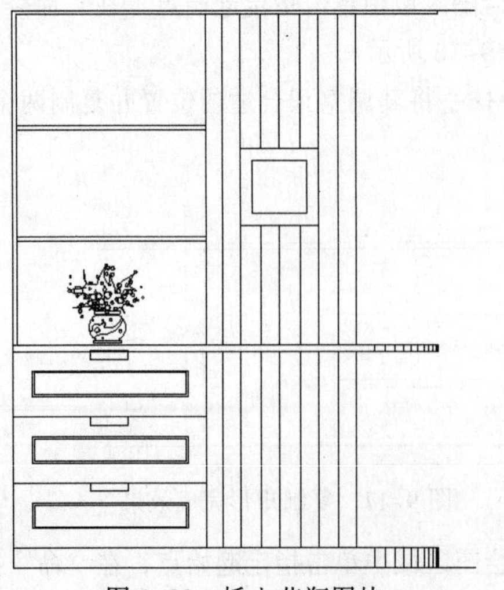

图 9-22　插入花瓶图块

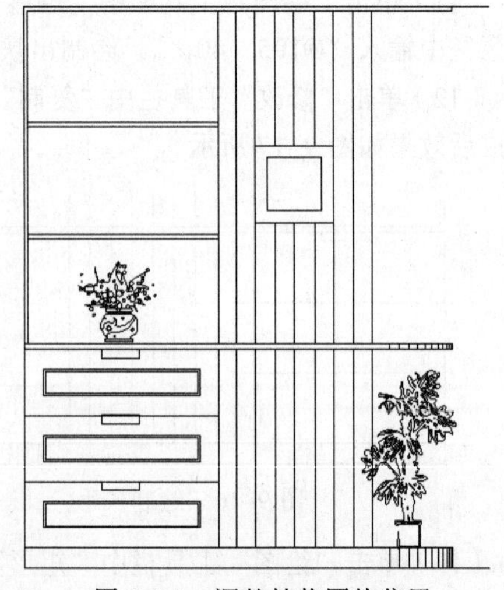

图 9-23　调整植物图块位置

9.2.4 标注玄关立面图尺寸

（1）选择“格式”→“标注样式”命令，在弹出“标注样式管理器”对话框中，设置其各项参数。

（2）选择“标注”→“线性”命令，在绘图区单击指定起始点，标注基本尺寸，如图 9-24 所示。

（3）选择“标注”→“连续”命令，在绘图区指定第二个尺寸界线的起始点，然后分别标注柜子的长度，如图 9-25 所示。

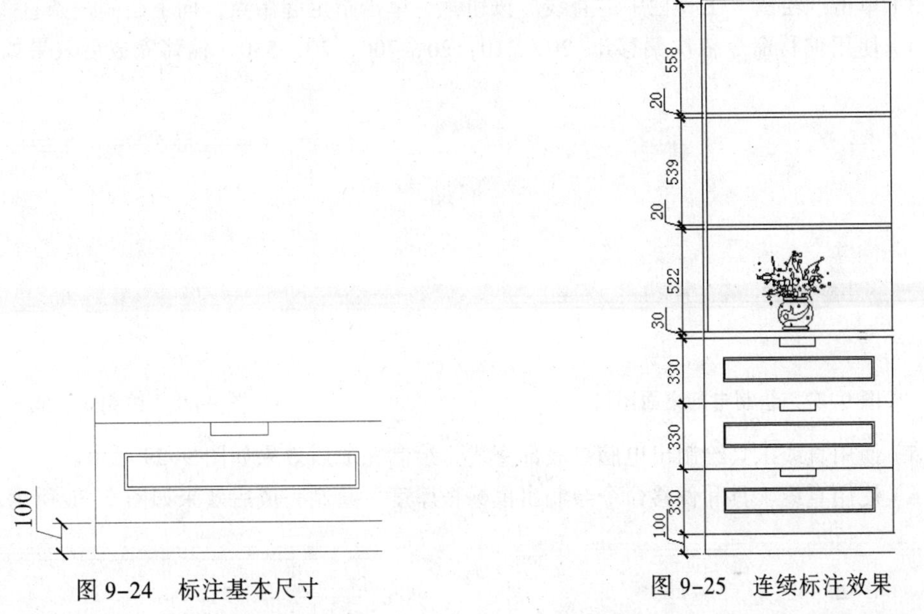

图 9-24　标注基本尺寸　　　　图 9-25　连续标注效果

（4）选择“标注”→“线性”命令，在绘图区单击指定起始点，标注玄关的长度和宽度的尺寸，完成后效果如图 9-26 所示。

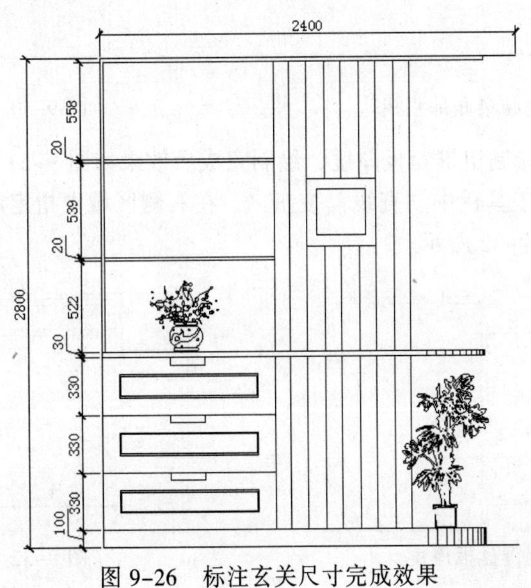

图 9-26　标注玄关尺寸完成效果

9.3 绘制书房立面图

9.3.1 绘制电脑桌组合

（1）选择“格式”→“单位”命令，在弹出的“图形单位”对话框中设置其长度、角度和缩放比例，单击“确定”完成。

（2）单击状态栏中的“正交”按钮，打开正交模式。单击“绘图”工具栏中“直线”按钮，在绘图区中绘制出电脑桌面图形，如图 9-27 所示。

（3）单击“绘图”工具栏中“直线”按钮，单击指定起始点，向下绘制一条直线。

（4）使用偏移命令依次偏移出 20，210，20，700，20，530，偏移完成后效果如图 9-28 所示。

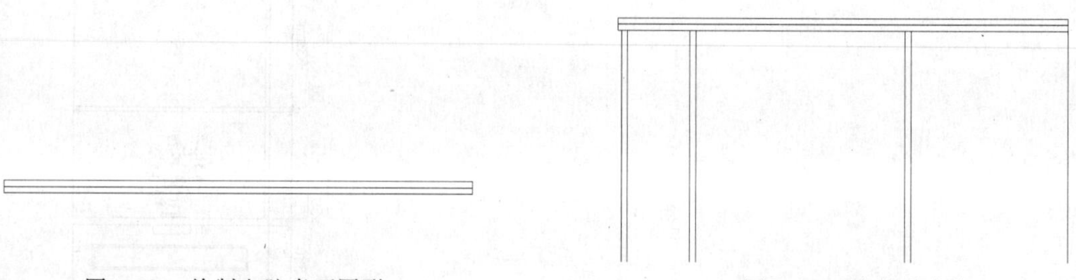

图 9-27 绘制电脑桌面图形

图 9-28 绘制垂直线

（5）使用直线工具绘制出电脑桌底部直线，绘制完成后效果如图 9-29 所示。

（6）使用直线工具和偏移命令绘制出鼠标板厚度，绘制完成后效果如图 9-30 所示。

图 9-29 绘制电脑桌底部直线

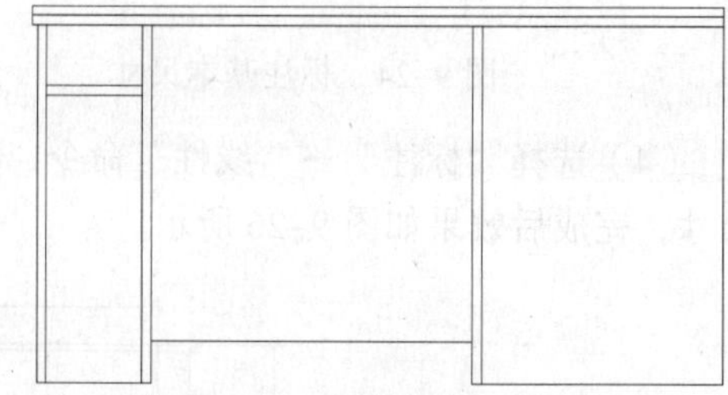

图 9-30 绘制直线并偏移

（7）用同样的方法绘制出键盘板厚度，绘制完成后效果如图 9-31 所示。

（8）单击“绘图”工具栏中“直线”按钮，在右侧区域中指定起始点，向右绘制两条直线作为抽屉间隔，如图 9-32 所示。

图 9-31 绘制键盘板厚度

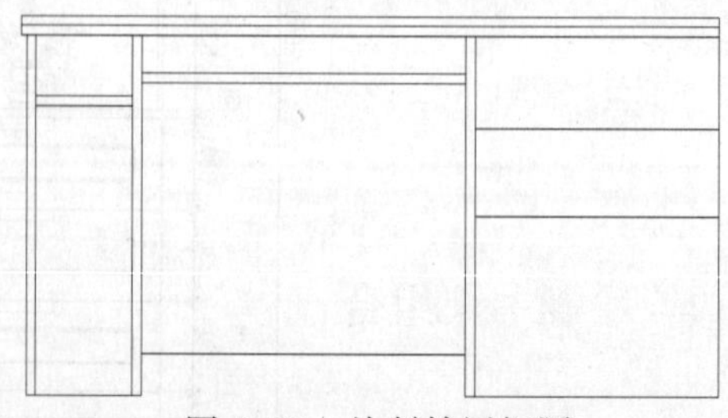

图 9-32 绘制抽屉间隔

（9）单击“绘图”工具栏中“矩形”按钮□，在右侧区域中绘制出 3 个矩形作为抽屉，绘制完成后如图 9-33 所示。

（10）使用矩形工具绘制出电脑机箱图形，如图 9-34 所示。

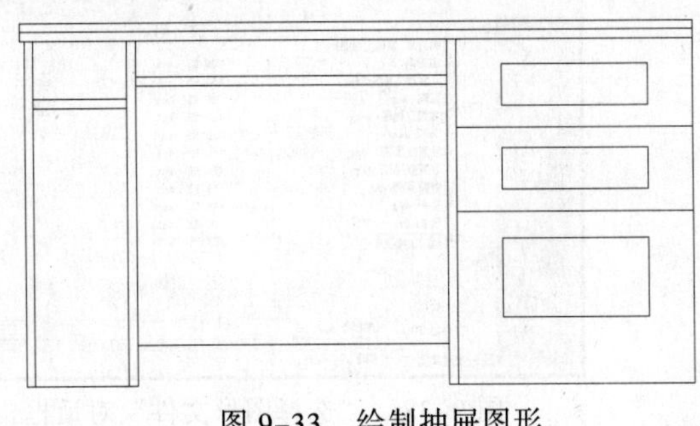

图 9-33 绘制抽屉图形

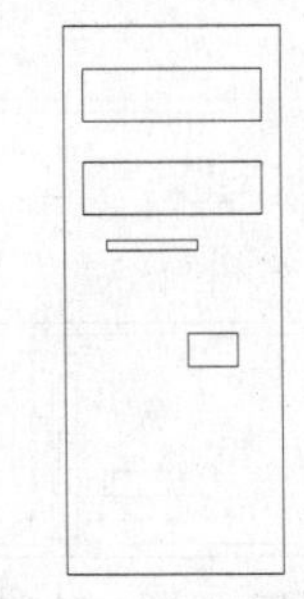

图 9-34 绘制电脑机箱

（11）使用矩形工具、直线工具和文字工具，绘制出键盘和电脑屏幕立面图，绘制完成后效果如图 9-35 所示。

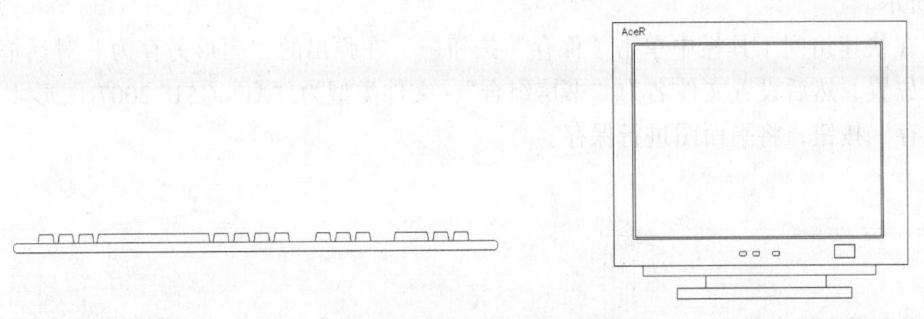

图 9-35 绘制键盘和电脑屏幕图形

（12）运用移动命令将绘制好的电脑机箱、键盘和电脑屏幕调整到电脑桌中，组合完成后效果如图 9-36 所示。

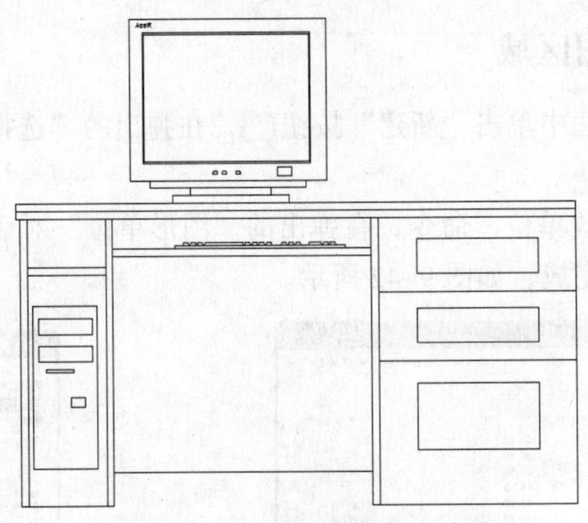

图 9-36 电脑桌组合完成效果

9.3.2 绘制书架组合

（1）单击状态栏中的“正交”按钮，打开正交模式。单击“绘图”工具栏中“矩形”按钮□，单击指定起始点，在绘图区中绘制出书架和书籍图形，如图 9-37 所示。

（2）单击“绘图”工具栏中“插入块”按钮，在弹出的“插入”对话框中，单击“浏览”按钮，在弹出的“选择图形文件”对话框中，选择“装饰物.dwg”，如图 9-38 所示。

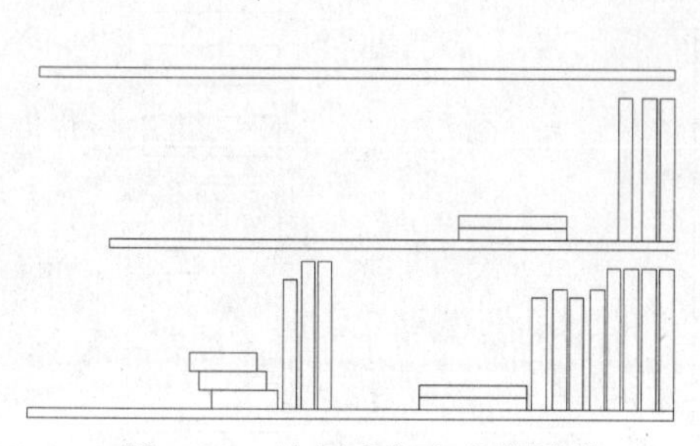

图 9-37　绘制书架和书籍图形

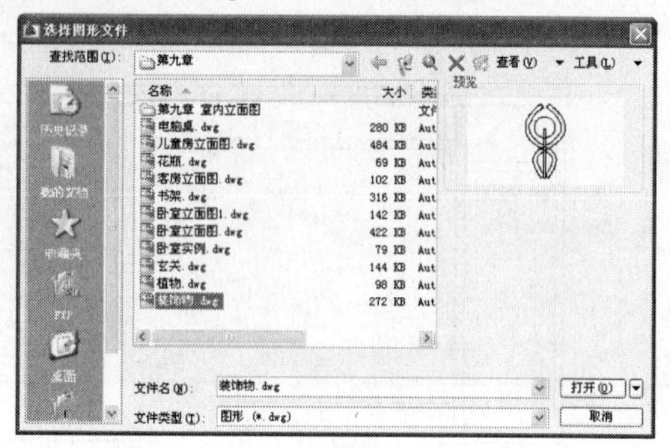

图 9-38　“选择图形文件”对话框

（3）单击“打开”按钮，将装饰物插入到书架中并调整到合适的位置，如图 9-39 所示。

（4）用同样的方法插入酒杯图块并使用复制命令将其复制到合适的位置，完成后效果如图 9-40 所示。

（5）在快速访问工具栏中单击“保存”按钮。在弹出的“图形另存为”对话框中选择好要保存的位置，然后设置文件名为“书房组合”，文件类型为“AutoCAD 2007 图形（*.dwg）”，单击“保存”按钮，将平面图进行保存。

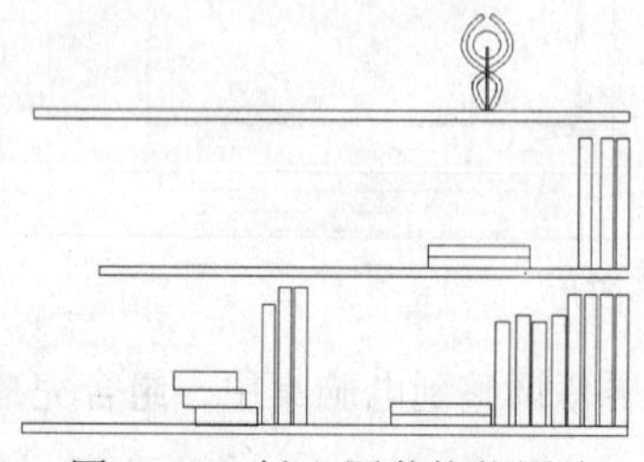

图 9-39　插入图装饰物图块

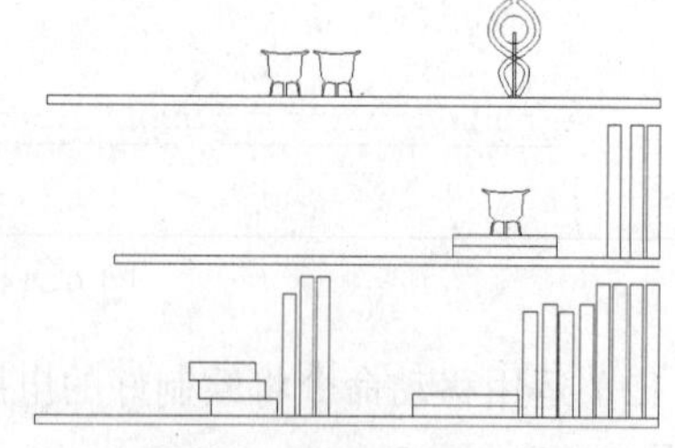

图 9-40　书架组合完成效果

9.3.3　建立书房立面图区域

（1）在快速访问工具栏中单击“新建”按钮，在弹出的“选择样板”对话框中选择模板样式，如图 9-41 所示。

（2）选择“格式”→“单位”命令，在弹出的“图形单位”对话框中设置其长度、角度和缩放比例，单击“确定”完成，如图 9-42 所示。

图 9-41　“选择样板”对话框

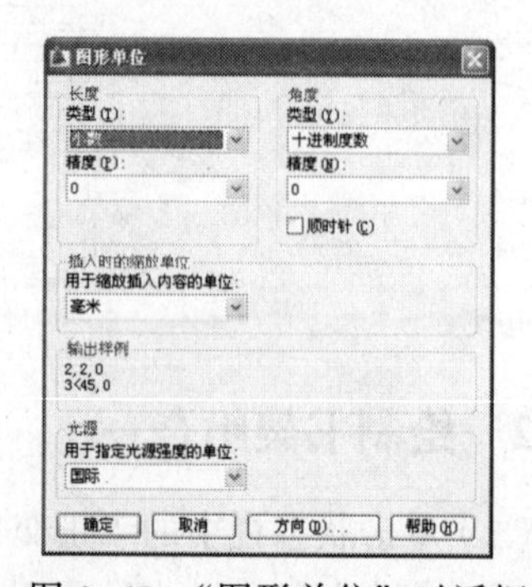

图 9-42　“图形单位”对话框

（3）选择“格式”→“图形界限”命令，在“命令提示区”中输入“0，0↙”。

（4）在“命令提示区”中输入“@4500，3500↙”。

（5）在“命令提示区”中输入“Z↙”，再次输入“A↙”。

9.3.4 完成书房立面图

（1）选择“格式”→“标注样式”命令，在弹出的“标注样式管理器”对话框中，设置其各项参数。

（2）单击“绘图”工具栏中“矩形”按钮□，在绘图区域中单击指定起始点，在“命令提示区”中输入“@3900，2800↙”，绘制书房墙面，如图 9-43 所示。

（3）选择绘制好的电脑桌图形和书架图形将其复制到书房中并调整到合适的位置，调整完成后效果如图 9-44 所示。

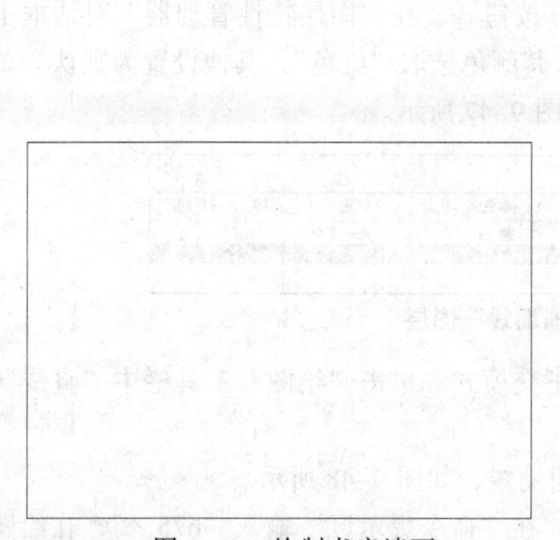

图 9-43 绘制书房墙面

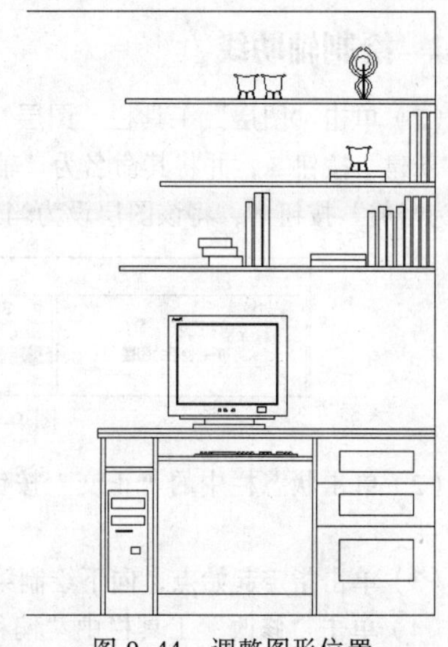

图 9-44 调整图形位置

（4）使用“插入块”命令，分别插入床和装饰画图块并调整到合适的位置，效果如图 9-45 所示。

（5）选择“标注”→“线性”命令，在绘图区单击指定起始点，标注书房的长度和宽度的尺寸，完成后效果如图 9-46 所示。

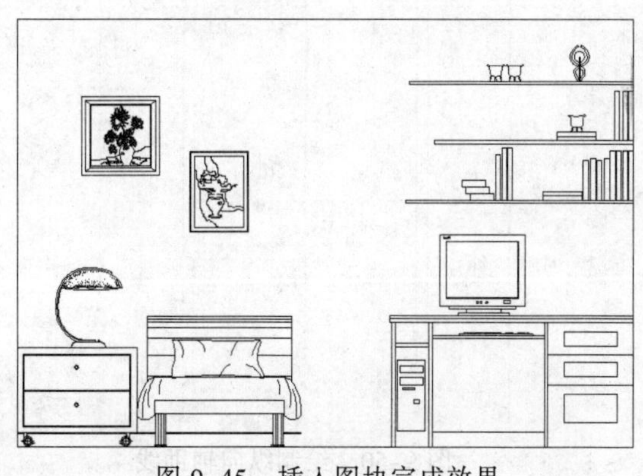

图 9-45 插入图块完成效果

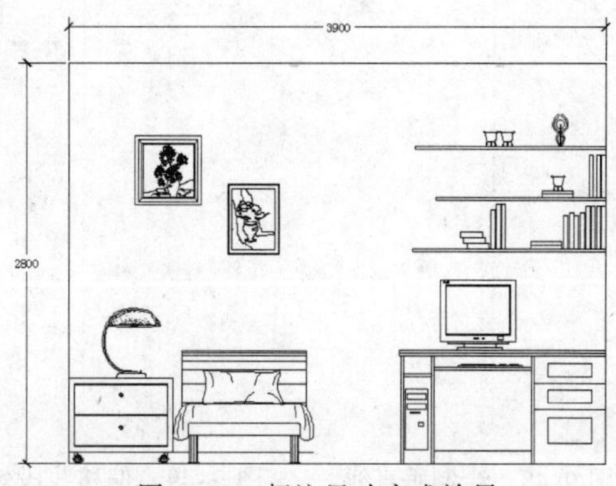

图 9-46 标注尺寸完成效果

9.4 绘制卧室立面图

9.4.1 建立玄关立面图区域

（1）在快速访问工具栏中单击“新建”按钮，在弹出的“选择样板”对话框中选择模板样式。

（2）选择“格式”→“单位”命令，在弹出的“图形单位”对话框中设置其长度、角度和缩放比例，单击“确定”完成。

（3）选择“格式”→“图形界限”命令，在“命令提示区”中输入“0，0↙”。

（4）在“命令提示行”中输入“@2500，3000↙”。

（5）在“命令提示行”中输入“Z↙”，再次输入“A↙”。

9.4.2 绘制辅助线

（1）单击“图层”工具栏“图层特性管理器”按钮，在“图层特性管理器”对话框中单击“新建”按钮，并将其命名为“辅助线”层，其颜色选取“红色”，其他设置为默认。单击“置为当前”按钮，将该图层设为当前图层，如图 9-47 所示。

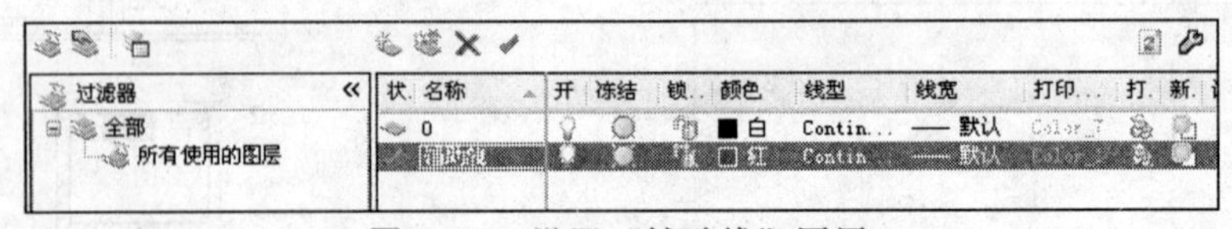

图 9-47 设置“辅助线”图层

（2）单击状态栏中的“正交”按钮，打开正交模式。单击“绘图”工具栏中“直线”按钮。

（3）单击指定起始点，向下绘制第一条垂直辅助线，如图 9-48 所示。

（4）单击“修改”工具栏中“偏移”按钮，在“命令提示区”输入“675↙”，在绘图区选择直线并单击，完成偏移后效果如图 9-49 所示。

（5）使用偏移命令依次偏移出 88，900，900，88，675，完成纵向辅助线，如图 9-50 所示。

图 9-48 绘制垂直线　　图 9-49 偏移线段效果　　图 9-50 绘制纵向辅助线

（6）单击“绘图”工具栏中“直线”按钮，单击指定起始点，向右绘制一条水平线。

（7）单击“修改”工具栏中“偏移”按钮，在“命令提示区”输入“2700↙”，在绘图区选择水平线，依次单击，完成偏移后效果如图 9-51 所示。

图 9-51　绘制横向辅助线

9.4.3　绘制卧室立面图

（1）单击“图层”工具栏“图层特性管理器”按钮，在“图层特性管理器”对话框中单击“新建”按钮，并将其命名为“卧室立面图”层，其颜色选取“黑色”，其他设置为默认。单击“置为当前”按钮，将该图层设为当前图层，如图 9-52 所示。

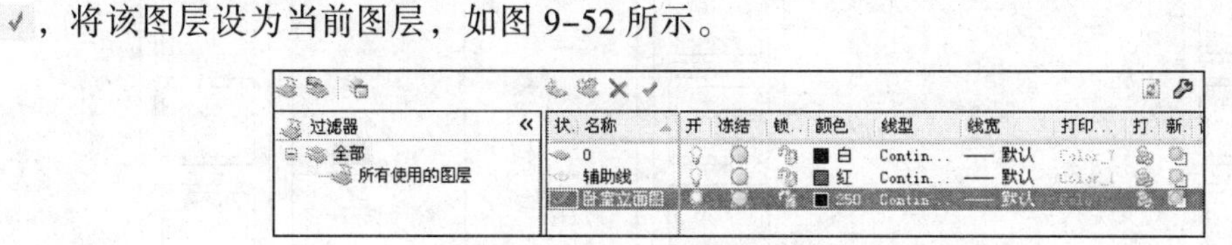

图 9-52　设置“卧室立面图”图层

（2）单击“绘图”工具栏中“直线”按钮，借助辅助线绘制出卧室背景墙图，并将辅助线隐藏，如图 9-53 所示。

（3）单击“修改”工具栏中“圆角”按钮，在“命令提示区”中输入“R↙，20↙”，分别单击背景墙中线段，将其进行圆角效果，圆角完成后效果如图 9-54 所示。

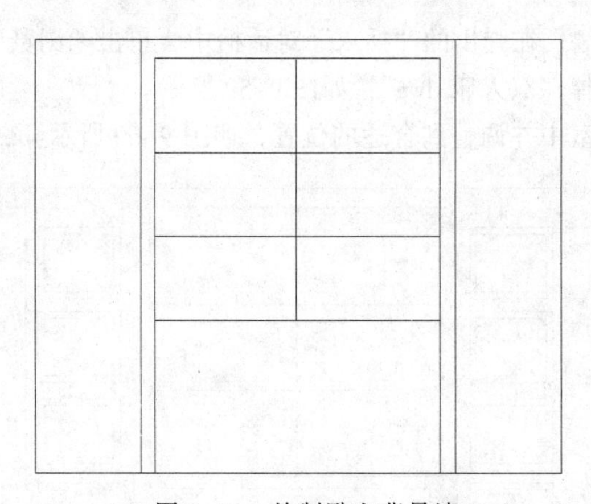

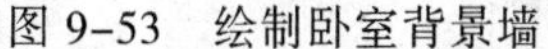

图 9-53　绘制卧室背景墙

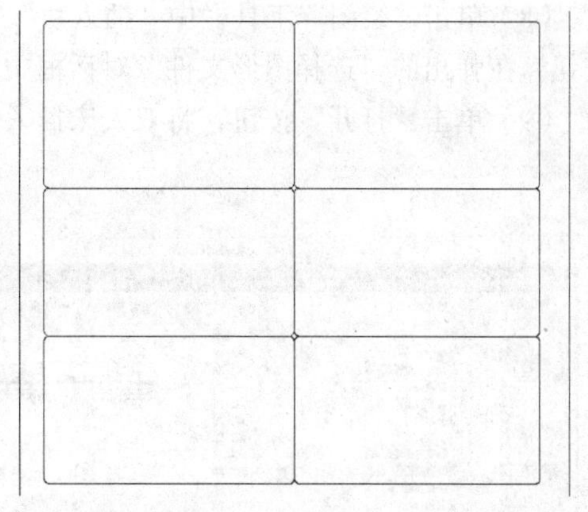

图 9-54　圆角完成后效果

（4）单击“绘图”工具栏中“矩形”按钮，在绘图区域中单击指定起始点，在“命令提示区”中输入“@500，430↙”，如图 9-55 所示。

（5）单击“修改”工具栏中“偏移”按钮，在“命令提示区”输入“40↙”，在绘图区选择矩形，单击，完成偏移后效果如图 9-56 所示。

（6）单击“修改”工具栏中“复制”按钮，选择矩形及偏移后图形，向下调整到合适的位置并复制 3 个，复制完成后效果如图 9-57 所示。

（7）选择左侧复制好的图形，单击“修改”工具栏中“复制”按钮，向右移动到合适的位置单击确定，完成后复制效果如图 9-58 所示。

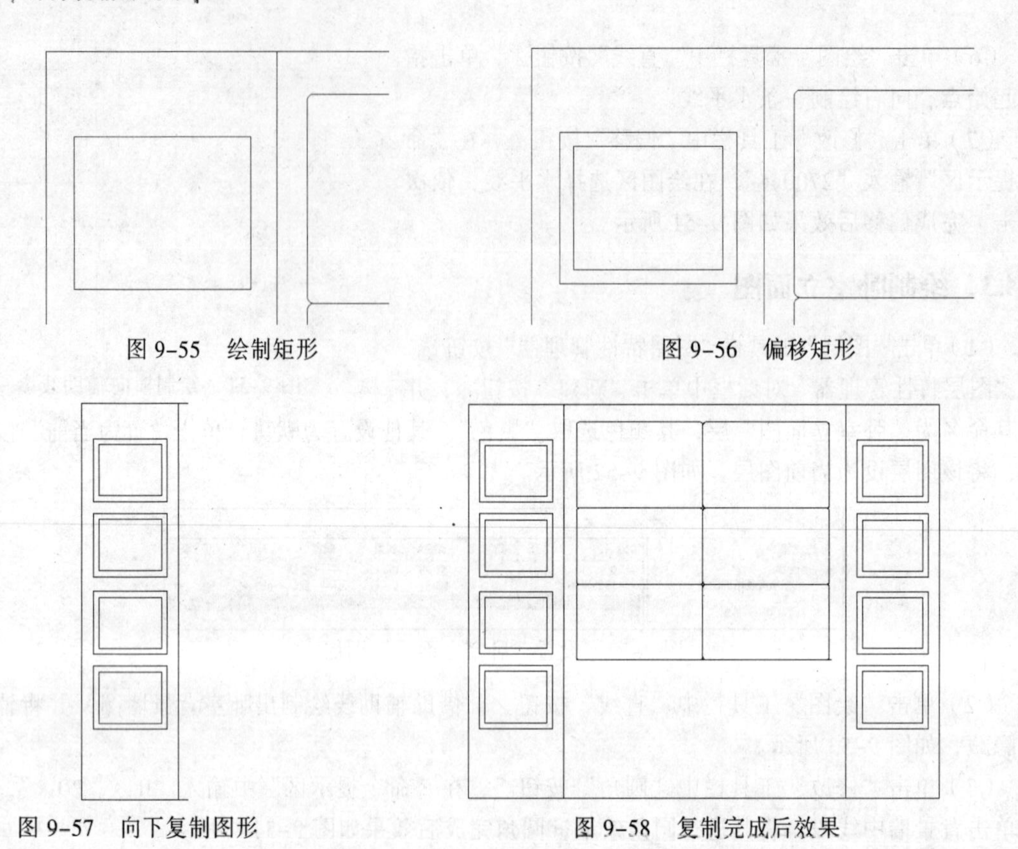

图 9-55　绘制矩形　　　图 9-56　偏移矩形

图 9-57　向下复制图形　　　图 9-58　复制完成后效果

（8）单击“绘图”工具栏中“插入块”按钮，在弹出的“插入”对话框中，单击“浏览”按钮，在弹出的“选择图形文件”对话框中，选择“双人床.dwg”，如图 9-59 所示。

（9）单击“打开”按钮，将双人床插入到卧室中并调整到合适的位置，如图 9-60 所示。

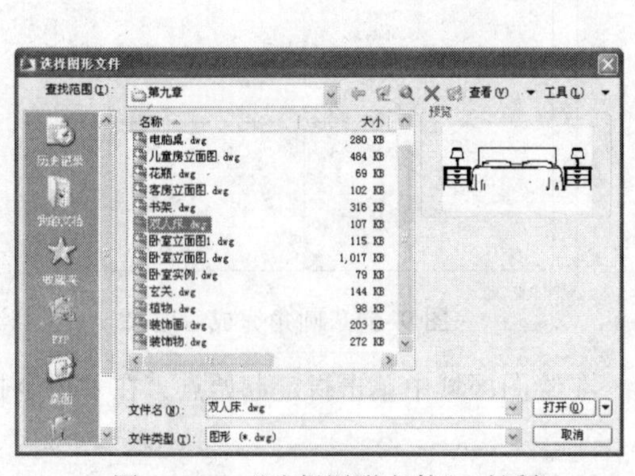

图 9-59　“选择图形文件”对话框

图 9-60　调整双人床位置

9.4.4　标注卧室立面图尺寸

（1）单击“图层”工具栏“图层特性管理器”按钮，在“图层特性管理器”对话框中单击“新建”按钮，并将其命名为“尺寸”层，其颜色选取“黑色”，其他设置为默认。单击“置为当前”按钮，将该图层设为当前图层，如图 9-61 所示。

状.	名称	开	冻结	锁.	颜色	线型	线宽	打印...	打.	新.
	0				白	Contin...	—— 默认	Color_7		
	尺寸				250	Contin...	—— 默认	Colo.		
	辅助线				红	Contin...	—— 默认	Color_1		
	卧室立面图				250	Contin...	—— 默认	Colo.		

过滤器 / 全部 / 所有使用的图层

图 9-61 设置“尺寸”图层

（2）选择“格式”→“标注样式”命令，在弹出“标注样式管理器”对话框中，设置其各项参数。

（3）选择“标注”→“线性”命令，在绘图区单击指定起始点，标注基本尺寸，如图 9-62 所示。

（4）选择“标注”→“连续”命令，在绘图区指定第二个尺寸界线的起始点，然后分别标注背景墙的长度，如图 9-63 所示。

（5）选择“标注”→“线性”命令，在绘图区单击指定起始点，标注卧室房高尺寸，完成后效果如图 9-64 所示。

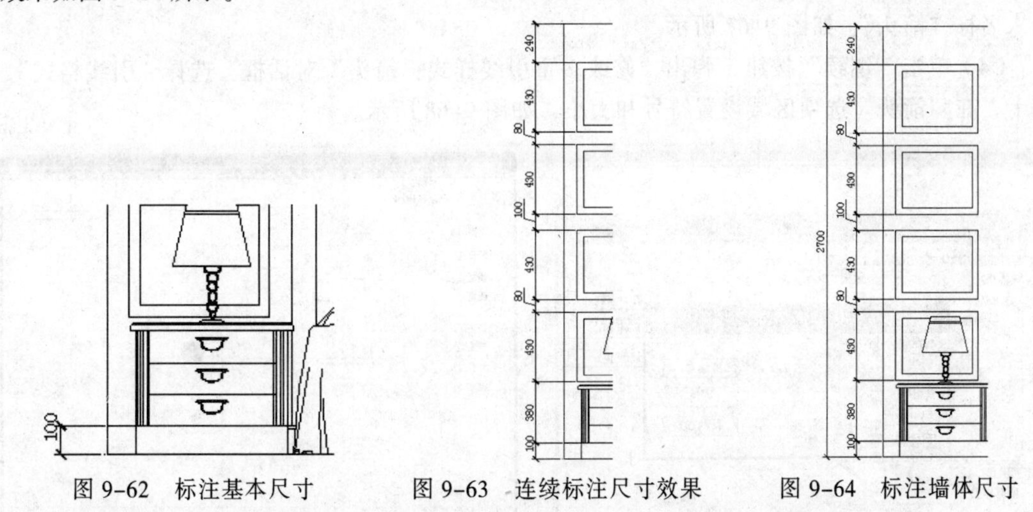

图 9-62 标注基本尺寸　　图 9-63 连续标注尺寸效果　　图 9-64 标注墙体尺寸

（6）用同样的方法标注出背景墙宽度及卧室长度，标注完成后效果如图 9-65 所示。

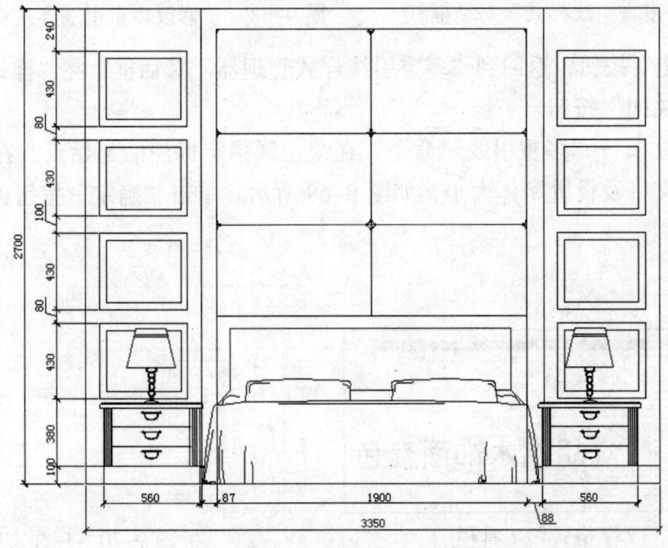

图 9-65 标注尺寸完成效果

9.4.5 标注卧室材质

（1）单击“图层”工具栏“图层特性管理器”按钮，在“图层特性管理器”对话框中单击“新建”按钮，并将其命名为“材质”层，其颜色选取“黑色”，其他设置为默认。单击“置为当前”按钮，将该图层设为当前图层，如图 9-66 所示。

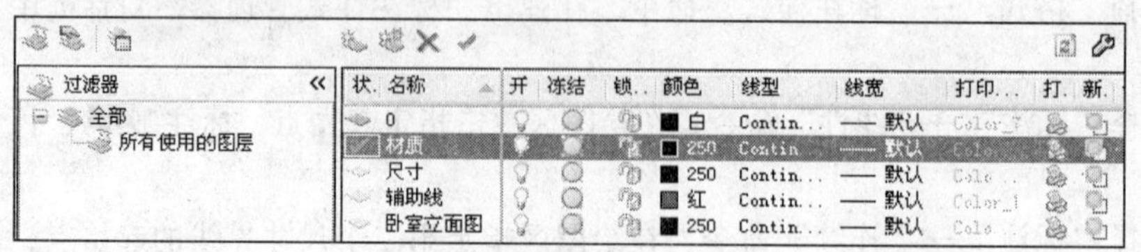

图 9-66 设置“材质”图层

（2）选择“格式”→“多重引线样式”命令，弹出“多重引线样式管理器”对话框。

（3）单击“新建”按钮，弹出“创建新多重引线样式”对话框，在“新样式名”文本框中输入名称“箭头”，如图 9-67 所示。

（4）单击“继续”按钮，弹出“修改多重引线样式：箭头”对话框，选择“引线格式”选项卡，在“箭头”选项区域设置符号和大小，如图 9-68 所示。

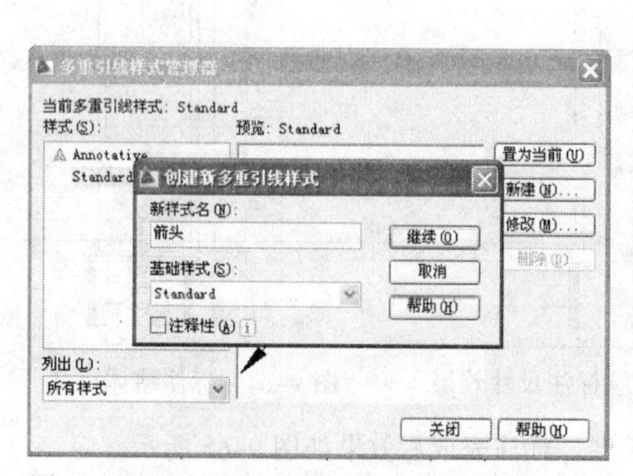

图 9-67 “创建新多重引线样式”对话框

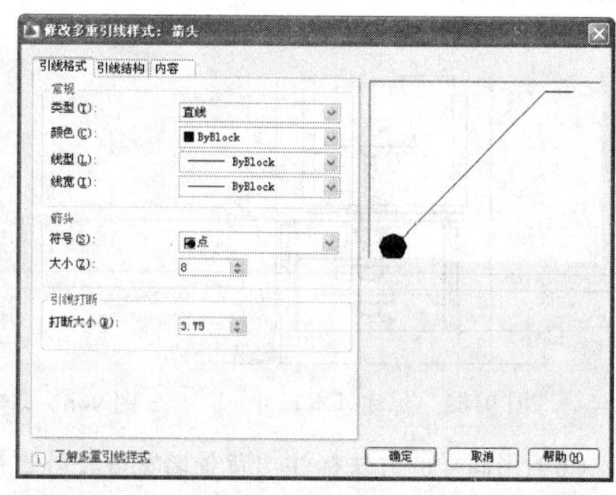

图 9-68 “修改多重引线样式：箭头”对话框

（5）单击“确定”按钮，返回到“多重引线样式管理器”对话框，在“样式”区域出现“箭头”样式，单击“关闭”按钮。

（6）选择“标注”→“多重引线”命令，在绘图区指定标注的起始点，在弹出的“文字格式”对话框中输入文字及设置字体大小，如图 9-69 所示。单击“确定”按钮，完成文字标注效果，如图 9-70 所示。

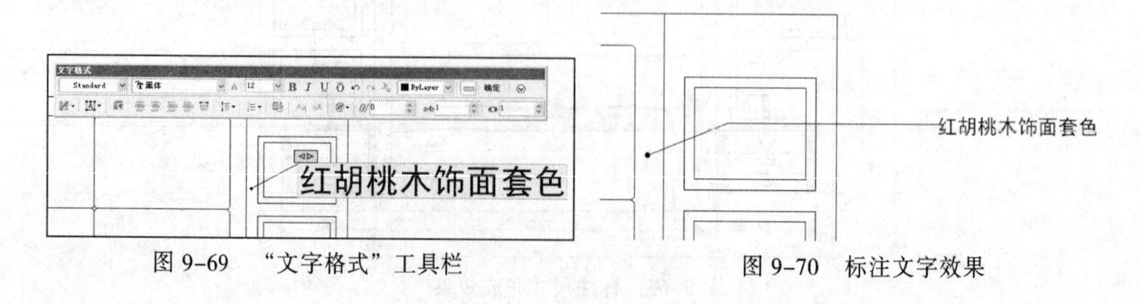

图 9-69 “文字格式”工具栏　　图 9-70 标注文字效果

（7）用同样的方法标注其他材质，标注完成后效果如图 9-71 所示。

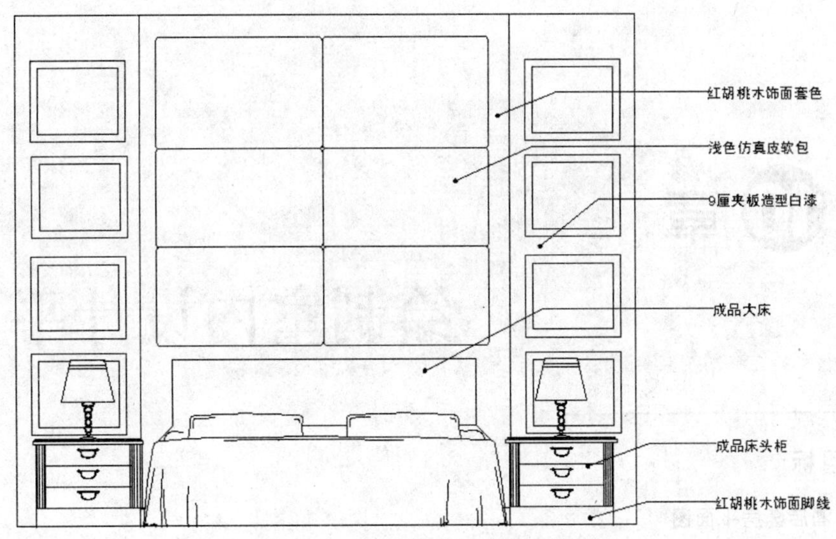

图 9-71　标注卧室材质完成效果

1. 使用直线工具、矩形工具和样条曲线工具，绘制儿童房立面图并标注尺寸及材质，绘制完成后效果如图 9-72 所示。
2. 使用直线工具、样条曲线工具同时配合复制命令和镜像命令，绘制会客厅立面图并标注尺寸及材质，绘制完成后效果如图 9-73 所示。

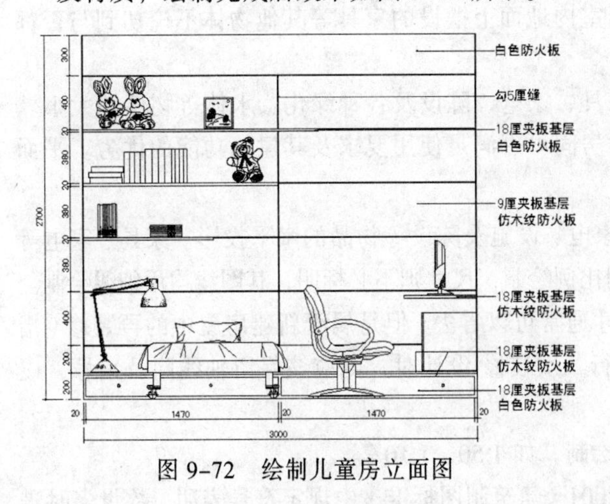

图 9-72　绘制儿童房立面图

图 9-73　绘制会客厅立面图

第10章 绘制室内设计平面图

学习目标

- 绘制酒店套房平面图
- 绘制家居平面图

10.1 室内设计平面图简述

10.1.1 平面布置图

室内设计中平面布置图（也称平面图）可以认为是一种高于窗台上表面处的水平剖视，但是它只移去切平面以上的房屋形体，而对于室内地面上摆设的家具等其他物体不论切到与否都要完整画出。

平面布置图主要用来说明房间内各种家具、家电、陈设及各种绿化、水体等物体的大小、形状和相互关系，同时它还能体现出装修后房间可否满足使用要求及其建筑功能的优劣。平面布置图的绘制原则如下：

- 平面布置图必须给出涉及的家具、家电、设施及陈设等物品的水平投影。家具、家电等物品应根据实际尺寸按与平面图相同比例绘制，尺寸则不必标明，其图线均用细线绘制。
- 平面布置图中轴线网编号及轴线尺寸通常可以省去，但是属于新建房屋中的再装修（指直接在原有建筑平面图的基础上进行二次装修)设计时，则应该保留轴线网及编号，以便与建筑施工图对照。
- 平面布置图中一般宜采用较大比例绘制，如 1:50、1:10 等。
- 平面图中门、窗应以 GB/T 50104—2001《建筑制图标准》中规定符号表明，数量多时进行编号，有特殊要求时须注明或另画大样图。

10.1.2 吊顶平面图

吊顶设计是装饰工程设计的主要内容，设计时要绘制吊顶平面图（或称天花平面图），可以简称顶面图。

顶面图一般是用镜面视图或仰视图的图示法绘制。主要用来表现顶棚中藻井、花饰、浮雕及阴角线的处理形式；表明顶棚上各种灯具的布置状况及类型，顶棚上消防装置和通风装置布置状况与装饰形式。以下是顶面图的绘制原则：

- 顶面图中应表明顶棚表面局部起伏变化状况，即吊顶叠层表面变化的深度和范围。变化深度可用标高表明，构造复杂的则要用剖面图表示；投影轮廓可用中线绘制并标明相应尺寸。
- 顶面图中应表明顶棚上各种灯具的设置状况，如吸顶灯、吊灯、筒灯、射灯等各种灯具的位置与类型，并标明灯具的排放间距及灯具安装方式。
- 顶棚上如有浮雕、花饰及藻井时，当顶面图的比例较大，能直接表达时，便应在顶面图中绘出，否则可用文字注明并另用大样图表明。
- 顶面图中还应表明顶棚表面所使用的装饰材料的名称及色彩。
- 吊顶做法如需用剖面图表达时，顶面图中还应指明剖面图的剖切位置与投影，对局部做法有要求时，可用局部剖切表示。

10.2 绘制酒店套房平面图

10.2.1 建立酒店套房平面图区域

（1）在快速访问工具栏中单击“新建”按钮，在弹出的“选择样板”对话框中选择模板样式。

（2）选择“格式”→“单位”命令，在弹出的“图形单位”对话框中设置其长度、角度和缩放比例，单击“确定”按钮，如图 10-1 所示。

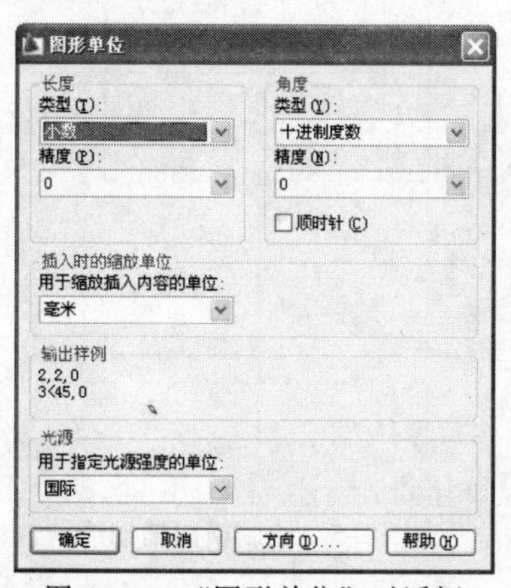

图 10-1 “图形单位”对话框

（3）选择“格式”→“图形界限”命令，在命令行中输入“0,0↙”。

（4）在命令行中输入“@8000，7000↙”。

（5）在命令行中输入“Z↙”，再次输入“A↙”。

10.2.2 绘制辅助线

（1）单击“图层”工具栏中的“图层特性管理器”按钮，在“图层特性管理器”对话框中单击“新建”按钮，并将其命名为“辅助线”层，颜色选取“红色”，其他设置为默认。单击“置为当前”按钮，将该图层设为当前图层。

（2）单击状态栏中的“正交”按钮，打开正交模式。单击“绘图”工具栏中的“直线”按钮。

（3）单击指定起始点，向下绘制第一条辅助线，如图 10-2 所示。

（4）单击“修改”工具栏中的“偏移”按钮，在命令行中输入“3780↙”，在绘图区选择辅助线，单击完成偏移后效果如图 10-3 所示。

（5）使用偏移命令偏移 3900 完成纵向辅助线，如图 10-4 所示。

图 10-2 绘制一条辅助线　　图 10-3 偏移线段效果　　图 10-4 绘制纵向辅助线

（6）单击“绘图”工具栏中的“直线”按钮，单击指定起始点，向右绘制一条直线。

（7）使用偏移命令依次偏移出 2170，190，4420，完成横向辅助线，如图 10-5 所示。

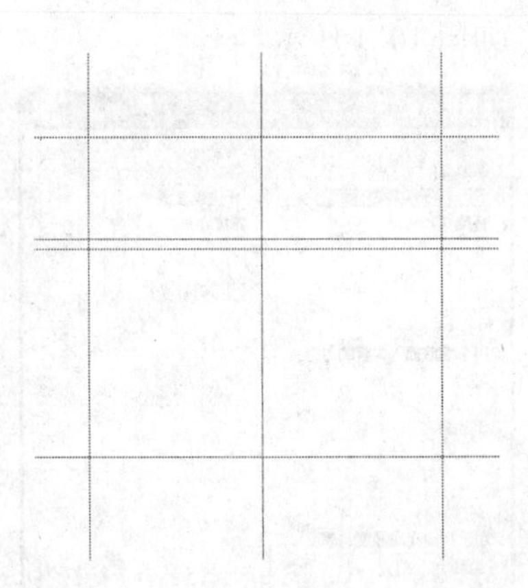

图 10-5 绘制横向辅助线

10.2.3 绘制酒店套房平面图

（1）单击“图层”工具栏中的“图层特性管理器”按钮，在“图层特性管理器”对话框中单击“新建”按钮，并将其命名为“平面图”层，颜色选取“黑色”，其他设置为默认。单击“置为当前”按钮，将该图层设为当前图层，如图 10-6 所示。

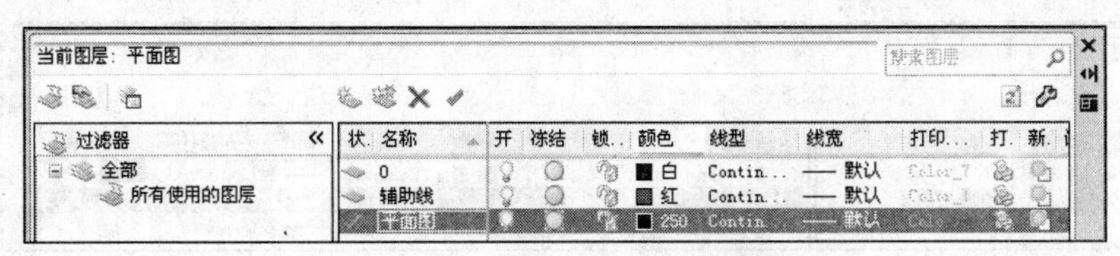

图 10-6 设置“平面图”图层

（2）选择“绘图”→“多线”命令，在命令行中分别输入“J↙”，“Z↙”，“S↙”，“240↙”。

（3）在绘图区中单击指定起始点，单击状态栏中的“正交”按钮，依据辅助线绘制出房型图外墙轮廓，如图 10-7 所示。

（4）选择“绘图”→“多线”命令，在命令行中分别输入“S↙”，“120↙”，绘制房型图内墙轮廓，如图 10-8 所示。

图 10-7 绘制外墙轮廓

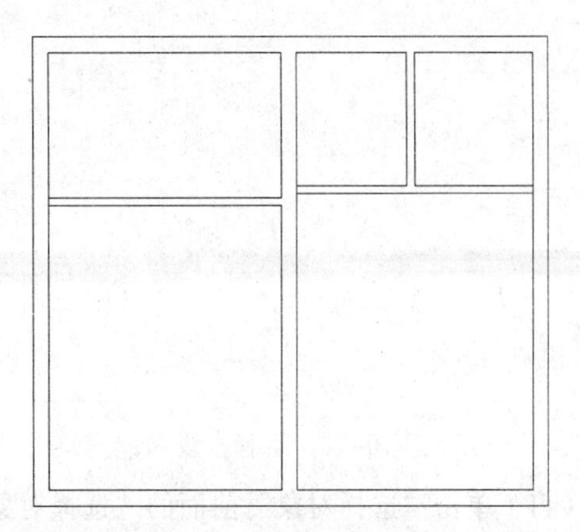
图 10-8 绘制内墙轮廓

（5）单击“绘图”工具栏中的“矩形”按钮，在房型图中指定门窗位置并绘制相应的矩形，效果如图 10-9 所示。

（6）选择矩形和多线，单击“修改”工具栏中的“修剪”按钮，在绘图区单击相交的线段，修剪门窗完成后效果如图 10-10 所示。

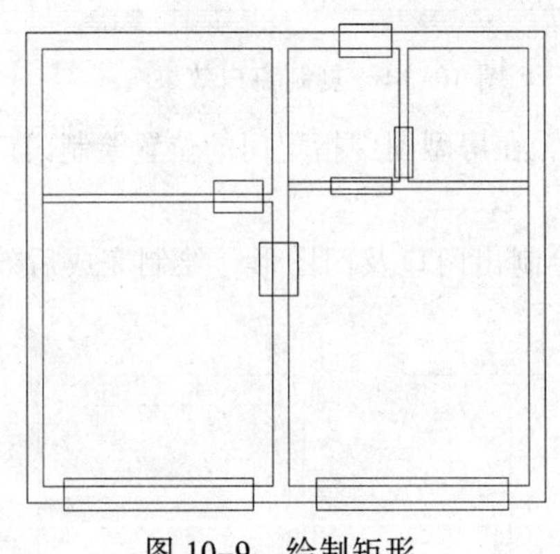
图 10-9 绘制矩形

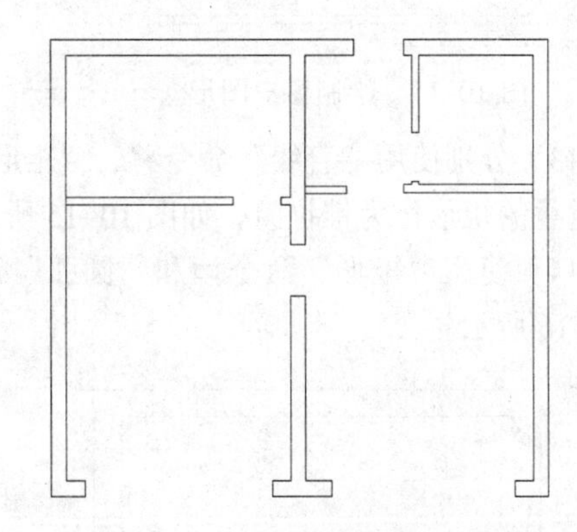
图 10-10 修剪门窗完成后效果

（7）单击“图层”工具栏的“图层特性管理器”按钮，在“图层特性管理器”对话框中单击“新建”按钮，并将其命名为“门窗”层，其他设置为默认。单击“置为当前”按钮，将该图层设为当前图层，如图 10-11 所示。

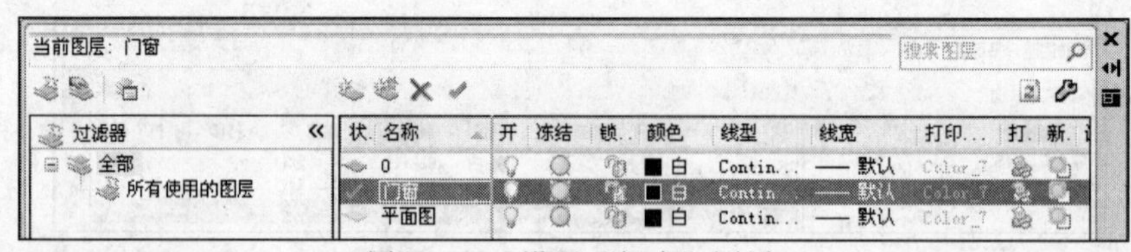

图 10-11　设置“门窗”图层

（8）单击状态栏中的“正交”按钮、“对象捕捉”按钮和“对象捕捉跟踪”按钮。

（9）单击“绘图”工具栏中的“直线”按钮，在窗户位置处指定起始点并绘制出一条直线，如图 10-12 所示。

（10）单击“修改”工具栏中的“阵列”按钮，在弹出的“阵列”对话框中选择“矩形阵列”单选按钮，设置行数为 4，列数为 5，列偏移为 60，如图 10-13 所示。

图 10-12　绘制直线

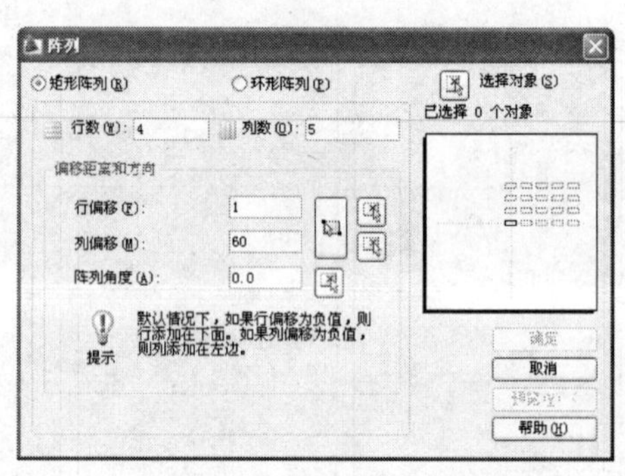

图 10-13　“阵列”对话框

（11）单击“选择对象”前面的“选择对象”按钮，在绘图区选择直线，右击返回到“阵列”对话框，单击“确定”按钮，完成后效果如图 10-14 所示。

（12）单击“修改”工具栏中的“复制”按钮，选择阵列后的图形，将其调整到合适的位置并单击，复制完成后效果如图 10-14 所示。

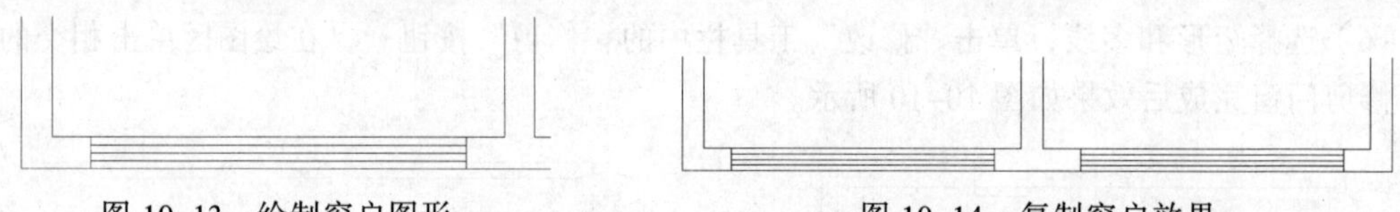

图 10-13　绘制窗户图形　　　　图 10-14　复制窗户效果

（13）分别使用“直线”命令、“矩形”命令，在房型图中指定门的位置绘制门口和两个相重叠的矩形作为推拉门，如图 10-15 所示。

（14）使用“矩形”命令和“圆弧”命令，绘制出门口及门图形，绘制完成后效果如图 10-16 所示。

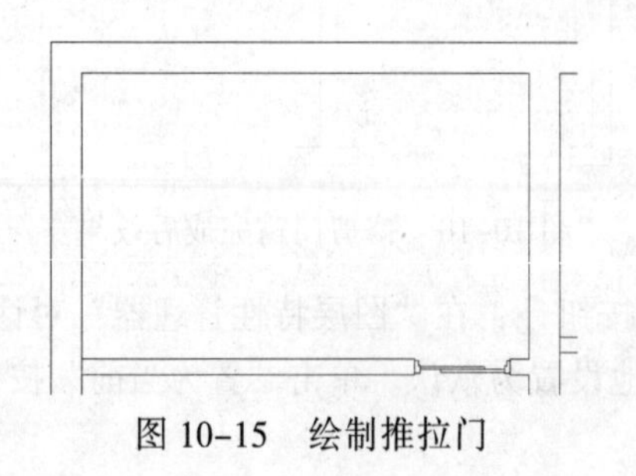

图 10-15　绘制推拉门

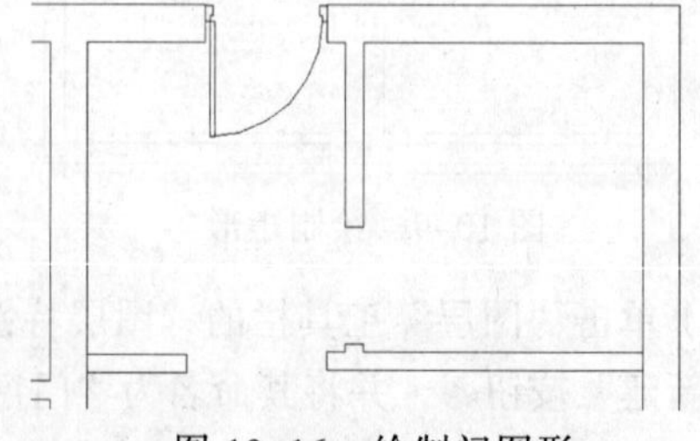

图 10-16　绘制门图形

（15）选择门口及门图形，使用“复制”和“旋转”命令，完成平面图中门布置图。平面图完成效果如图 10–17 所示。

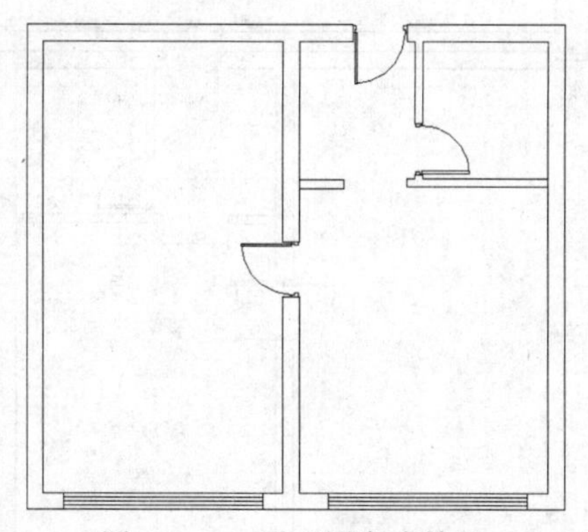

图 10–17　平面图完成效果

10.2.4　标注酒店套房尺寸

（1）单击“图层”工具栏中的“图层特性管理器”按钮，在“图层特性管理器”对话框中单击“新建”按钮，并将其命名为“标注尺寸”层，其他设置为默认。单击“置为当前”按钮，将该图层设为当前图层，如图 10–18 所示。

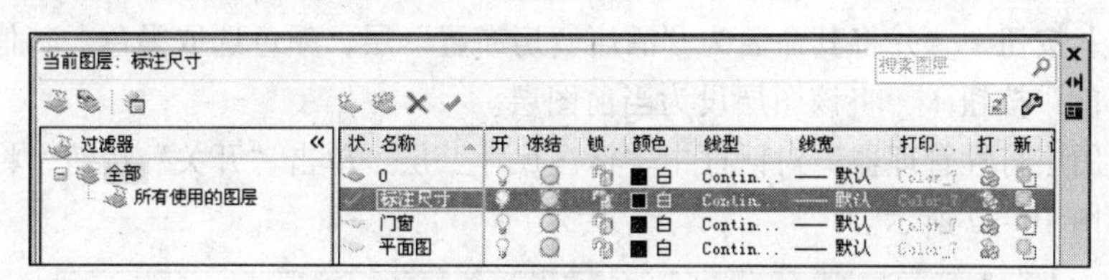

图 10–18　设置“标注尺寸”图层

（2）选择“格式”→“标注样式”命令，在弹出“标注样式管理器”对话框中设置其各项参数。

（3）选择“标注”→“线性”命令，在绘图区单击指定起始点，标注基本尺寸，如图 10–19 所示。

（4）选择“标注”→“连续”命令，在绘图区指定第二个尺寸界线的起始点，然后分别标注平面图尺寸，如图 10–20 所示。

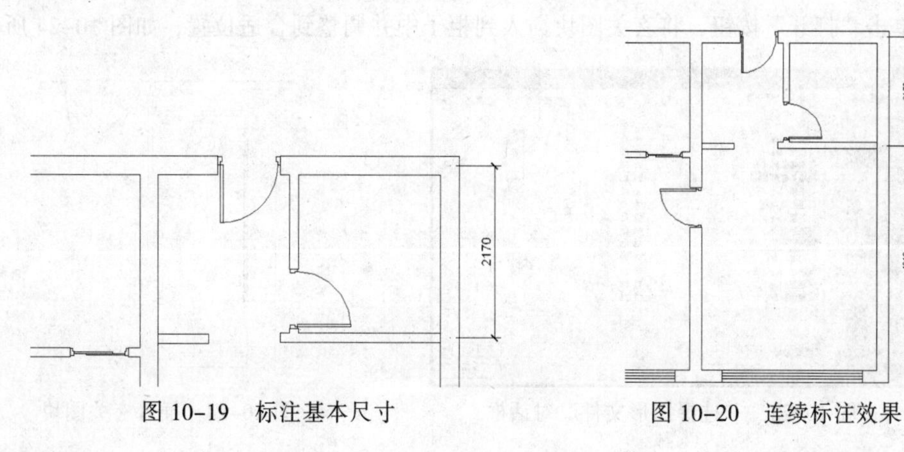

图 10–19　标注基本尺寸　　　图 10–20　连续标注效果

（5）用同样的方法标注出酒店套房所有尺寸，标注完成后效果如图 10-21 所示。

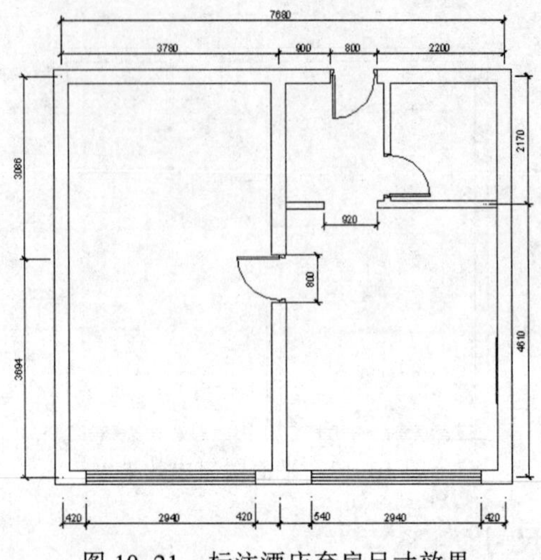

图 10-21 标注酒店套房尺寸效果

10.2.5 布置酒店套房空间

（1）单击“图层”工具栏中的“图层特性管理器”按钮，在“图层特性管理器”对话框中单击“新建”按钮，并将其命名为“酒店套房布置”层，颜色选取黑色，其他设置为默认。单击“置为当前”按钮，将该图层设为当前图层。

（2）在“图层特性管理器”对话框中“标注尺寸”层，单击“开关”按钮，将“标注尺寸”图层隐藏，如图 10-22 所示。

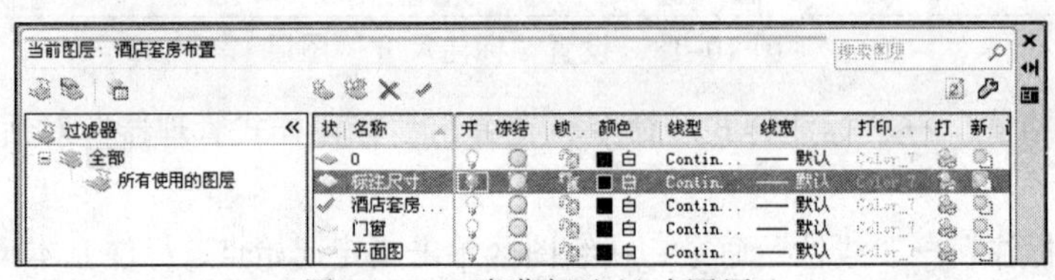

图 10-22 隐藏标注尺寸图层

（3）单击“绘图”工具栏中的“插入块”按钮，在弹出的“插入”对话框中单击“浏览”按钮，在弹出的“选择图形文件”对话框中，选择“玄关图块.dwg”，如图 10-23 所示。

（4）单击“打开”按钮，将玄关图块插入到柜子中并调整到合适位置，如图 10-24 所示。

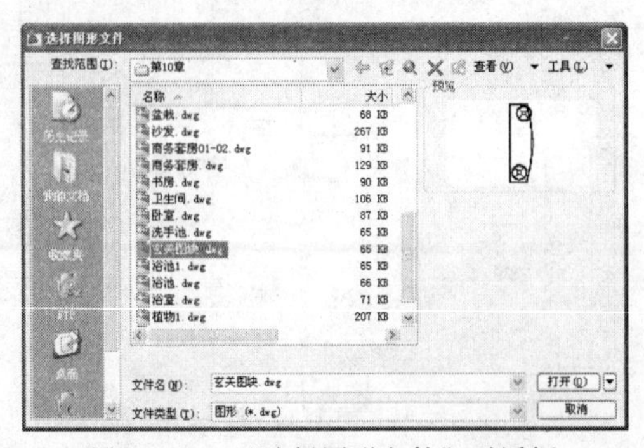

图 10-23 “选择图形文件”对话框

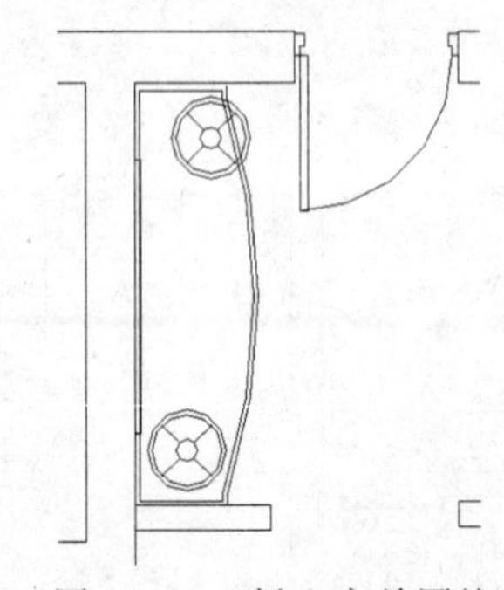

图 10-24 插入玄关图块

（5）用同样的方法插入“马桶”、“浴池”和“洗手池”图块，调整到合适位置，完成卫生间布局，效果如图 10-25 所示。

（6）通过以上方法，分别布置整个酒店套房平面图，在插入图块时可以利用“正交”按钮、“对象捕捉”按钮和“对象捕捉跟踪”按钮，完成后效果如图 10-26 所示。

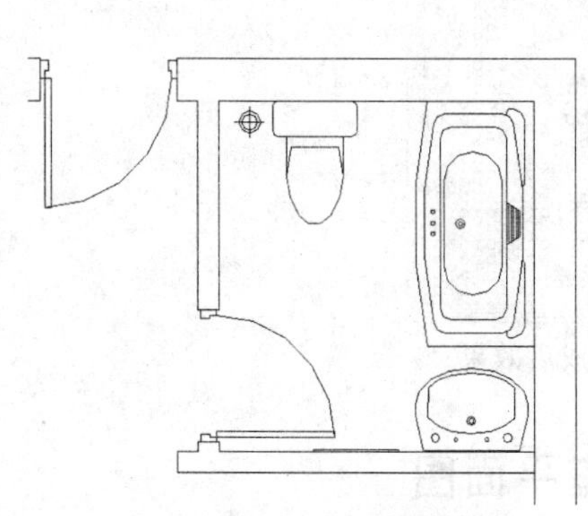

图 10-25　卫生间布置效果

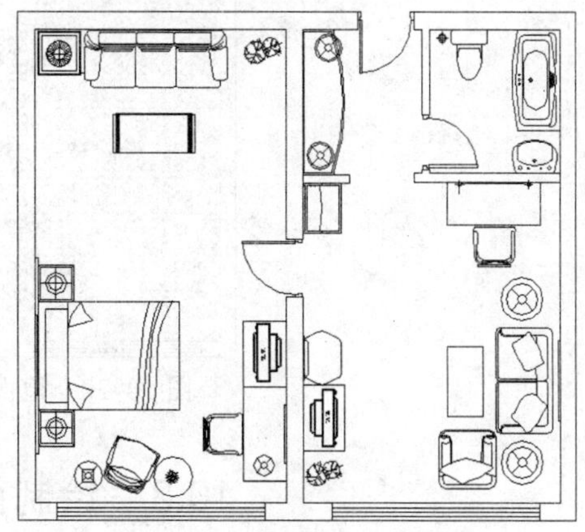

图 10-26　酒店套房布置效果

10.2.6　设置酒店套房地面材质

（1）单击“图层”工具栏中的“图层特性管理器”按钮，在“图层特性管理器”对话框中单击“新建”按钮，并将其命名为“地面材质”层，颜色选取黑色，其他设置为默认。单击“置为当前”按钮，将该图层设为当前图层。

（2）在“图层特性管理器”对话框中只保留“平面图”图层，将其余图层隐藏。

（3）单击“绘图”工具栏中的“直线”按钮，绘制平面图中客厅区域，如图 10-27 所示。

（4）单击“绘图”工具栏中的“图案填充”按钮，在弹出的“图案填充和渐变色”对话框中，单击“添加拾取点”按钮，将十字光标在区域内单击。

（5）右击返回对话框，在“图案填充和渐变色”对话框中单击“浏览”按钮，在弹出的“填充图案选项板”对话框中，选择 HEX 图案，如图 10-28 所示。

（6）单击“确定”按钮后，返回到“图案填充和渐变色”对话框，在“比例”文本框中输入 500，单击“确定”按钮，填充完成后效果如图 10-29 所示。

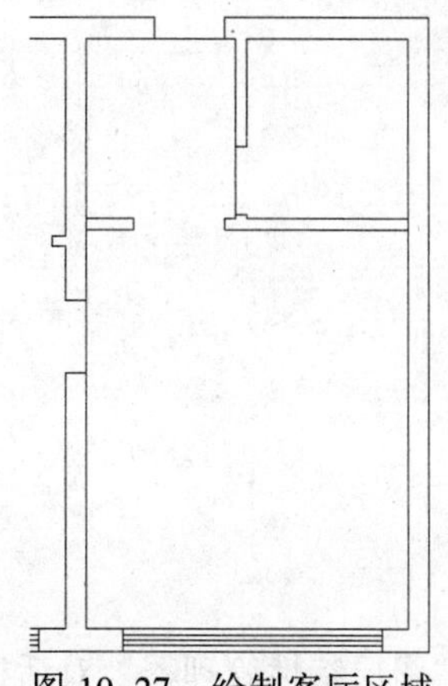

图 10-27　绘制客厅区域

图 10-28　“填充图案选项板”对话框

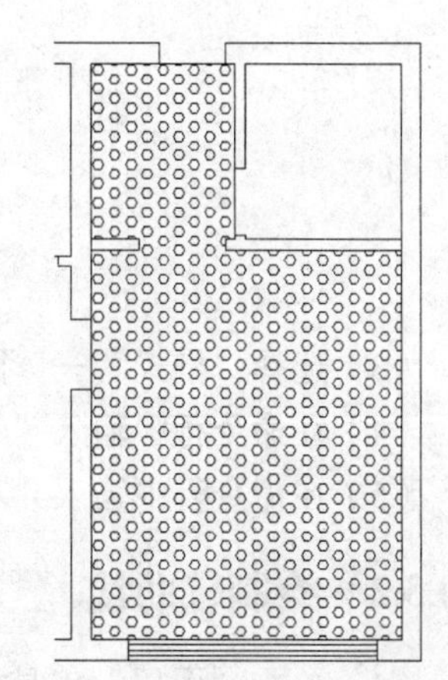

图 10-29　填充完成后效果

(7)用同样的方法，根据不同材质的属性，绘制出酒店套房地面材质，完成后效果如图 10-30 所示。

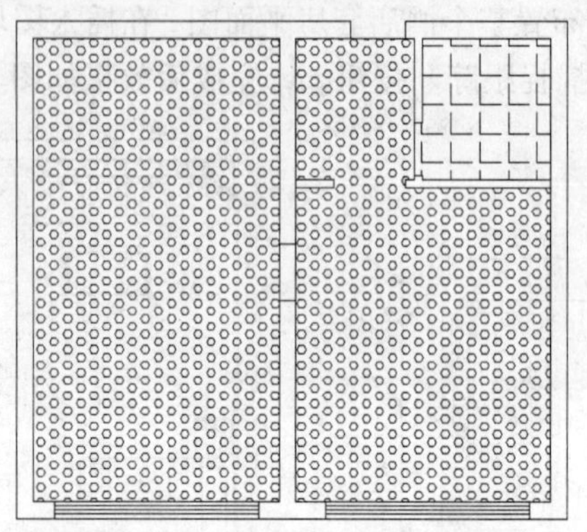

图 10-30　地面材质完成后效果

10.3　绘制两居室平面图

10.3.1　建立两居室平面图区域

（1）在快速访问工具栏中单击“新建”按钮，在弹出的“选择样板”对话框中选择模板样式。

（2）选择“格式”→“单位”命令，在弹出的“图形单位”对话框中设置其长度、角度和缩放比例，单击“确定”按钮，如图 10-31 所示。

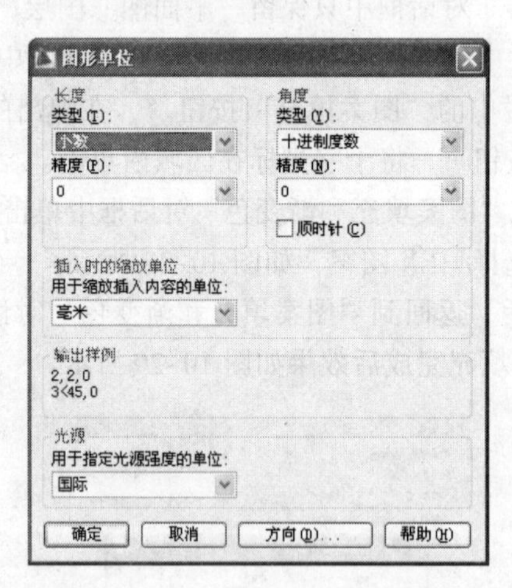

图 10-31　“图形单位”对话框

（3）选择“格式”→“图形界限”命令，在命令行中输入“0,0↙”。

（4）在命令行中输入“@9000,7000↙”。

（5）在命令行中输入“Z↙”，再次输入“A↙”。

10.3.2　绘制辅助线

（1）单击“图层”工具栏中的“图层特性管理器”按钮，在“图层特性管理器”对话框中单击“新建”按钮，并将其命名为“辅助线”层，颜色选取红色，其他设置为默认。单击“置为当前”按钮，将该图层设为当前图层。

（2）单击状态栏中的“正交”按钮，打开正交模式。单击“绘图”工具栏中的“直线”按钮，单击指定起始点，向右绘制第一条辅助线，如图 10-32 所示。

（3）单击“修改”工具栏中的“偏移”按钮，在命令行中输入“3000↙”，在绘图区单击直线，完成偏移后效果如图 10-33 所示。

图 10-32　绘制直线 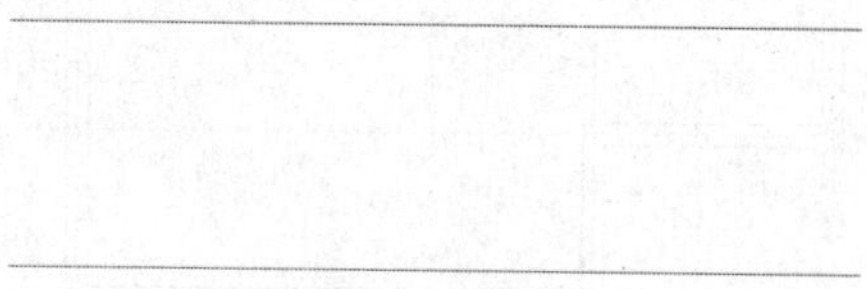　　图 10-33　偏移线段效果

（4）使用“偏移”命令依次偏移出 1500，1800，完成横向辅助线，如图 10-34 所示。

（5）单击“绘图”工具栏中的“直线”按钮，单击指定起始点，向下绘制一条直线。

（6）使用“偏移”命令依次偏移出 1500，1200，1800，3900，完成纵向辅助线，如图 10-35 所示。

图 10-34　绘制横向辅助线　　图 10-35　绘制纵向辅助线

10.3.3　绘制两居室平面图

（1）单击“图层”工具栏中的“图层特性管理器”按钮，在“图层特性管理器”对话框中单击“新建”按钮，并将其命名为“平面图”层，其他设置为默认。单击“置为当前”按钮，将该图层设为当前图层，如图 10-36 所示。

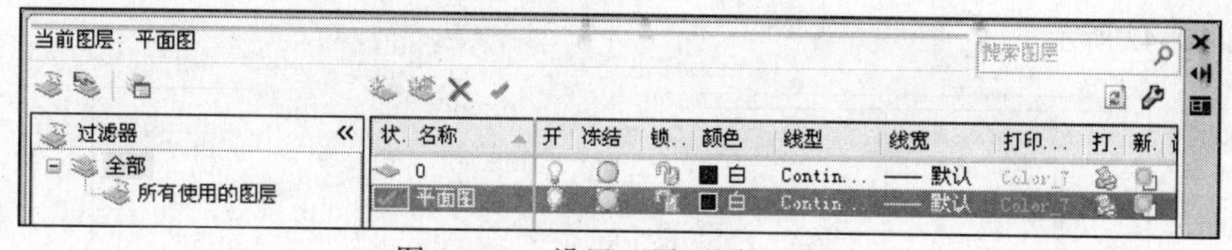

图 10-36　设置“平面图”图层

（2）选择“绘图”→“多线”命令，在命令行中分别输入“J↙”，“Z↙”，“S↙”，“240↙”。

（3）在绘图区中单击指定起始点，单击状态栏中的“正交”按钮，依据辅助线绘制出房型图外墙轮廓，如图 10-37 所示。

（4）选择“绘图”→“多线”命令，在命令行中输入“S↙”，“120↙”，绘制房型图内墙轮廓，如图 10-38 所示。

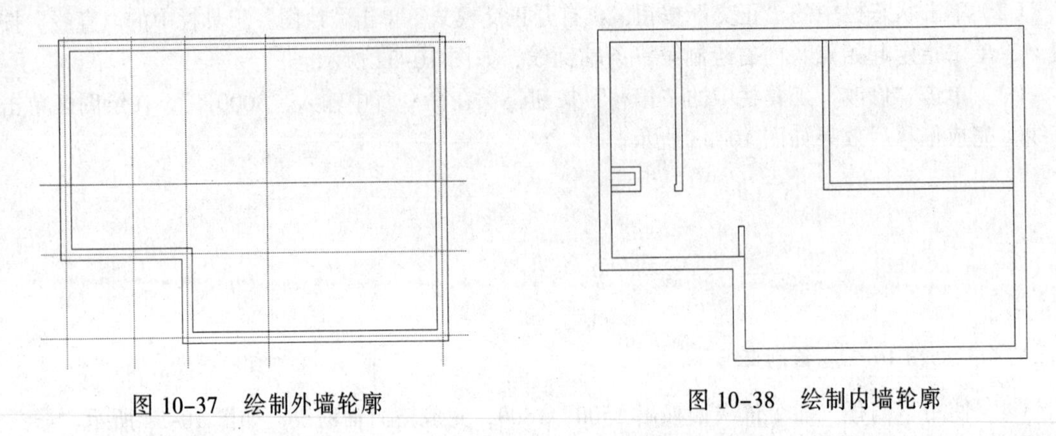

图 10-37　绘制外墙轮廓　　　　图 10-38　绘制内墙轮廓

（5）单击“绘图”工具栏中的“矩形”按钮▭，在房型图中指定门窗位置绘制相应的矩形，如图 10-39 所示。

（6）选择矩形和多余线条，单击“修改”工具栏中“修剪”按钮，在绘图区单击相交的线段，修剪门窗完成后效果如图 10-40 所示。

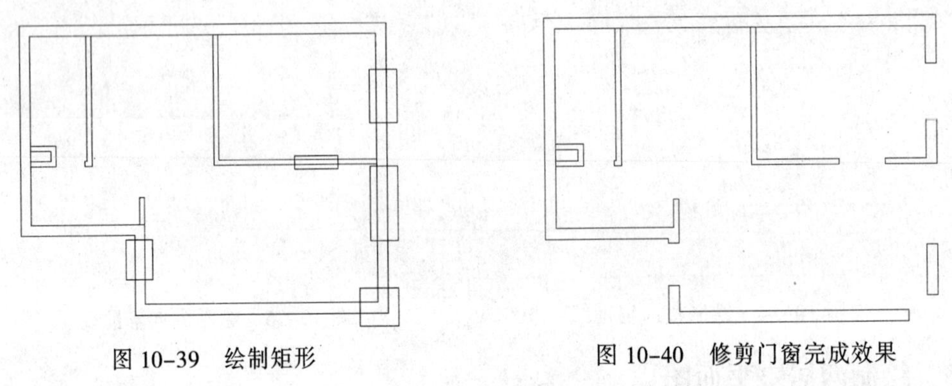

图 10-39　绘制矩形　　　　图 10-40　修剪门窗完成效果

（7）单击“绘图”工具栏中的“矩形”按钮▭，在房型图中右下角指定起始点，在命令行中输入“@800,800↙”，绘制出柱子图形，如图 10-41 所示。

（8）单击状态栏中的“正交”按钮、“对象捕捉”按钮和“对象捕捉跟踪”按钮。

（9）单击“绘图”工具栏中的“直线”按钮，在窗户位置处指定起始点并绘制出两条直线，如图 10-42 所示。

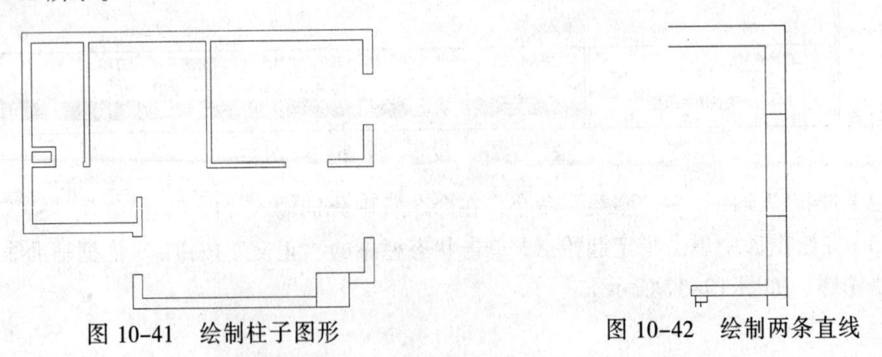

图 10-41　绘制柱子图形　　　　图 10-42　绘制两条直线

（10）单击“修改”工具栏中的“阵列”按钮，在弹出的“阵列”对话框中选择“矩形阵列”单选按钮，设置行数为 1，列数为 4，列偏移为 60，如图 10-43 所示。

（11）单击“选择对象”前面的“选择对象”按钮，在绘图区选择直线，右右击返回到“阵列”对话框，单击“确定”按钮，阵列完成后效果如图 10-44 所示。

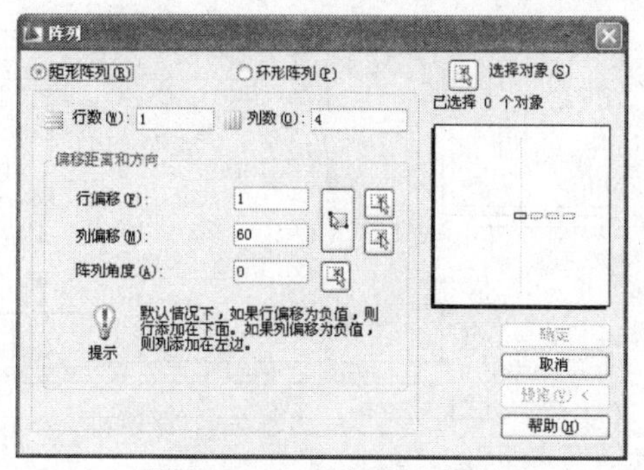

图 10-43　“阵列”对话框

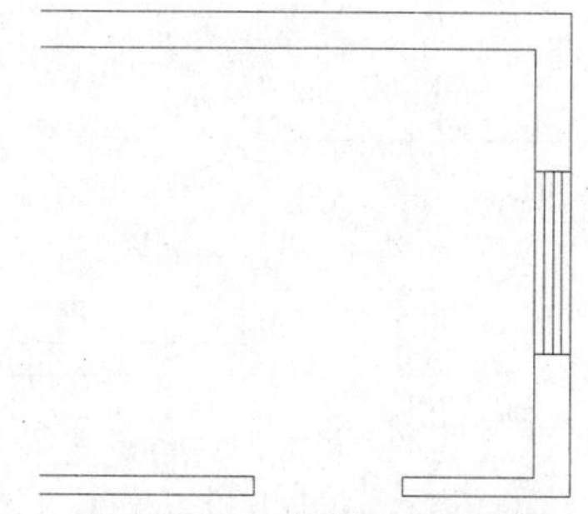

图 10-44　阵列完成后效果

（12）用同样的方法绘制出另一个窗户图形，如图 10-45 所示。

（13）使用“直线”命令、“矩形”命令和“圆弧”命令，绘制出门口及门图形，绘制完成后效果如图 10-46 所示。

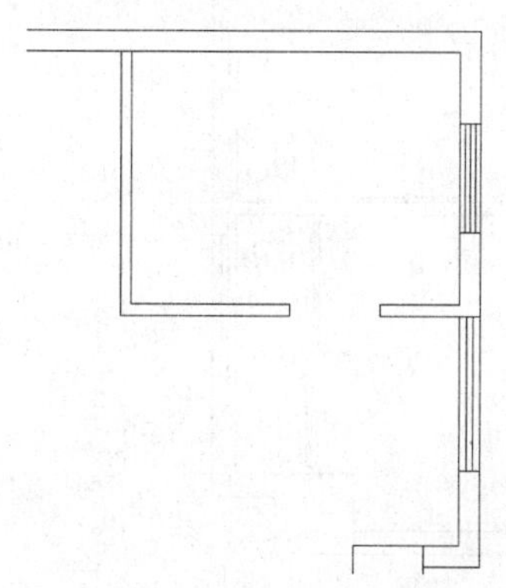

图 10-45　绘制窗户完成效果

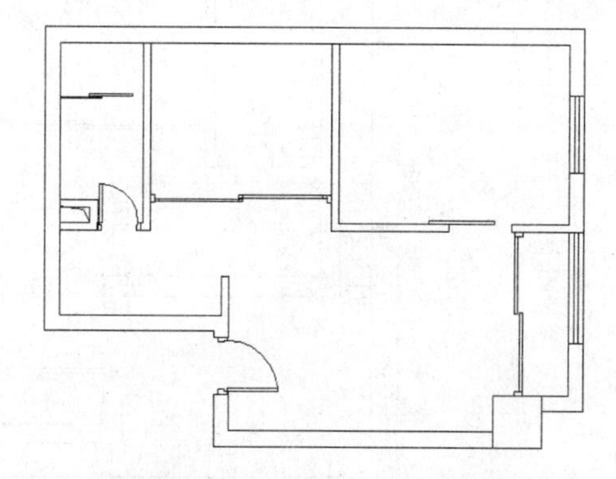

图 10-46　家居平面图完成后效果

10.3.4　标注两居室尺寸

（1）单击“图层”工具栏中的“图层特性管理器”按钮，在“图层特性管理器”对话框中单击“新建”按钮，并将其命名为“标注尺寸”层，其他设置为默认。单击“置为当前”按钮，将该图层设为当前图层，如图 10-47 所示。

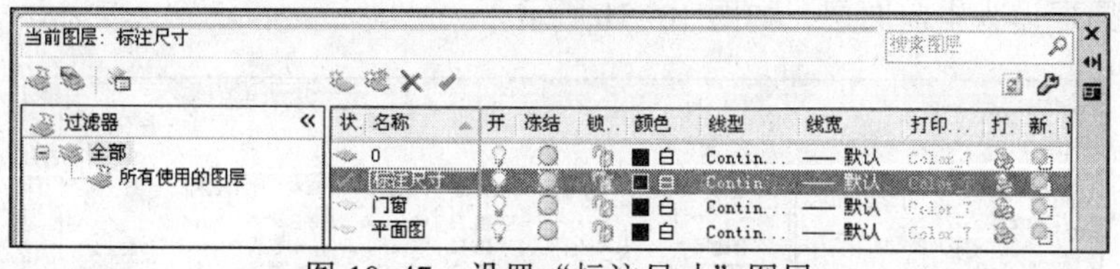

图 10-47　设置“标注尺寸”图层

（2）选择“格式”→“标注样式”命令，在弹出“标注样式管理器”对话框中，设置其各项参数。

（3）选择“标注”→“线性”命令，在绘图区单击指定起始点，标注基本尺寸，如图 10-48 所示。

（4）选择“标注”→“连续”命令，在绘图区指定第二个尺寸界限的起始点，然后分别标注平面图尺寸，如图 10-49 所示。

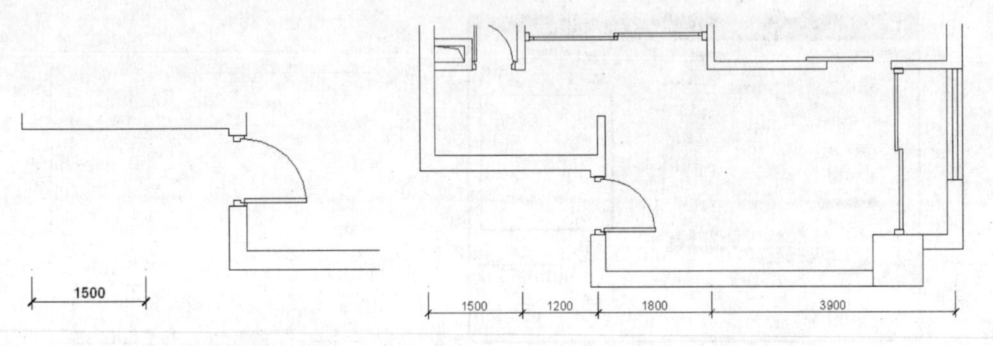

图 10-48 标注基本尺寸　　　　图 10-49 连续标注效果

（5）用同样的方法标注出居室所有尺寸，标注完成后效果如图 10-50 所示。

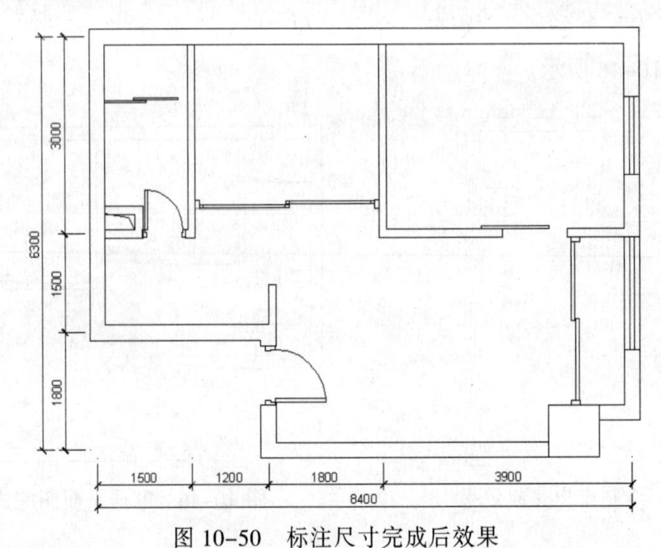

图 10-50 标注尺寸完成后效果

10.3.5 标注两居室文字

（1）单击“图层”工具栏中的“图层特性管理器”按钮，在“图层特性管理器”对话框中单击“新建”按钮，并将其命名为“文字标注”层，其他设置为默认。单击“置为当前”按钮，将该图层设为当前图层，如图 10-51 所示。

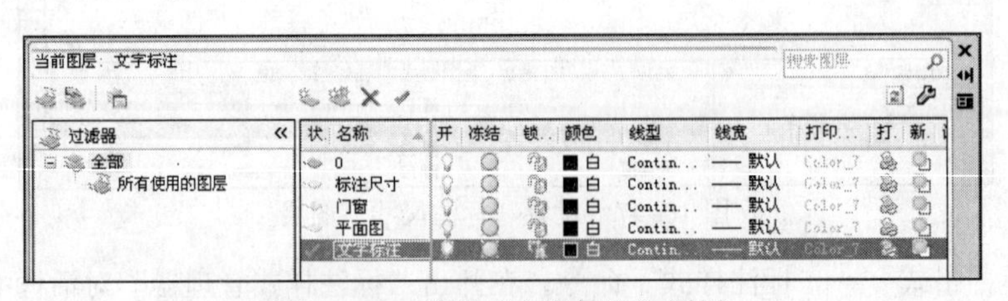

图 10-51 设置“文字标注”图层

（2）单击“绘图”工具栏中的“多行文字”按钮A，在卧室区中拖动一个文本框，在弹出的“文字格式”工具栏中设置字体及高度，然后在文字区中输入“卧室”，如图 10-52 所示。

（3）单击“确定”按钮，调整文字到合适的位置，完成文字效果如图 10-53 所示。

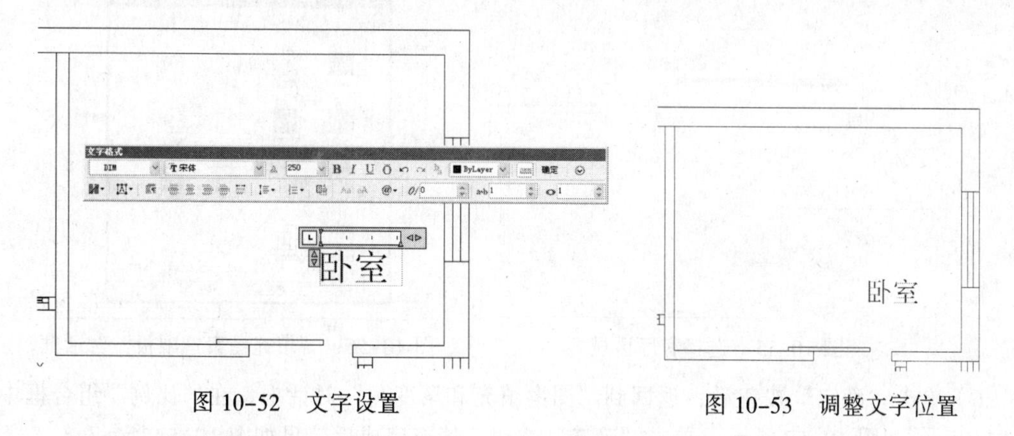

图 10-52　文字设置　　　　图 10-53　调整文字位置

（4）使用同样的方法标注出居室文字，如图 10-54 所示。

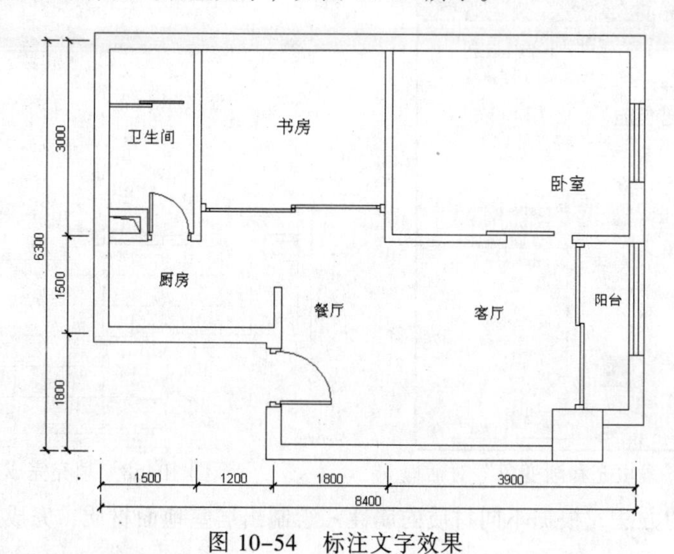

图 10-54　标注文字效果

10.3.6　设置两居室地面材质

（1）单击“图层”工具栏中的“图层特性管理器”按钮，在“图层特性管理器”对话框中单击“新建”按钮，并将其命名为“地面材质”层，颜色选取“黑色”，其他设置为默认。单击“置为当前”按钮，将该图层设为当前图层。

（2）在“图层特性管理器”对话框中只保留“平面图”图层，将其余图层隐藏。

（3）单击“绘图”工具栏中的“直线”按钮，绘制平面图中客厅区域。

（4）单击“绘图”工具栏中的“图案填充”按钮，在弹出的“图案填充和渐变色”对话框中，单击“添加拾取点”按钮，用十字光标在区域内单击，得到填充区域，如图 10-55 所示。

（5）右击返回对话框，在“图案填充和渐变色”对话框中单击“浏览”按钮，弹出“填充图案选项板”对话框，如图 10-56 所示，选择 ANGLE 图案。

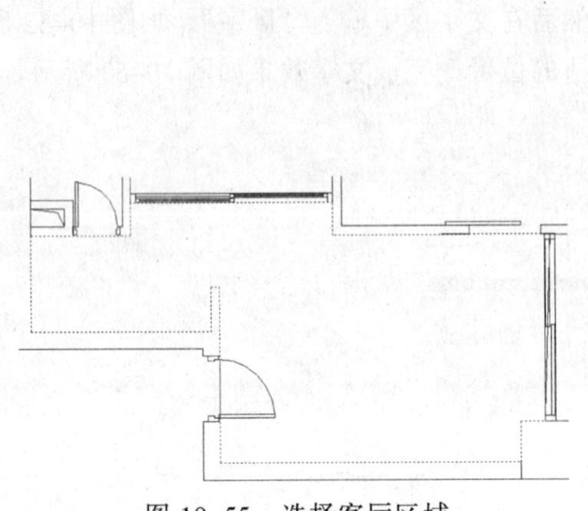

图 10-55　选择客厅区域

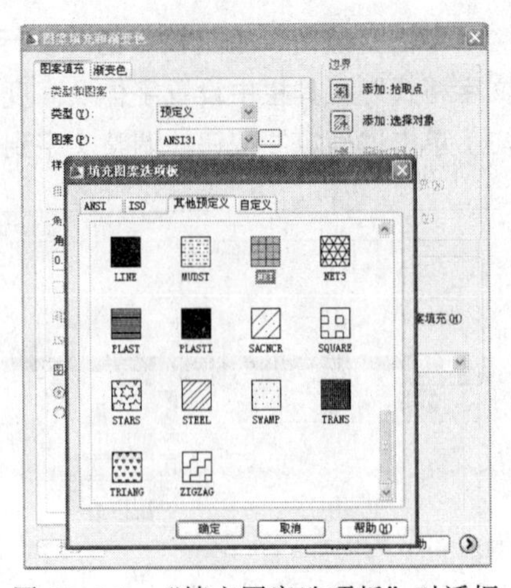

图 10-56　“填充图案选项板”对话框

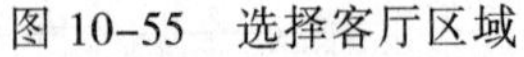

（6）单击“确定”按钮后，返回到“图案填充和渐变色”对话框，在“比例”组合框中输入“120”，如图 10-57 所示。单击“确定”按钮，填充完成后效果如图 10-58 所示。

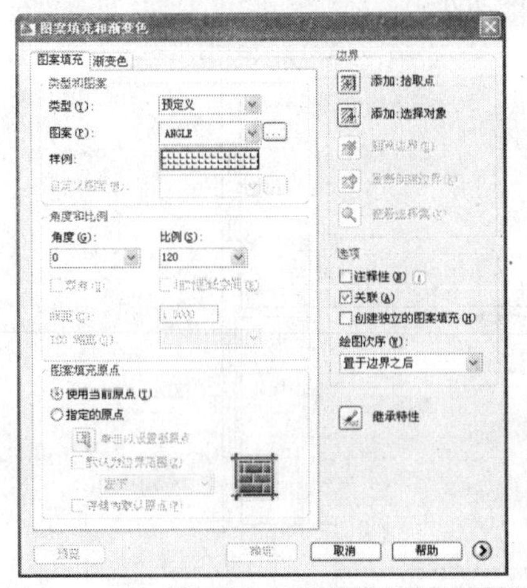

图 10-57　“图案填充和渐变色”对话框

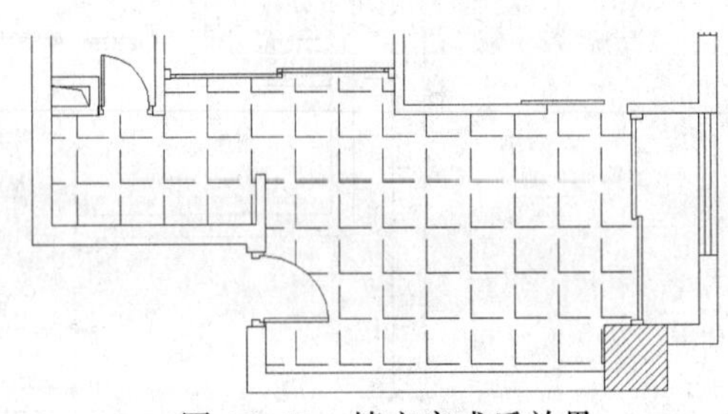

图 10-58　填充完成后效果

（7）用同样的方法，根据不同材质的属性，绘制出居室地面材质，完成后效果如图 10-59 所示。

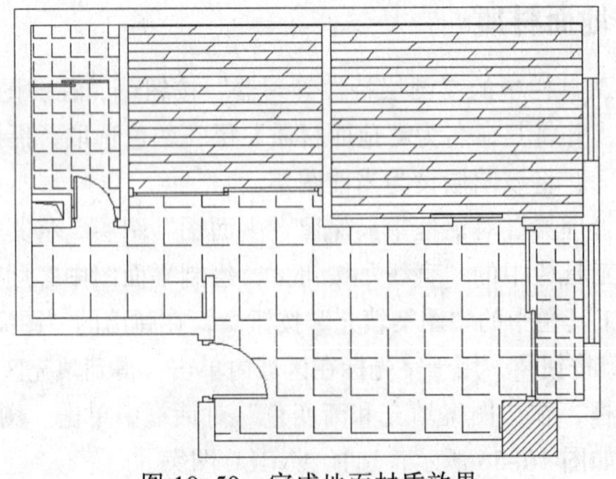

图 10-59　完成地面材质效果

10.3.7 布置两居室空间

（1）单击“图层”工具栏中的“图层特性管理器”按钮，在“图层特性管理器”对话框中单击“新建”按钮，并将其命名为“空间布局”层，颜色选取“黑色”，其他设置为默认。单击“置为当前”按钮，将该图层设为当前图层。

（2）在“图层特性管理器”对话框中的“地面材质”图层中单击“开关”按钮，将“地面材质”图层关闭。

（3）单击“绘图”工具栏中的“矩形”按钮，在客厅中指定起始点并绘制一个长方形作为电视柜，如图 10-60 所示。

（4）使用“矩形”命令和“偏移”命令，绘制出电视机图形，如图 10-61 所示。

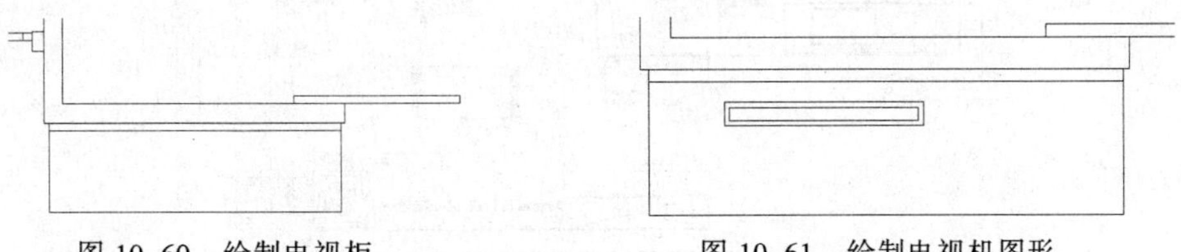

图 10-60 绘制电视柜　　图 10-61 绘制电视机图形

（5）单击“绘图”工具栏中的“插入块”按钮，在弹出的“插入”对话框中，单击“浏览”按钮，在弹出的“选择图形文件”对话框中选择“花.dwg”，如图 10-62 所示。

（6）单击“打开”按钮，将“花”图块插入到电视柜中并调整到合适位置，如图 10-63 所示。

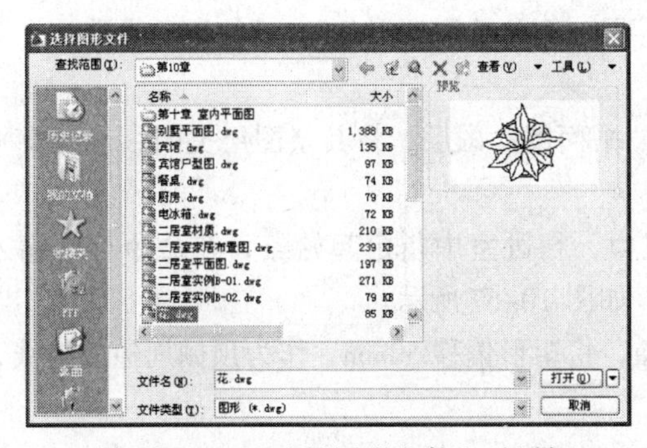

图 10-62 “选择图形文件”对话框

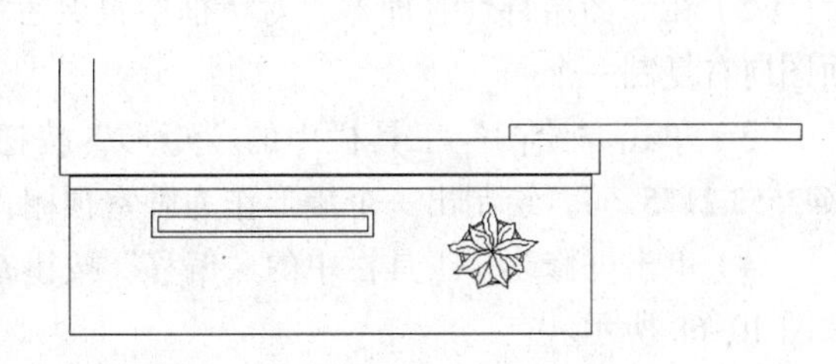

图 10-63 插入“花”图块

（7）使用“矩形”命令、“直线”命令绘制出鞋架图形，绘制完成后效果如图 10-64 所示。

（8）使用“插入”命令将“沙发”、“餐桌”和“绿植”图块置入客厅中并调整到合适位置，完成客厅布局，如图 10-65 所示。

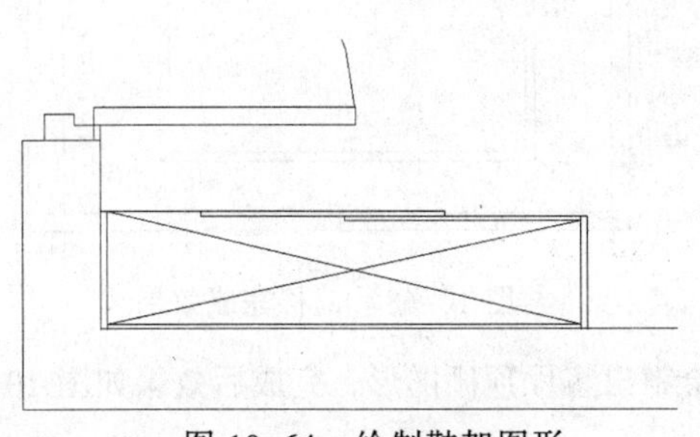

图 10-64 绘制鞋架图形

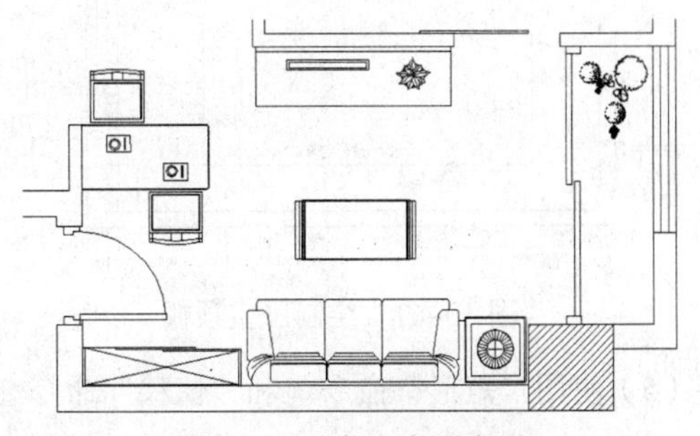

图 10-65 完成客厅布局

（9）通过以上方法，分别布置整个居室平面图，在插入图块时可以利用“正交”命令、“对象捕捉”命令和“对象捕捉跟踪”命令，完成后效果如图 10-66 所示。

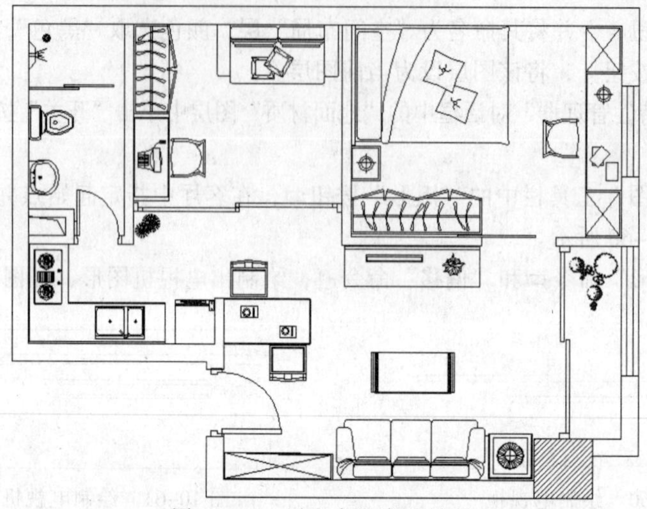

图 10-66　居室布置完成效果

10.3.8　布置两居室顶棚图

（1）单击“图层”工具栏中的“图层特性管理器”按钮，在“图层特性管理器”对话框中单击“新建”按钮，并将其命名为“顶棚图”层，颜色选取“黑色”，其他设置为默认。单击“置为当前”按钮，将该图层设为当前图层。

（2）在“图层特性管理器”对话框中只保留“平面图”图层，将其余图层关闭，然后将平面图向右复制一个。

（3）单击“绘图”工具栏中的“矩形”按钮，在卧室中指定起始点，在命令行中输入“@2553,2175↙”，绘制出一个矩形作为卧室顶棚，如图 10-67 所示。

（4）单击“修改”工具栏中的“偏移”按钮，将矩形偏移 50mm，作为顶棚周边的脚线，如图 10-68 所示。

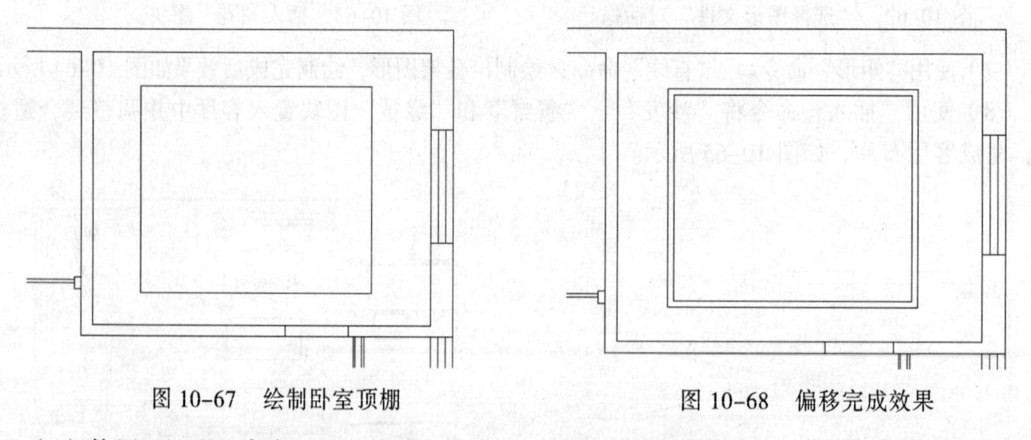

图 10-67　绘制卧室顶棚　　　　图 10-68　偏移完成效果

（5）使用“矩形”命令和“偏移”命令，绘制出客厅顶棚图形，完成后效果如图 10-69 所示。

（6）单击“绘图”工具栏中的“直线”按钮⁄，绘制出玄关和卫生间顶棚，如图 10-70 所示。

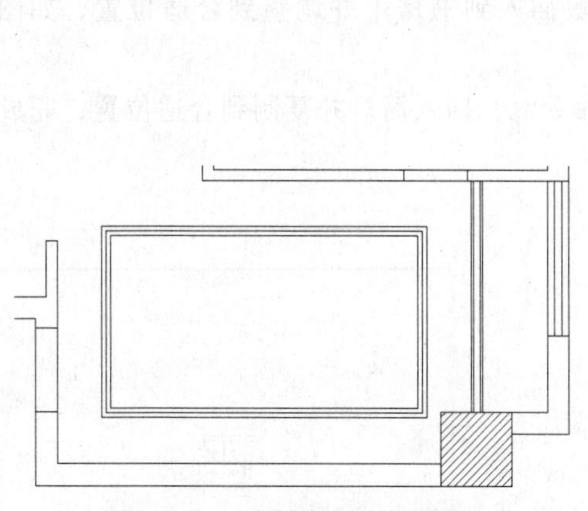

图 10-69　绘制客厅顶棚图形

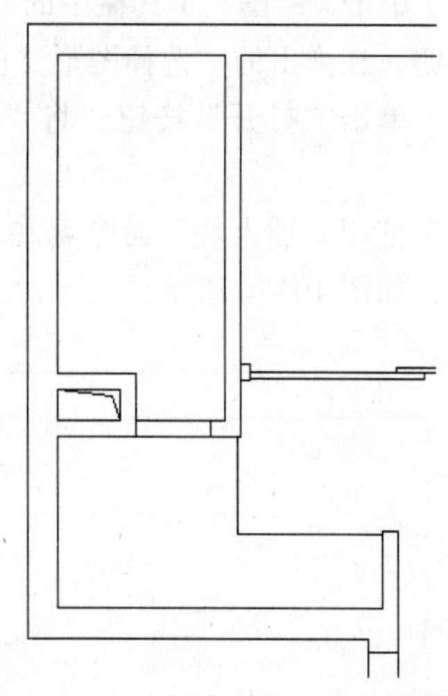

图 10-70　绘制玄关和卫生间顶棚

（7）单击“绘图”工具栏中的“图案填充”按钮，在弹出的“图案填充和渐变色”对话框中，单击“添加拾取点”按钮，用十字光标在区域内单击。

（8）右击返回对话框，在“图案填充和渐变色”对话框中单击“浏览”按钮，弹出“填充图案选项板”对话框，如图 10-71 所示，选择 NET 图案。

（9）单击“确定”按钮后，返回到“图案填充和渐变色”对话框，在“比例”文本框中输入 60，单击“确定”按钮，设置完成后效果如图 10-72 所示。

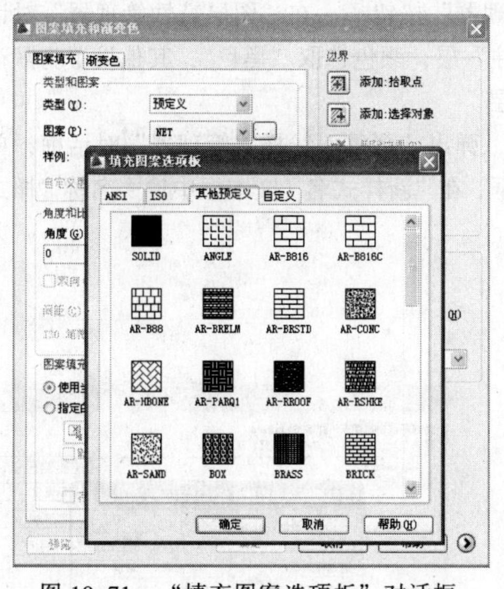

图 10-71　“填充图案选项板”对话框

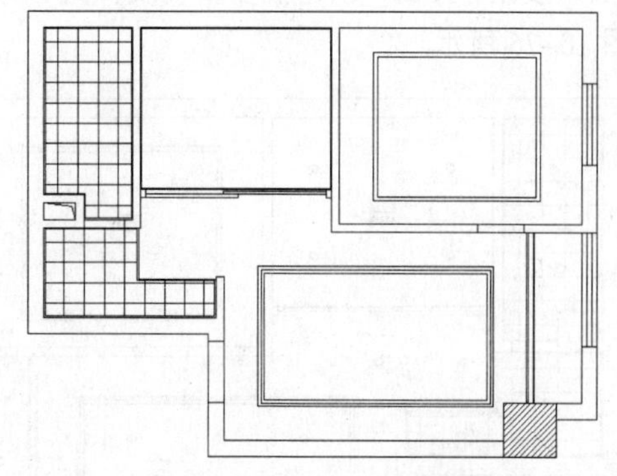

图 10-72　玄关、卫生间顶棚效果

10.3.9　布置两居室灯具

（1）单击“图层”工具栏中的“图层特性管理器”按钮，在“图层特性管理器”对话框中单击“新建”按钮，并将其命名为“灯具布置”层，其他设置为默认。单击“置为当前”

按钮，将该图层设为当前图层。

（2）单击“绘图”工具栏中的“插入块”命令按钮，在弹出的“插入”对话框中单击“浏览”按钮，在弹出的“选择图形文件”对话框中选择“吊灯.dwg”。

（3）单击“打开”按钮，将“吊灯”图块插入到书房中并调整到合适位置，如图 10-73 所示。

（4）使用“插入块”命令和“复制”命令，插入筒灯并复制到合适位置，完成书房灯具布置，如图 10-74 所示。

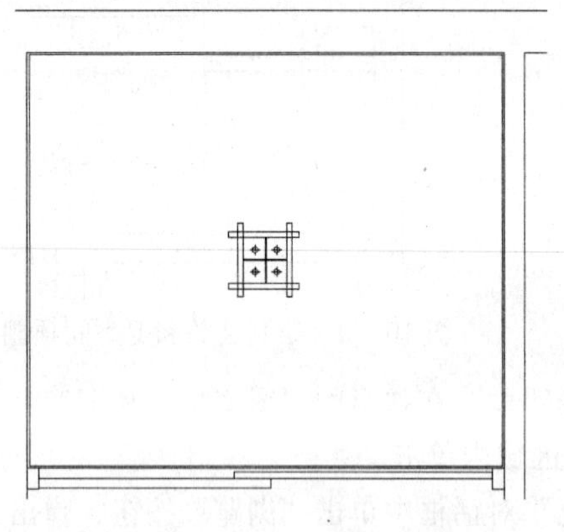

图 10-73 插入“吊灯”图块

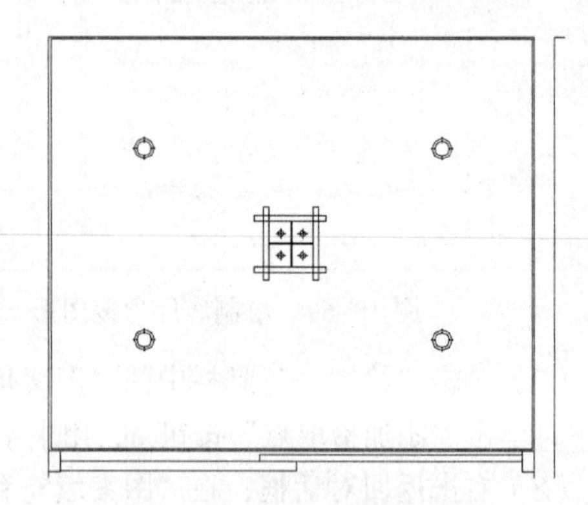

图 10-74 插入筒灯并复制

（5）选择书房中其中一个筒灯，使用“移动”命令、“复制”命令和“阵列”命令，完成居室灯具布置图，如图 10-75 所示。

（6）单击“图层”工具栏中的“图层特性管理器”按钮，在“图层特性管理器”对话框中单击“新建”按钮，并将其命名为“材质标注”层，颜色选取“黑色”，其他设置为默认。单击“置为当前”按钮，将该图层设为当前图层。

（7）选择“格式”→“多重引线样式”命令，弹出“多重引线样式管理器”对话框，单击“新建”按钮，弹出“创建新多重引线样式”对话框，在“新样式名”文本框中输入名称“样式”，如图 10-76 所示。

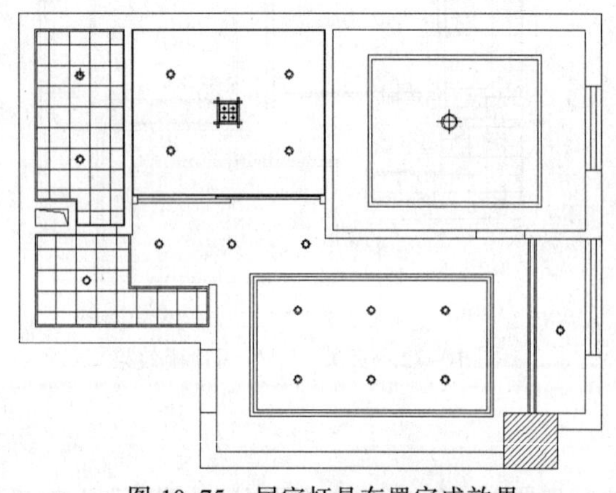

图 10-75 居室灯具布置完成效果

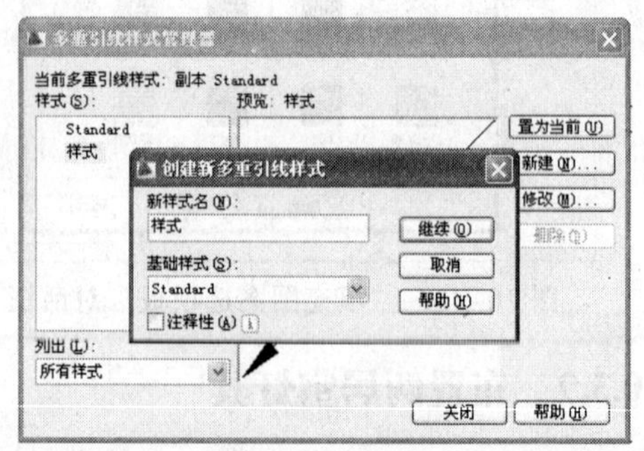

图 10-76 “创建新多重引线样式”对话框

（8）单击“继续”按钮，弹出“修改多重引线样式：样式”对话框，选择“引线格式”选项卡，在“箭头”区设置符号和大小，如图 10-77 所示。

（9）单击“确定”按钮，返回到“多重引线样式管理器”对话框，在“样式”列表框中出现“箭头”样式，单击“关闭”按钮。

（10）选择“标注”→“多重引线”命令，在绘图区指定标注的起始点并输入文字，在弹出的“文字格式”工具栏中工具栏设置字体大小，完成文字标注后效果如图 10-78 所示。

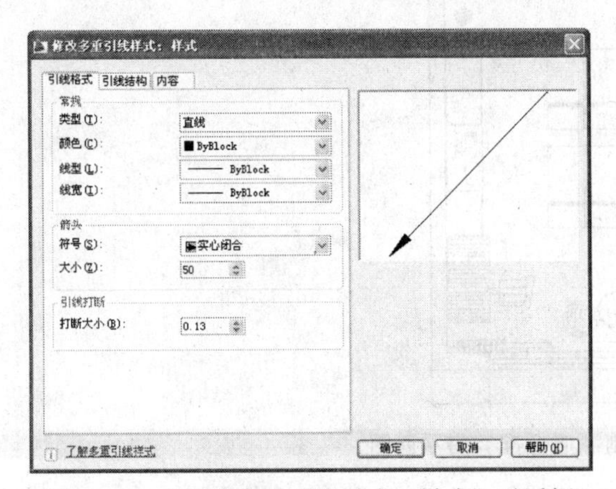

图 10-77 “修改多重引线样式：样式”对话框

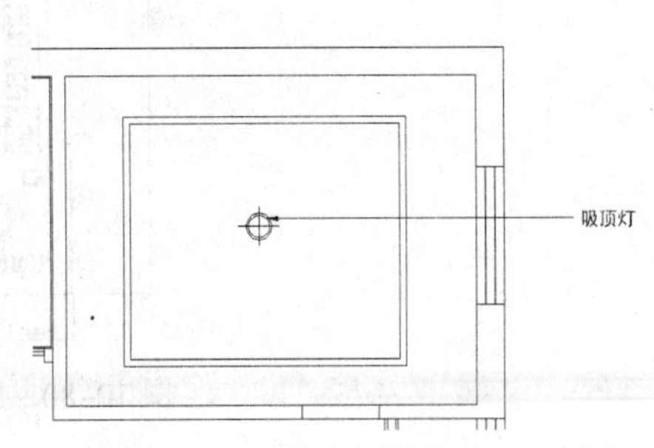

图 10-78 标注文字效果

（11）用同样的方法标注灯具名称及顶棚材质名称，标注材质完成后效果如图 10-79 所示。

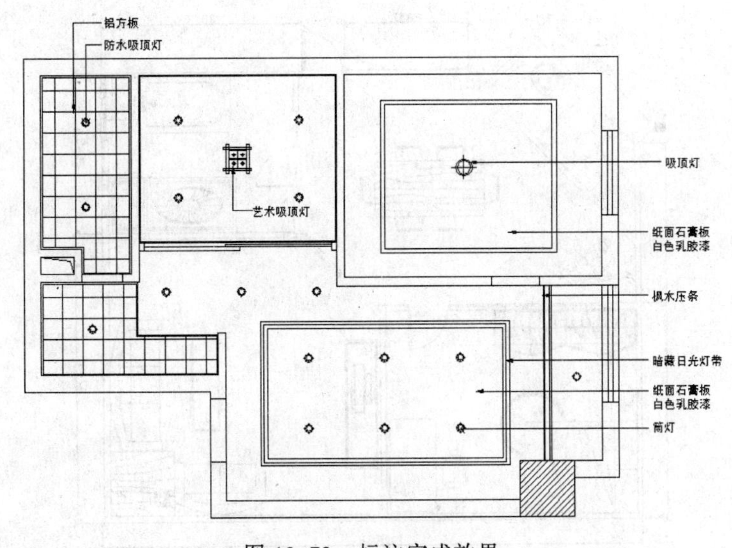

图 10-79 标注完成效果

练 一 练

1. 使用“直线”命令、“偏移”命令和“圆弧”命令，同时配合“复制”和“镜像”命令，绘制酒店标准客房平面图并标注尺寸及材质，绘制完成后效果如图 10-80 所示。

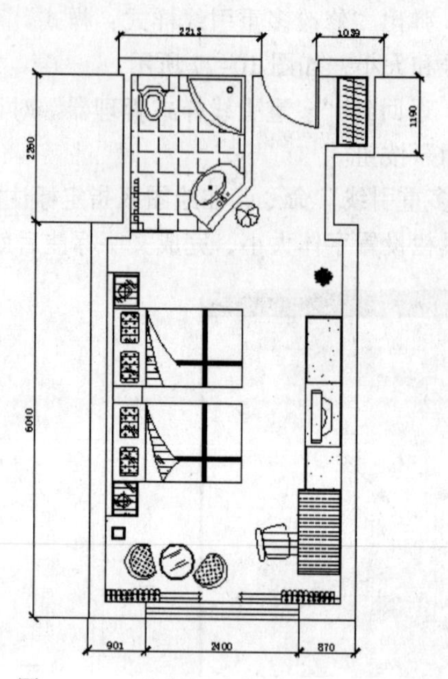

图 10-80 绘制酒店标准客房平面图

2. 使用“多线”命令、“矩形”命令和“阵列”命令，绘制家居平面图并标注尺寸，绘制完成后效果如图 10-81 所示。

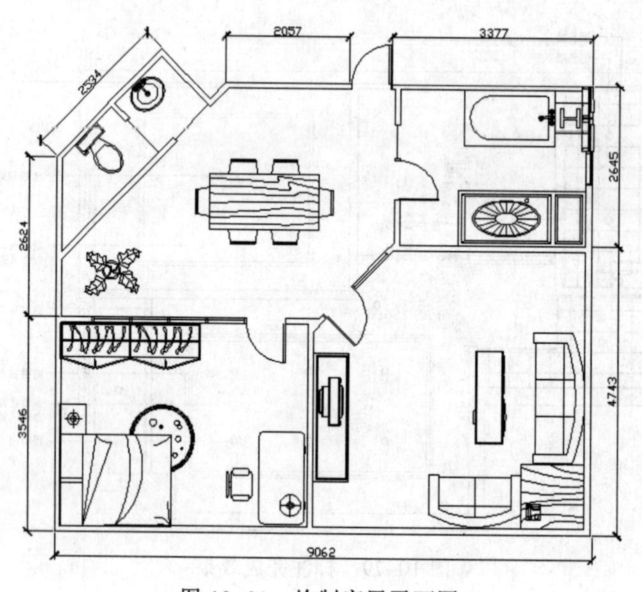

图 10-81 绘制家居平面图

第11章 绘制专卖店布置图

学习目标

- 绘制服装店平面图
- 设置服装店材质
- 服装店顶面图布局
- 绘制服装店立面图

11.1 专卖店设计

专卖店的设计应该具有个性特点、时代感和艺术魅力。只有这样，才能与店内所出售的商品形成整体，才能衬托出商品的美。当然，这一切的目的都在于吸引消费者。

11.1.1 专卖店室内设计概述

对于专卖店的设计，任何形式都是为了衬托商品的形态与个性。换言之，转卖店设计得好坏，将直接影响到商品销售的结果。因此，在进行设计之前，还应该对商品的性质和特点进行了解。

1．商品的变化幅度

同类商品的不同变化幅度，会造成空间感上的不同。变化幅度大的商品，容易造成凌乱，因此设计时应该注意顺序。而幅度较小的变化，容易产生单调，所以应该在设计时注意增加装饰元素。

2．商品的色彩和质感

不同商品，在色彩和质感上是不同的。但无论是哪种商品，它的色彩和质感都需要通过室内设计所产生的色调来陪衬。

3．商品的整体与个体

通常情况下，小件商品适宜整体出现，这样可以吸引顾客的注意。因此，在设计时应该突出活泼的气氛。而对于那些贵重商品，一般会有严格的数量规定。因此，设计上应该追求较高的格调。

11.1.2 专卖店与消费者的心理

从一个人进入商店后，到选择商品，到最终购买，往往需要经过“唤起兴趣、诱发联想、唤起欲望和促进信赖”等一系列心理过程。所以，专卖店的室内设计，应该对消费者的心理活动产生积极影响，从而促使他顺利实现购物行动。其中，最有效的办法就是利用色彩和灯光将消费者的目光吸引到商品上。当然，除此之外还有店内的广告宣传、电视等，也能够从某种程度上起到上述作用。

11.1.3 专卖店的设计

专卖店的设计，可以包括“外观设计、招牌设计、出入口设计、橱窗设计、照明设计”等内容。

1．外观设计

外观设计，能够让人们直观地感觉到专卖店的外观整体风格，是现代风格还是传统风格。其中，现代风格可以给人以时代的气息，是大多数的专卖店都采用的一种风格，特别是当专卖店位于商业区，这种风格更是能和周围的环境完美融合。而民族传统风格，则多用于那些百年老字号，这种风格，从外观上能给人以古朴殷实、传统丰厚的心理感受。所以，在有些时候，那些具有传统外观风格的专卖店更具吸引力。

2．招牌设计

招牌，不仅要醒目、简明，还要美观、色彩鲜明、具有特色。只有这样，才能引起人们的注意。制作招牌的材质可以是木质、石材、金属等，招牌的安装可以是直立式、壁式、嵌入式以及悬吊式。

3．出入口设计

在设计店铺出入口时，必须考虑店铺营业面积、客流量、地理位置、商品特点及安全管理等因素。对于规则店面，出入口一般在同侧为好，以防太宽使顾客不能走完，留下死角。而对于不规则店面，则要考虑到内部的许多条件，设计难度相对较大。店门的设计应当是开放性的，设计时应当考虑到不要让顾客产生不佳心理，从而拒客于门外。

4．橱窗设计

橱窗，可以视为商店的第一展厅。橱窗设计效果的好坏，可以影响消费者的情绪。好的橱窗设计，能够成为展示商品的窗口。因此，橱窗设计一定要给人们以美感和舒适感，让人们怀着向往的心情去浏览橱窗中的商品。

5．照明设计

专卖店的照明，主要是指人工光源。好的照明设计，能够渲染专卖店气氛，烘托环境，增加店铺门面的形式美。

6．室内氛围设计

要想使走进店面的顾客产生购买欲望，就要在店内氛围上下功夫。所谓的店内氛围，指的是店内的声音、气味、颜色等。这些，其实是让消费者产生购买欲望的关键。

声音，主要来自于店内所播放的音乐。对于音乐的选择，从种类到时间都要和周围的环境、所出售的商品紧密配合。否则，音乐就会变成一种变相的噪声。这样不但起不到它该有的作用，反而会使消费者产生一种厌恶心理。

气味同样至关重要。好的气味会使顾客心情愉快，反之则会使人有反感。因此，应该注意香味浓度的比例，使其一定要与顾客嗅觉上限相适应。

在店铺的室内设计中，颜色同样会影响消费者的心理。它与环境、商品的搭配协调也是很重要的。

11.2 绘制服装专卖店平面图

11.2.1 建立服装专卖店平面图区域

（1）在快速访问工具栏中单击“新建”按钮，在弹出的“选择样板”对话框中选择模板样式。

（2）选择“格式”→“单位”命令，在弹出的“图形单位”对话框中设置其长度、角度和缩放比例，单击“确定”完成，如图 11-1 所示。

（3）选择“格式”→“图形界限”命令，在“命令提示区”中输入“0，0↙”。

（4）在“命令行”中输入“@8000,8000↙”。

（5）在“命令行”中输入“Z↙”，再次输入“A↙”。

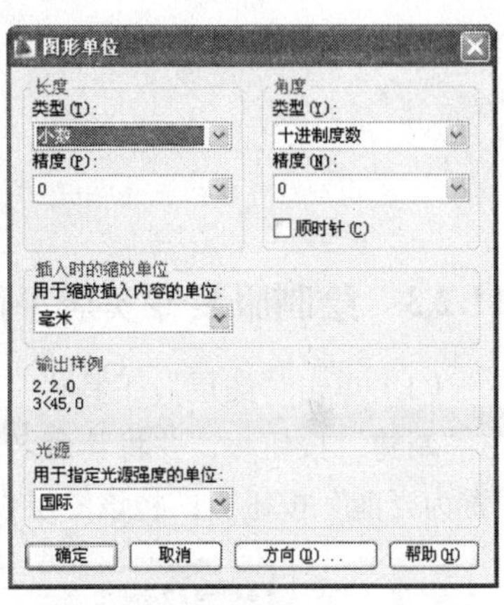

图 11-1 “图形单位”对话框

11.2.2 绘制辅助线

（1）单击“图层”工具栏“图层特性管理器”按钮，在“图层特性管理器”对话框中单击“新建”按钮，并将其命名为“辅助线”层，其颜色选取“红色”，其他设置为默认。单击“置为当前”按钮，将该图层设为当前图层。

（2）单击状态栏中的“正交”按钮，打开正交模式。单击“绘图”工具栏中“直线”按钮。

（3）单击指定起始点，向下绘制第一条辅助线，如图 11-2 所示。

（4）单击“修改”工具栏中“偏移”按钮，在“命令提示区”输入“1370↙”，在绘图区选择垂直线，单击，完成偏移后效果如图 11-3 所示。

（5）使用偏移命令依次偏移出 5300，1370，完成纵向辅助线绘制，效果如图 11-4 所示。

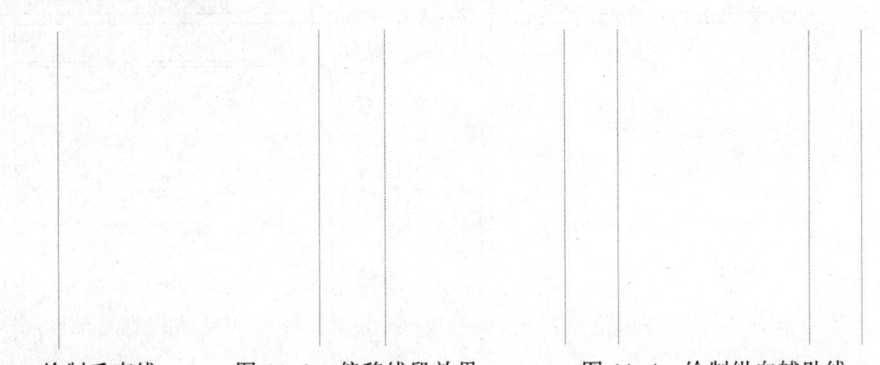

图 11-2 绘制垂直线　　图 11-3 偏移线段效果　　图 11-4 绘制纵向辅助线

（6）单击“绘图”工具栏中“直线”按钮，单击指定起始点，向右绘制一条直线。

（7）使用偏移命令依次偏移出1070，6650，完成横向辅助线，如图11-5所示。

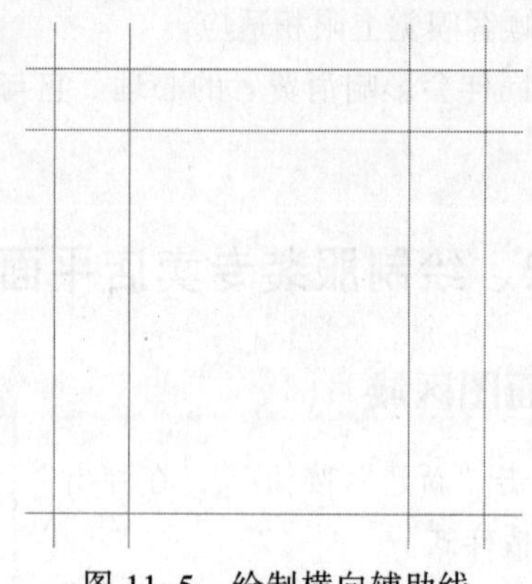

图11-5　绘制横向辅助线

11.2.3　绘制服装专卖店平面图

（1）单击“图层”工具栏“图层特性管理器”按钮，在“图层特性管理器”对话框中单击“新建”按钮，并将其命名为“平面图”层，其颜色选取“黑色”，其他设置为默认。单击“置为当前”按钮，将该图层设为当前图层，如图11-6所示。

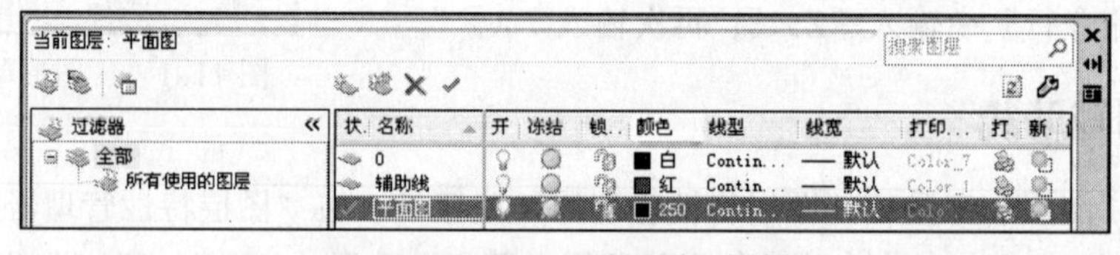

图11-6　设置“平面图”图层

（2）选择“绘图”→“多线”命令，在“命令提示区”中输入“J↙”，“Z↙”，“S↙”，“240↙”。

（3）在绘图区中单击指定起始点，单击状态栏中的“正交”按钮，依据辅助线绘制出房型图外墙轮廓，如图11-7所示。

（4）选择“绘图”→“多线”命令，在“命令提示区”中输入“S↙”，“120↙”，绘制房型图内墙轮廓，如图11-8所示。

图11-7　绘制外墙轮廓

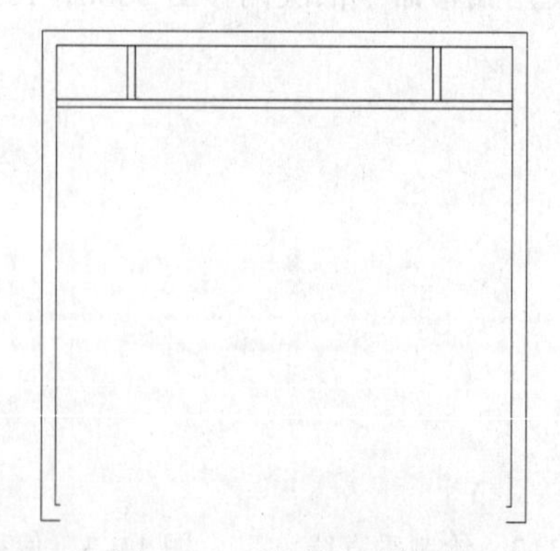

图11-8　绘制内墙轮廓

（5）单击“绘图”工具栏中“矩形”按钮▭，在房型图中指定门的位置，绘制出 3 个 650×400 的矩形，如图 11-9 所示。

（6）选择矩形和多线，单击“修改”工具栏中“修剪”按钮-/-，在绘图区单击相交的线段，修剪门窗完成后效果如图 11-10 所示。

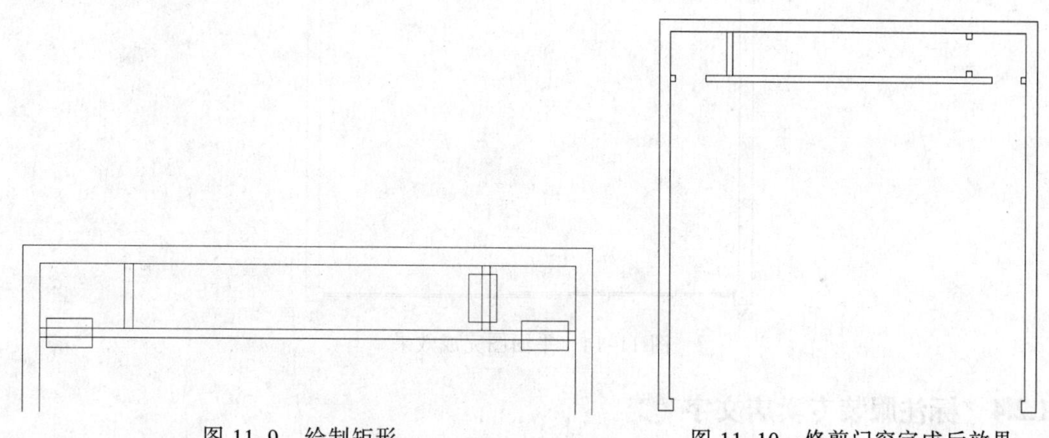

图 11-9　绘制矩形　　　　图 11-10　修剪门窗完成后效果

（7）单击“图层”工具栏“图层特性管理器”按钮，在“图层特性管理器”对话框中单击“新建”按钮，并将其命名为“门”层，其他设置为默认。单击“置为当前”按钮✓，将该图层设为当前图层，如图 11-11 所示。

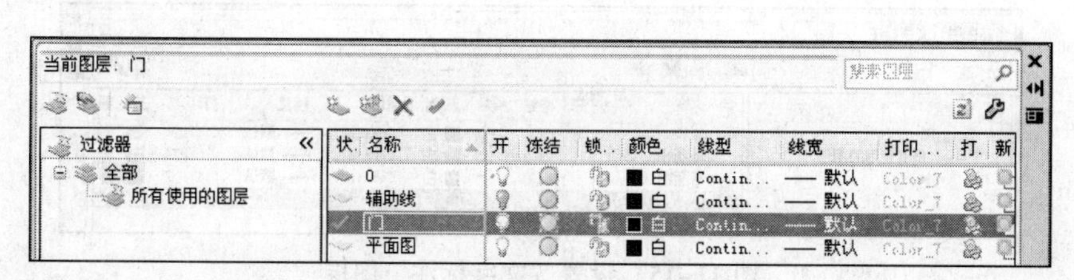

图 11-11　设置“门”图层

（8）使用“矩形”命令▭和“圆弧”命令⌒，绘制出门口及门图形，绘制完成后效果如图 11-12 所示。

（9）单击“修改”工具栏中“复制”按钮，选择门图形，将其调整到合适的位置并单击确定，复制完成后效果如图 11-13 所示。

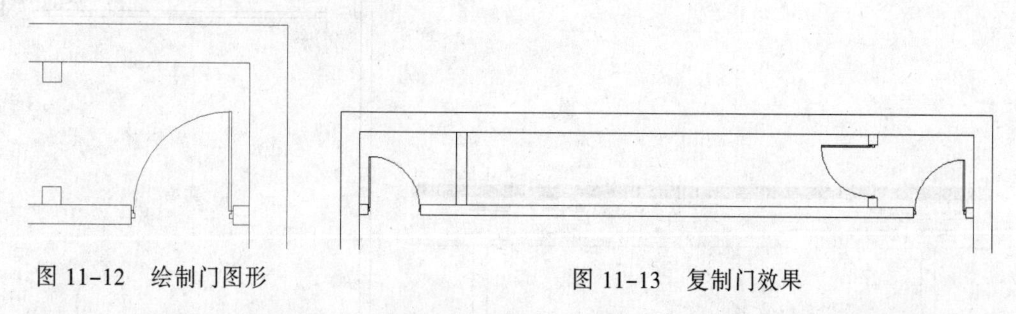

图 11-12　绘制门图形　　　　图 11-13　复制门效果

（13）单击“绘图”工具栏中“矩形”按钮▭，绘制出入口的推拉门。平面图完成效果如图 11-14 所示。

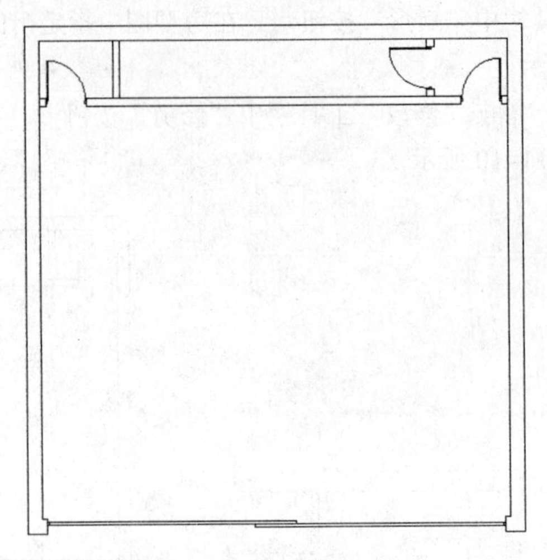

图 11-14　平面图完成效果

11.2.4　标注服装专卖店文字

（1）单击“图层”工具栏“图层特性管理器”按钮，在“图层特性管理器”对话框中单击“新建”按钮，并将其命名为“文字标注”层，其他设置为默认。单击“置为当前”按钮，将该图层设为当前图层，如图 11-15 所示。

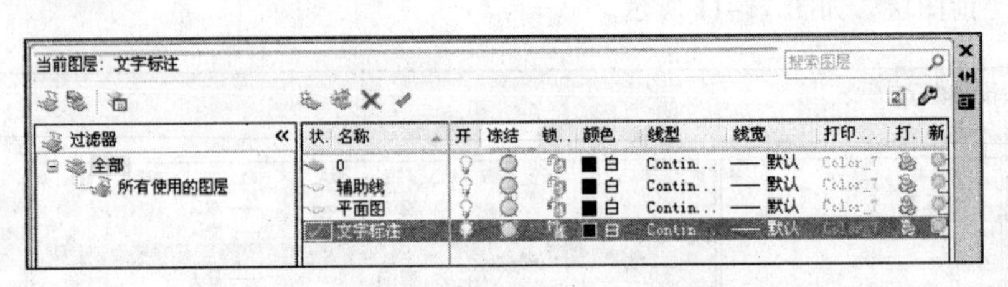

图 11-15　设置“文字标注”图层

（2）单击“绘图”工具栏中“多行文字”按钮，在服装展示区中拖动一个文本框，在弹出的“文字格式”对话框中设置字体及高度，然后在文字区中输入“卖场”，如图 11-16 所示。

（3）单击“确定”按钮，调整文字到合适的位置，完成的文字效果如图 11-17 所示。

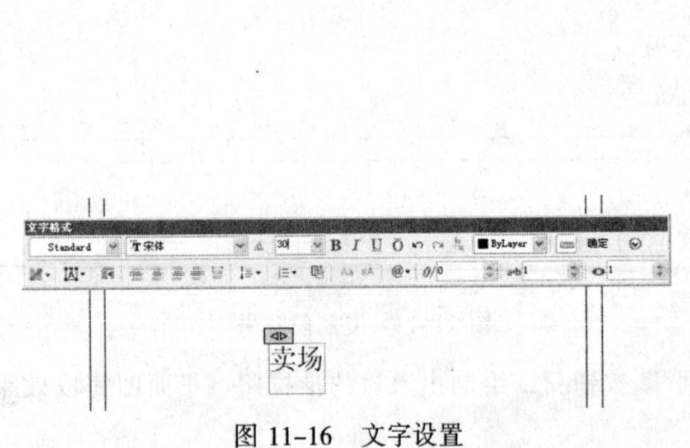

图 11-16　文字设置

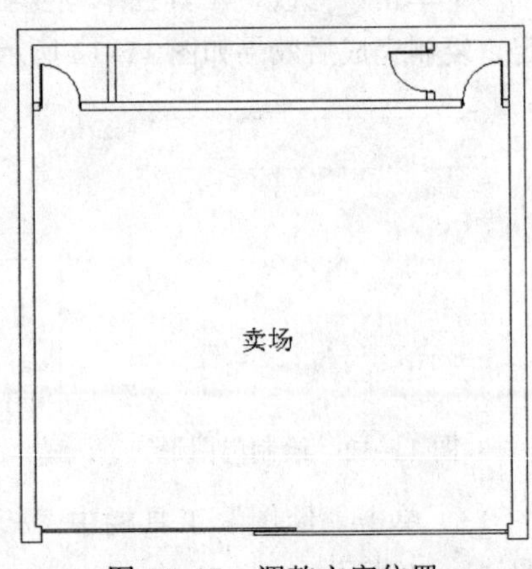

图 11-17　调整文字位置

（4）使用同样的方法标注出服装店文字布置，如图 11-18 所示。

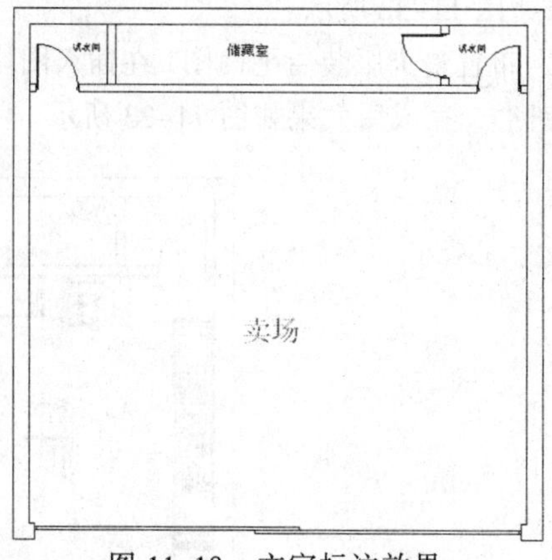

图 11-18　文字标注效果

11.2.5　布置服装专卖店

（1）单击“图层”工具栏“图层特性管理器”按钮，在“图层特性管理器”对话框中单击“新建”按钮，并将其命名为“布置图”层，其他设置为默认。单击“置为当前”按钮，将该图层设为当前图层。

（2）在“图层特性管理器”对话框中“文字标注”图层，单击“开关”按钮，将文字标注图层关闭，如图 11-19 所示。

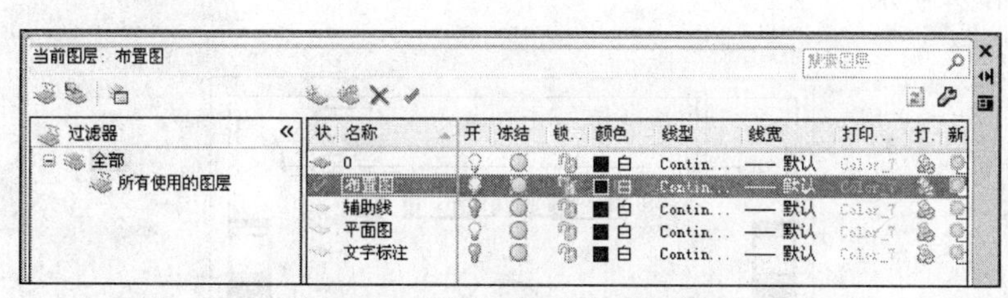

图 11-19　隐藏“标注尺寸”图层

（3）单击“绘图”工具栏中“插入块”按钮，在弹出的“插入”对话框中，单击“浏览”按钮，在弹出的“选择图形文件”对话框中，选择“店面展示.dwg”，如图 11-20 所示。

（4）单击“打开”按钮，将店面展示图块插入到服装店中并调整到合适的位置，如图 11-21 所示。

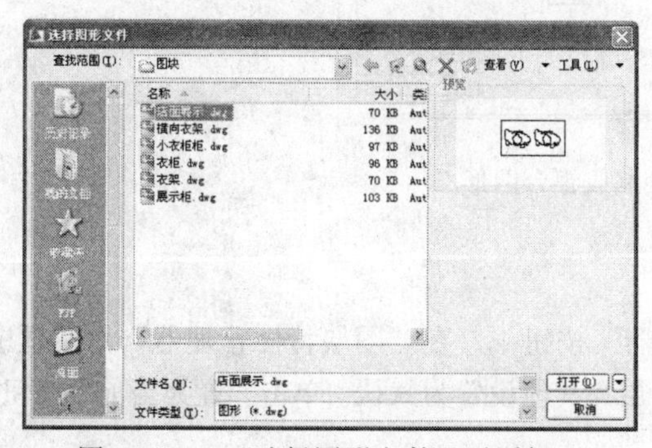

图 11-20　“选择图形文件”对话框

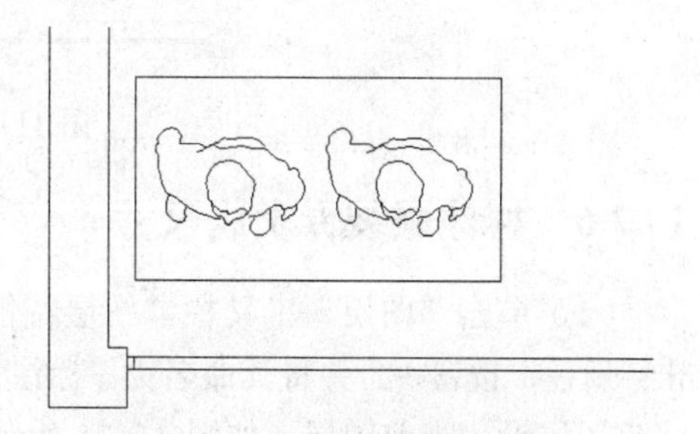

图 11-21　插入店面展示图块

（5）单击“修改”工具栏中“复制”按钮，选择店面展示图形，将其调整到合适的位置并单击确定，复制完成后效果如图 11-22 所示。

（6）通过以上的方法，分别布置整个服装店平面图，在插入图块时可以利用“复制”命令、“镜像”命令和“旋转”按钮，完成后效果如图 11-23 所示。

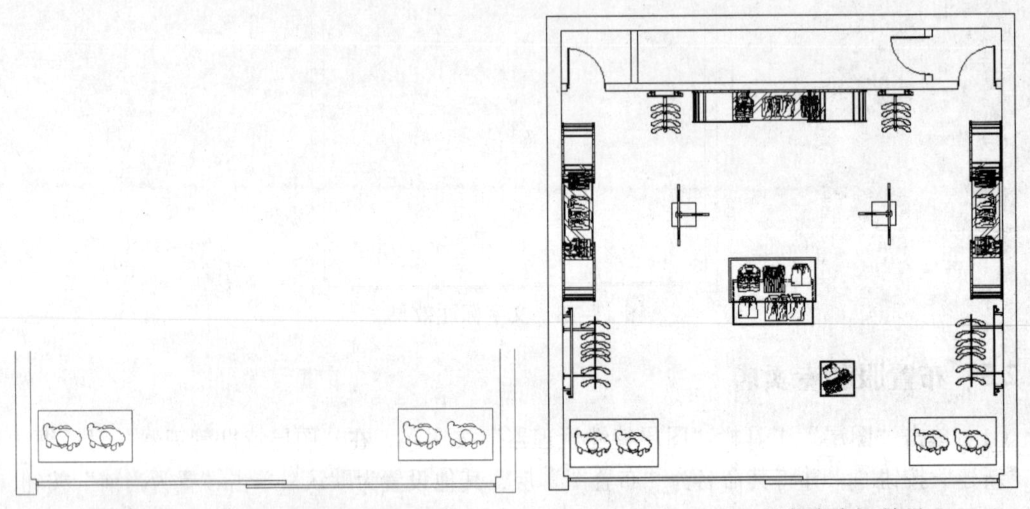

图 11-22　复制并调整图块位置　　　　图 11-23　服装店布置效果

（7）单击“绘图”工具栏中“椭圆”按钮，绘制出两个大小不同的椭圆形，完成后的收银台效果如图 11-24 所示。

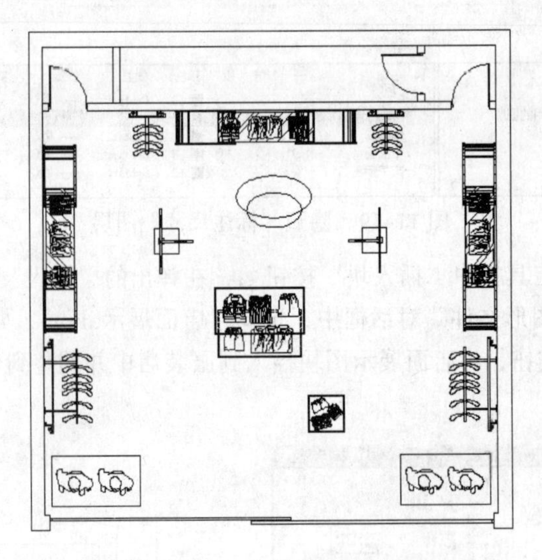

图 11-24　绘制收银台图形

11.2.6　标注服装专卖店尺寸

（1）单击“图层”工具栏“图层特性管理器”按钮，在“图层特性管理器”对话框中单击“新建”按钮，并将其命名为“标注尺寸”层，其他设置为默认。单击“置为当前”按钮，将该图层设为当前图层，如图 11-25 所示。

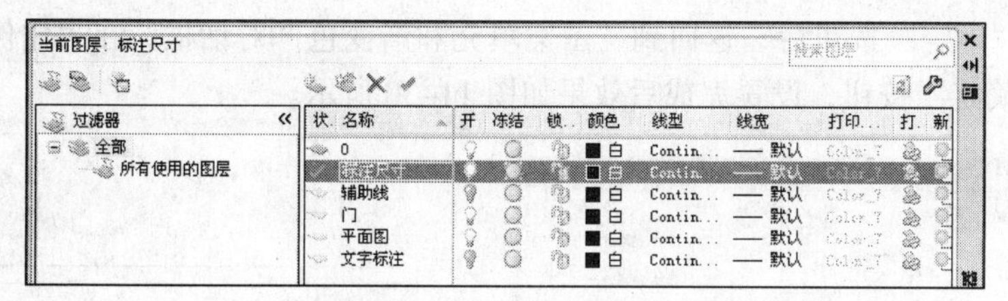

图 11-25　设置“标注尺寸”图层

（2）选择“格式”→“标注样式”命令，在弹出“标注样式管理器”对话框中，设置其各项参数。

（3）选择“标注”→“线性”命令，在绘图区单击指定起始点，标注基本尺寸，如图 11-26 所示。

（4）选择“标注”→“连续”命令，在绘图区指定第二个尺寸界线的起始点，然后分别标注平面图尺寸，如图 11-27 所示。

（5）用同样的方法标注出服装店所有尺寸，标注完成后效果如图 11-28 所示。

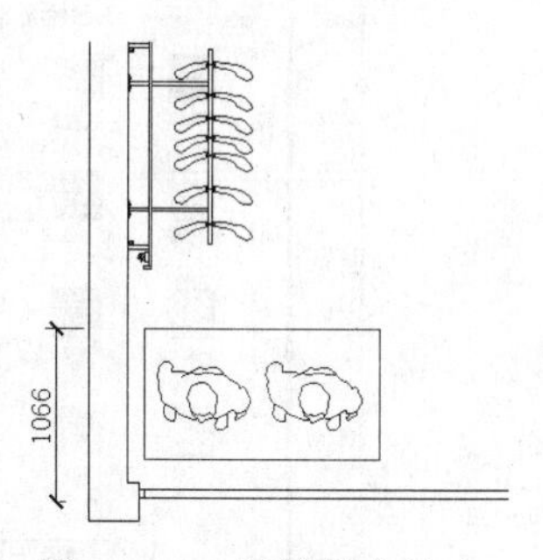

图 11-26　标注基本尺寸

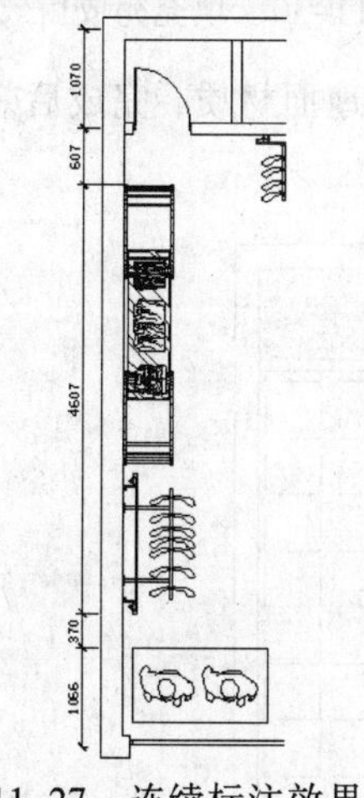

图 11-27　连续标注效果

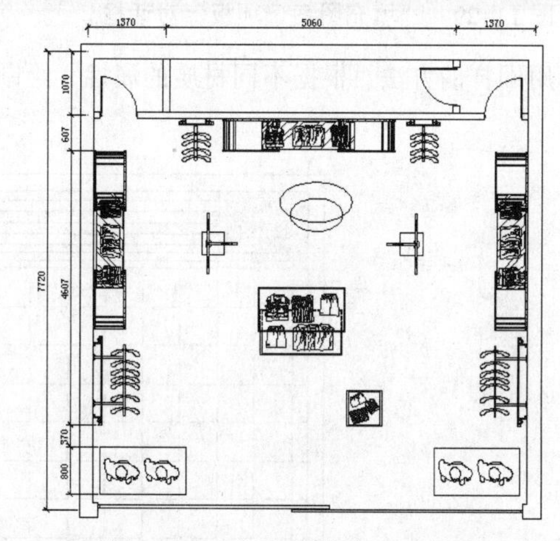

图 11-28　标注服装店尺寸效果

11.3　设置服装专卖店材质

（1）单击“图层”工具栏“图层特性管理器”按钮，在“图层特性管理器”对话框中单击“新建”按钮，并将其命名为“地面材质”层，其颜色选取“黑色”，其他设置为默认。单击“置为当前”按钮✓，将该图层设为当前图层。

（2）在“图层特性管理器”对话框中只保留“平面图”图层，将其余图层关闭。

（3）单击“绘图”工具栏中“矩形”按钮，绘制平面图中卖场区域。

（4）单击“绘图”工具栏中“图案填充”按钮，在弹出的“图案填充和渐变色”对话框中，单击“添加拾取点”按钮，将十字光标在区域内单击。

（5）右击返回对话框，在“图案填充和渐变色”对话框中单击“浏览”按钮，在弹出的“填充图案选项板”对话框中，选择“HEX”图案，如图 11-29 所示。

（6）单击“确定”按钮后，返回到“图案填充和渐变色”对话框，在“比例”文本框中输入 80，单击“确定”按钮，设置完成后效果如图 11-30 所示。

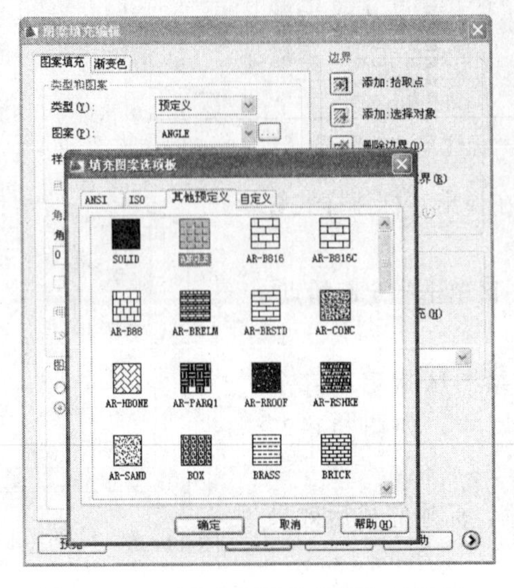

图 11-29 “填充图案选项板”对话框

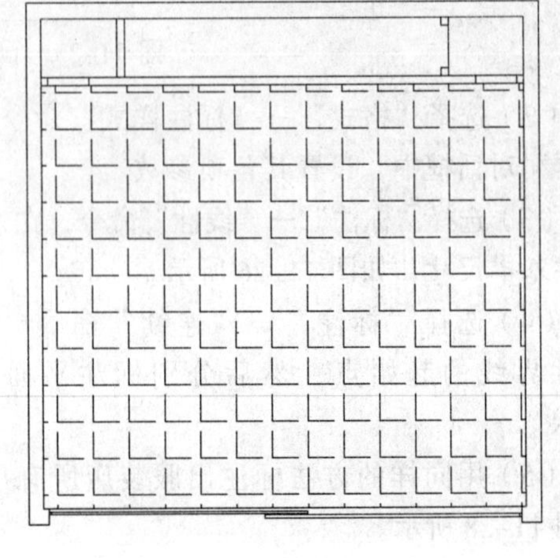

图 11-30 填充完成后效果

（7）用同样的方法，根据不同材质的属性，绘制出服装店地面材质，完成后效果如图 11-31 所示。

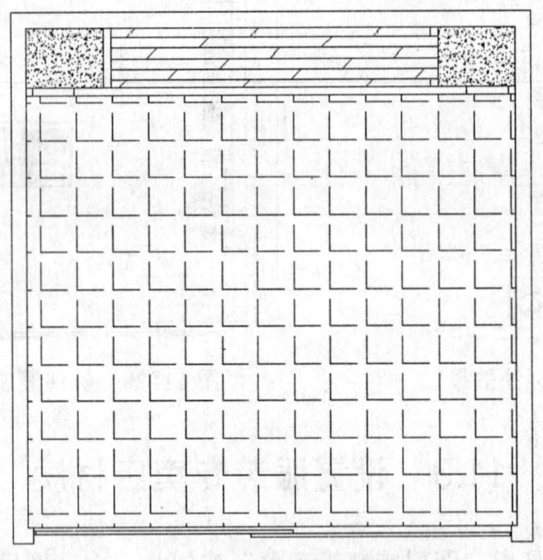

图 11-31 地面材质完成后效果

11.4 服装专卖店顶面图布局

11.4.1 绘制服装专卖店吊顶

（1）单击“图层”工具栏“图层特性管理器”按钮，在“图层特性管理器”对话框中单击“新建”按钮，并将其命名为“吊顶”层，其颜色选取“黑色”，其他设置为默认。单击“置为当前”按钮，将该图层设为当前图层。

（2）在“图层特性管理器”对话框中只保留“平面图”图层，将其余图层关闭，然后平面图向右复制一个。

（3）单击“绘图”工具栏中“直线”按钮，在卖场中指定吊顶起始点，向上移动十字光标在“命令提示区”输入“5200↙”，向右移动十字光标输入“6960↙”，向下移动十字光标输入“5200↙”，如图 11-32 所示。

（4）单击“修改”工具栏中“偏移”按钮，在“命令提示区”输入“300↙”，选择绘制好的线段将其偏移，如图 11-33 所示。

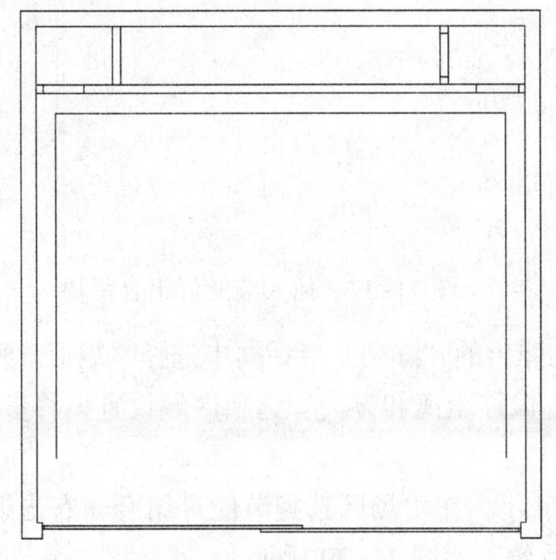

图 11-32　绘制线段

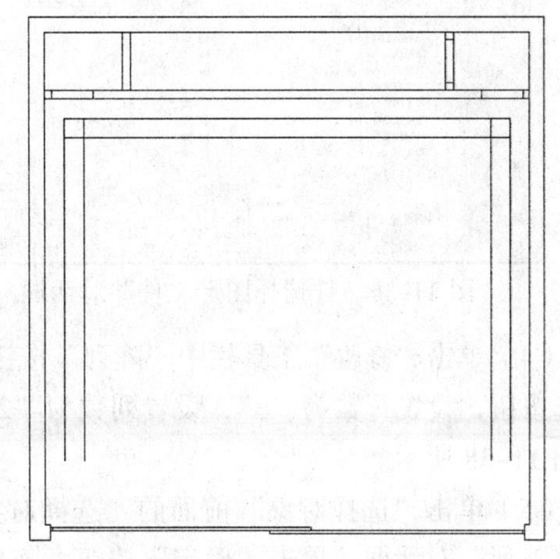

图 11-33　偏移完成效果

（5）偏移完成后使用“修剪”命令和“直线”命令进行修剪，完成后效果如图 11-34 所示。

（6）单击“修改”工具栏中“偏移”按钮，在“命令提示区”输入“100↙”，选择偏移后的线段，完成后吊顶效果如图 11-35 所示。

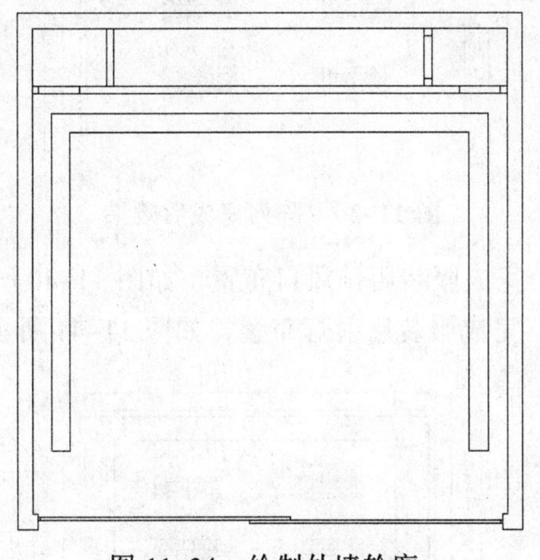

图 11-34　绘制外墙轮廓

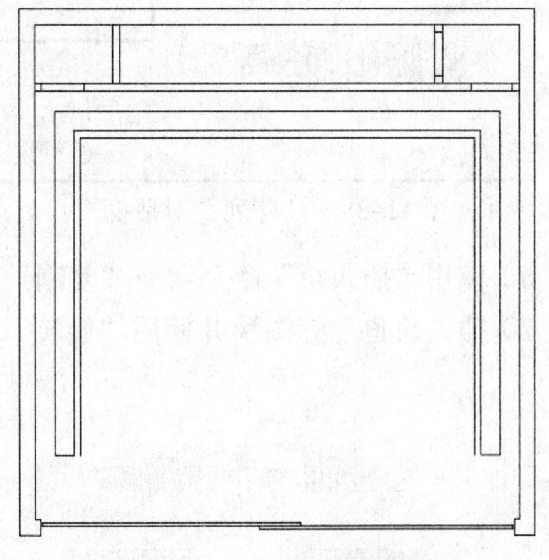

图 11-35　绘制内墙轮廓

11.4.2　布置服装专卖店顶面图

（1）单击“图层”工具栏“图层特性管理器”按钮，在“图层特性管理器”对话框中单击“新建”按钮，并将其命名为“灯具布置”层，其他设置为默认。单击“置为当前”按钮，将该图层设为当前图层。

（2）单击“绘图”工具栏中“插入块”按钮，在弹出的“插入”对话框中，单击“浏览”按钮，在弹出的“选择图形文件”对话框中，选择“节能灯组合.dwg”，如图 11-36 所示。

（3）单击“打开”按钮，将节能灯组合图块插入到卖场中并调整到合适的位置，如图 11-37 所示。

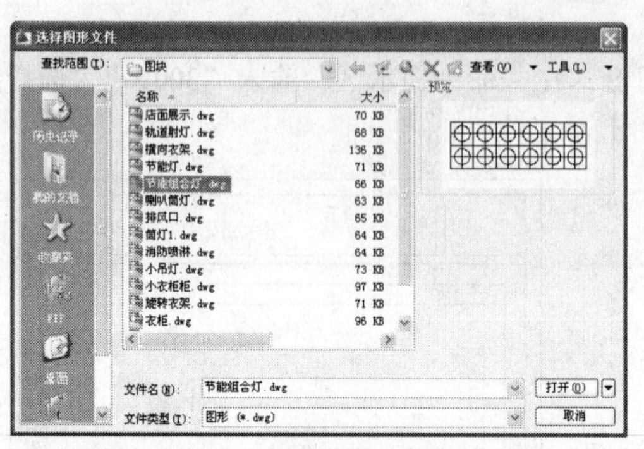

图 11-36 “选择图形文件”对话框

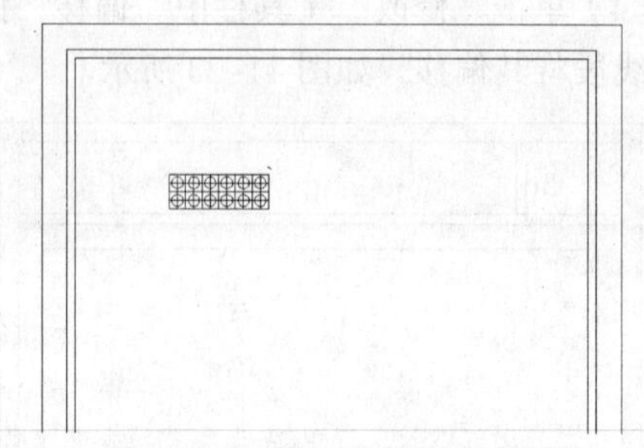

图 11-37 插入节能灯组合图块

（4）单击“修改”工具栏中“阵列”按钮，在弹出的“阵列”对话框中选择“矩形阵列”单选按钮，设置行数为“3”，设置列数为“2”，在“偏移距离和方向”选项区域设置偏移参数，如图 11-38 所示。

（5）单击“选择对象”前面的“选择对象”按钮，在卖场区选择节能灯组合，右击返回到“阵列”对话框，单击“确定”按钮，阵列完成后效果如图 11-39 所示。

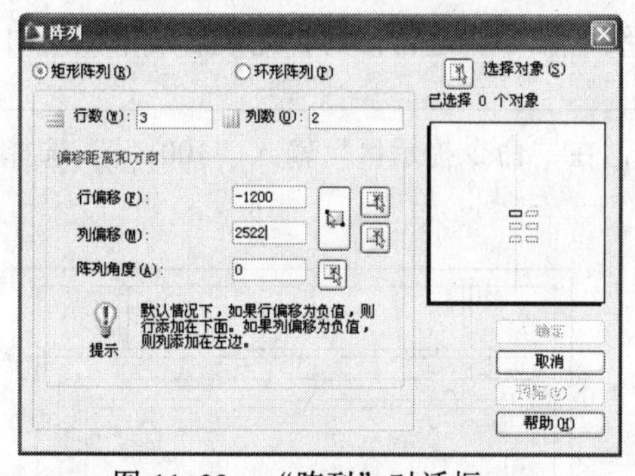

图 11-38 “阵列”对话框

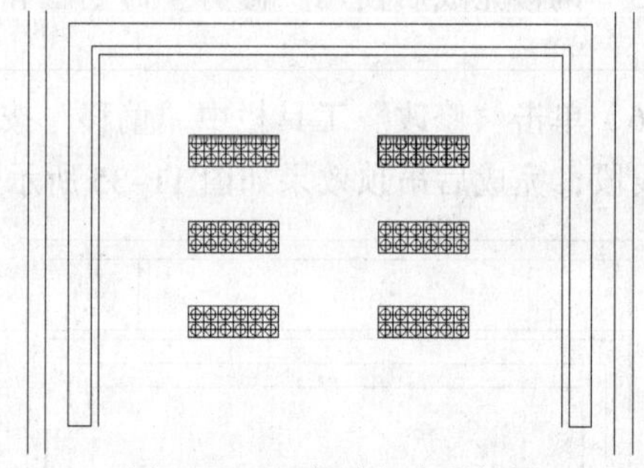

图 11-39 阵列完成后效果

（6）使用“插入块”命令、“复制”命令，完成服装店排风口布置，如图 11-40 所示。

（7）插入轨道射灯图块并使用“旋转”命令，完成服装店射灯布置，如图 11-41 所示。

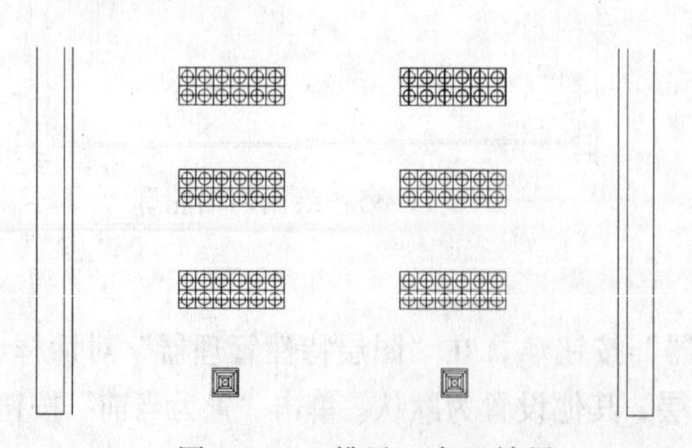

图 11-40 排风口布置效果

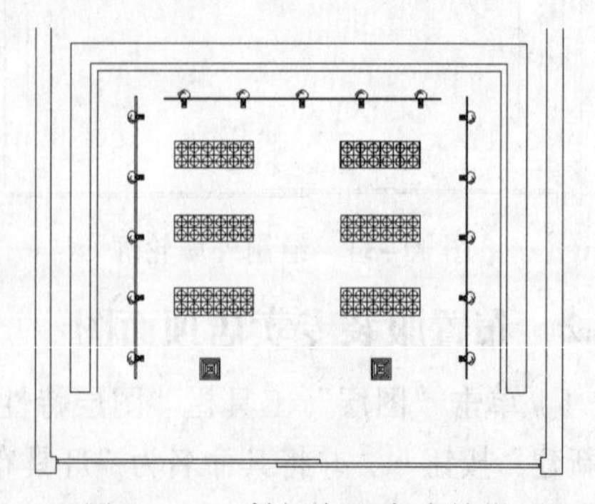

图 11-41 射灯布置完成效果

（8）使用“插入块”命令，插入筒灯、节能灯、烟感器图块并配合“复制”命令和“阵列”命令，完成服装店顶面图布置，如图 11-42 所示。

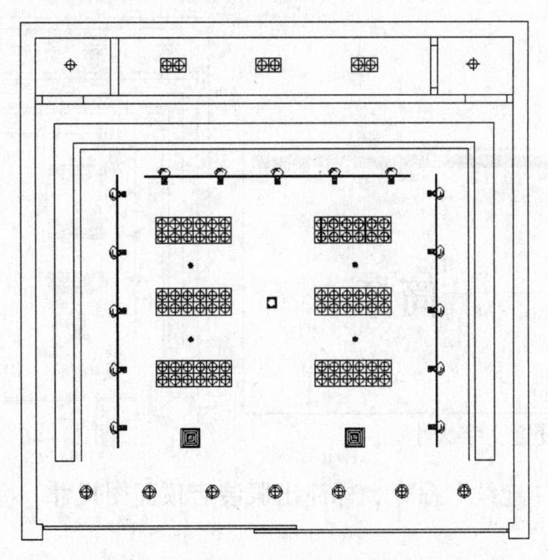

图 11-42　服装店顶面图布置效果

11.4.3　标注服装专卖店顶面图

（1）单击“图层”工具栏“图层特性管理器”按钮，在“图层特性管理器”对话框中单击“新建”按钮，并将其命名为“材质标注”层，其颜色选取“黑色”，其他设置为默认。单击“置为当前”按钮，将该图层设为当前图层。

（2）选择“格式”→“多重引线样式”命令，弹出“多重引线样式管理器”对话框，单击“新建”按钮，弹出“创建新多重引线样式”对话框，在“新样式名”文本框中输入名称“样式”，如图 11-43 所示。

（3）单击“继续”按钮，弹出“修改多重引线样式：样式”对话框，选择“引线格式”选项卡，在“箭头”选项区域设置符号和大小，如图 11-44 所示。

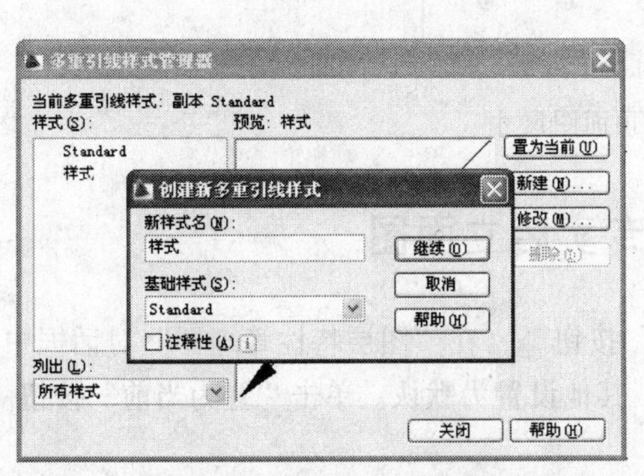

图 11-43　“创建新多重引线样式”对话框

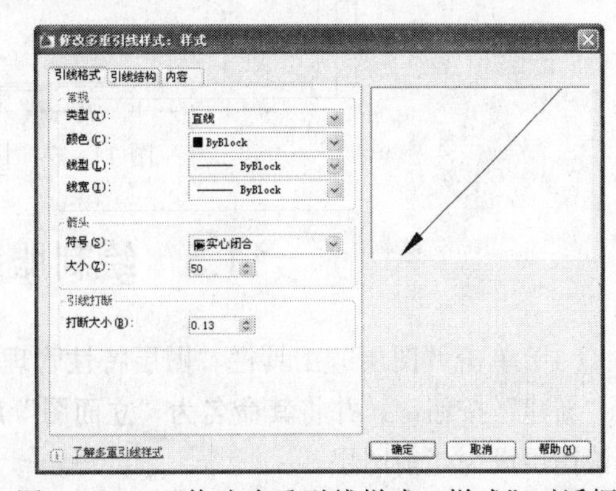

图 11-44　“修改多重引线样式：样式”对话框

（4）单击“确定”按钮，返回到“多重引线样式管理器”对话框，在“样式”选项区域出现“箭头”样式，单击“关闭”按钮。

（5）选择“标注”→“多重引线”命令，在绘图区指定标注的起始点，在弹出的“文字格式”对话框中输入文字及设置字体大小，如图 11-45 所示。

（6）用同样的方法标注灯具名称及顶棚材质名称，完成后效果如图 11-46 所示。

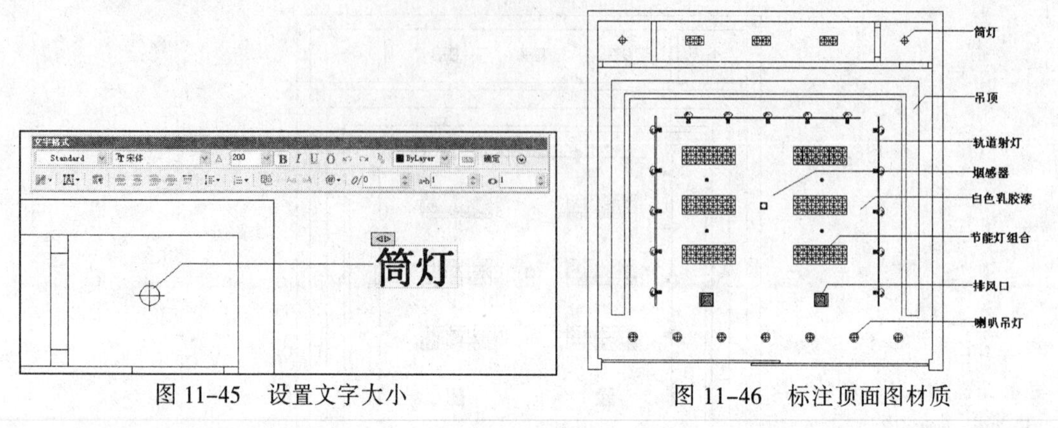

图 11-45　设置文字大小　　　　图 11-46　标注顶面图材质

（7）使用“线性”和“连续”命令，标注出服装店顶面图尺寸，标注完成后效果如图 11-47 所示。

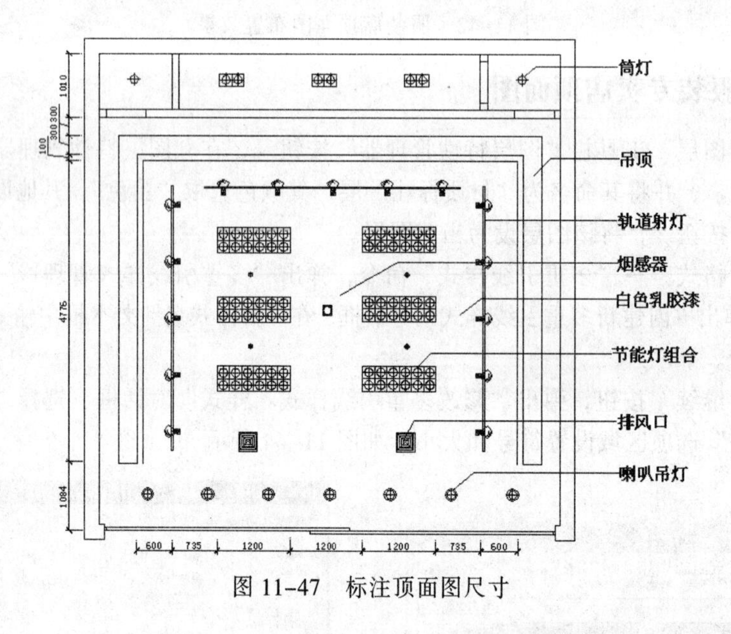

图 11-47　标注顶面图尺寸

11.5　绘制服装专卖店立面图

（1）单击“图层”工具栏“图层特性管理器”按钮，在“图层特性管理器”对话框中单击“新建”按钮，并将其命名为“立面图”层，其他设置为默认。单击“置为当前”按钮，将该图层设为当前图层。

（2）单击“绘图”工具栏中“矩形”按钮，在绘图区域中单击指定起始点，在“命令提示区”中输入“@7800,-2800↙”，如图 11-48 所示。

（3）单击“绘图”工具栏中“插入块”按钮，在弹出的“插入”对话框中，单击“浏览”按钮，在弹出的“选择图形文件”对话框中，选择“试衣间.dwg”，如图 11-49 所示。

图 11-48　绘制矩形

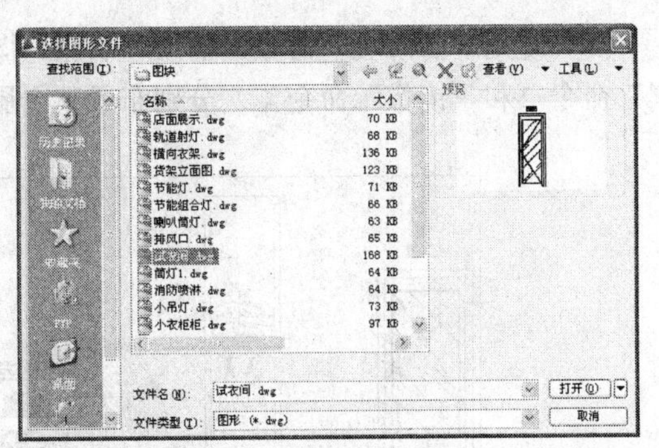

图 11-49　“选择图形文件”对话框

（4）单击“打开”按钮，将试衣间图块插入到矩形中并调整到合适的位置，如图 11-50 所示。

（5）单击“绘图”工具栏中“矩形”按钮▭，在绘图区域中单击指定起始点，在“命令提示区”中输入“@600，-2300↙”，如图 11-51 所示。

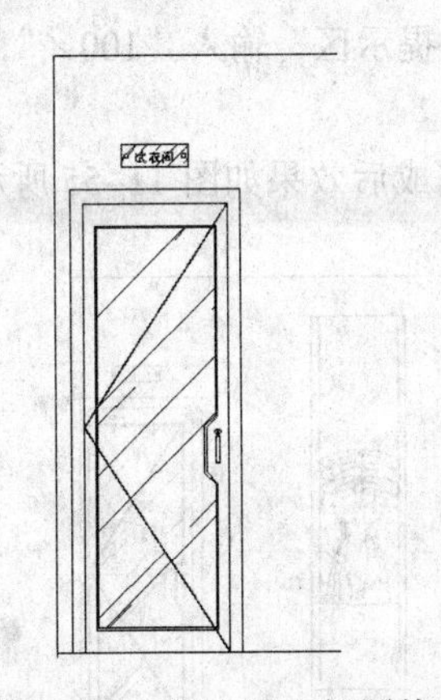

图 11-50　插入试衣间图块

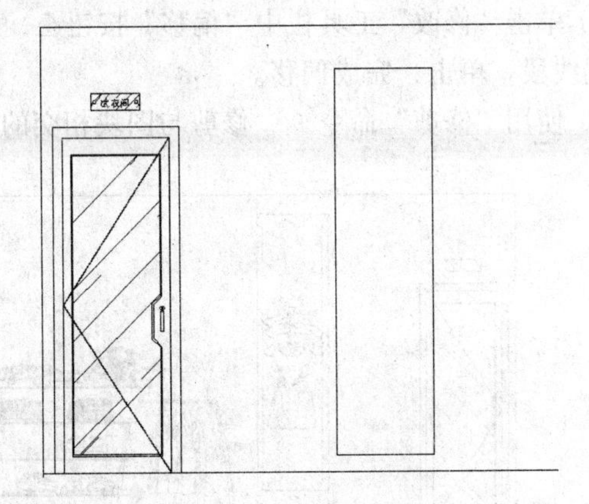

图 11-51　绘制矩形

（6）单击“修改”工具栏中“偏移”按钮，在“命令提示区”输入“50↙”，在绘图区选择矩形，单击，完成偏移。

（7）单击“修改”工具栏中“分解”按钮，选择偏移后的矩形并将上下两端直线删除，完成后效果如图 11-52 所示。

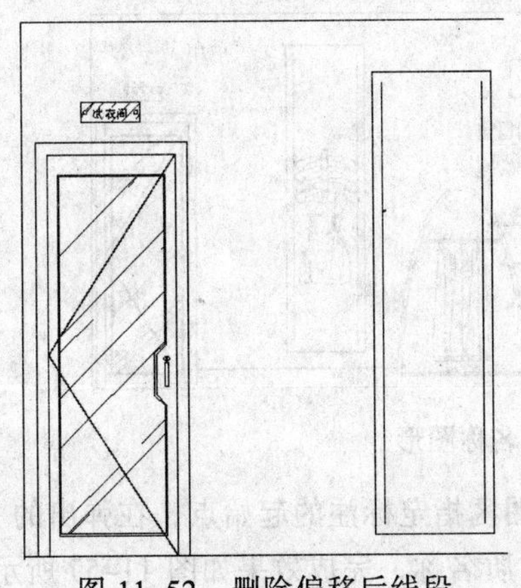

图 11-52　删除偏移后线段

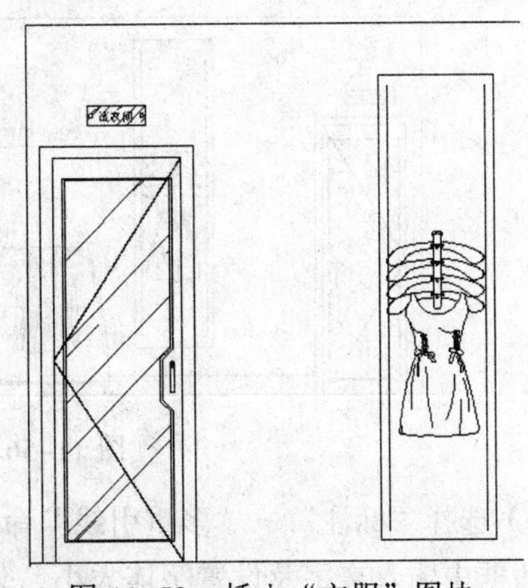

图 11-53　插入“衣服”图块

（8）使用“插入块”命令，插入“衣服”图块，如图 11–53 所示。在插入图块时利用“复制”命令和“镜像”命令，分别布置整个服装店立面图，完成后效果如图 11–54 所示。

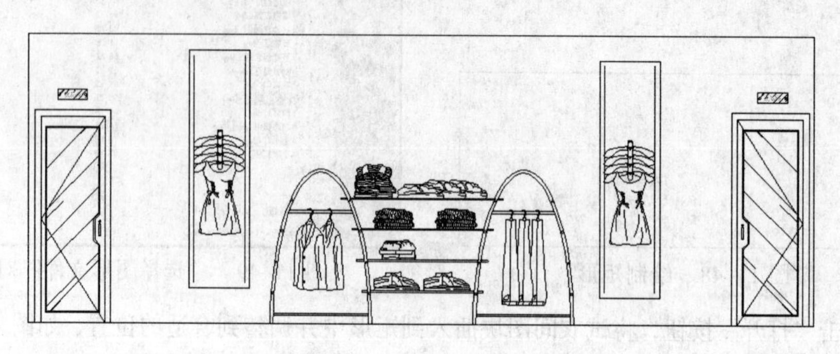

图 11–54　完成立面图布置

（9）单击“修改”工具栏中“分解”按钮，选择外墙矩形将其分解。

（10）单击“修改”工具栏中“偏移”按钮，在“命令提示区”输入“100↙”，在绘图区选择底端线段，单击，完成偏移。

（11）使用“修剪”命令，修剪与图块相交的线段，完成后效果如图 11–55 所示。

图 11–55　修剪直线完成效果

（12）使用“矩形”命令和“阵列”命令，绘制出服装店品牌名称图形，如图 11–56 所示。

图 11–56　绘制品牌名称图形

（13）选择“标注”→“多重引线”命令，在绘图区指定标注的起始点，在弹出的“文字格式”对话框中输入文字及设置字体大小，分别标注材质名称，完成效果如图 11–57 所示。

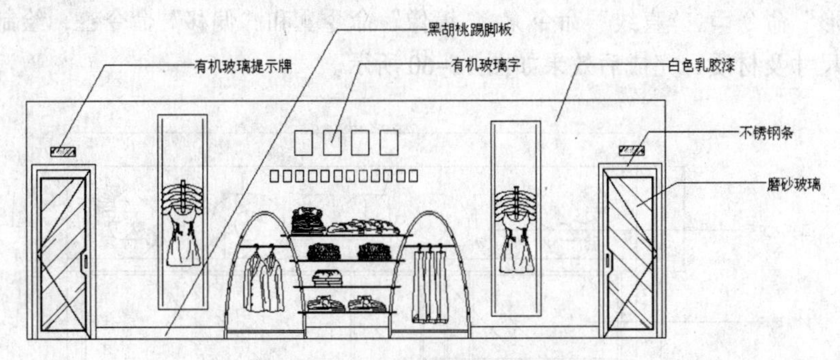

图 11-57　标注材质完成效果

(14)使用“线性”和“连续”命令，标注出服装店立面图尺寸，标注完成后效果如图 11-58 所示。

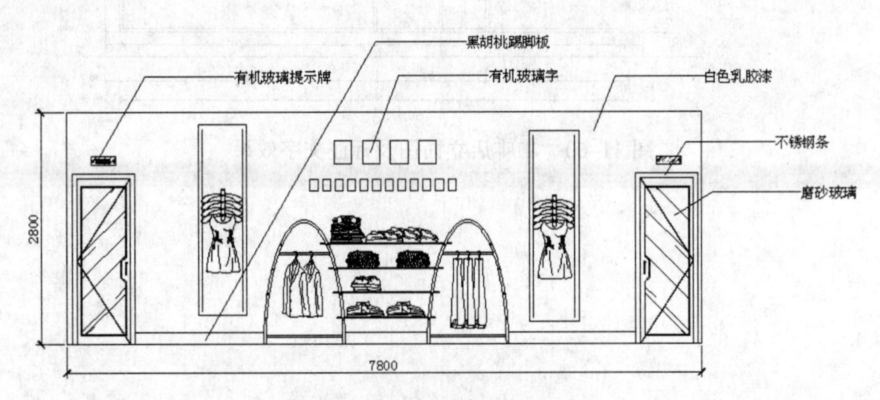

图 11-58　标注尺寸完成效果

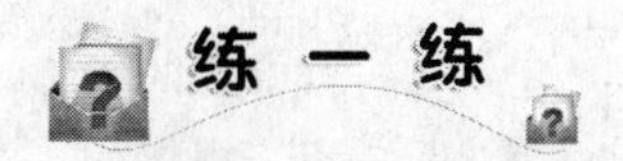

练一练

1. 使用“直线”命令、“圆弧”命令和“偏移”命令，同时配合复制对象命令、插入命令和旋转命令，绘制咖啡店平面图布置图，绘制完成后效果如图 11-59 所示。

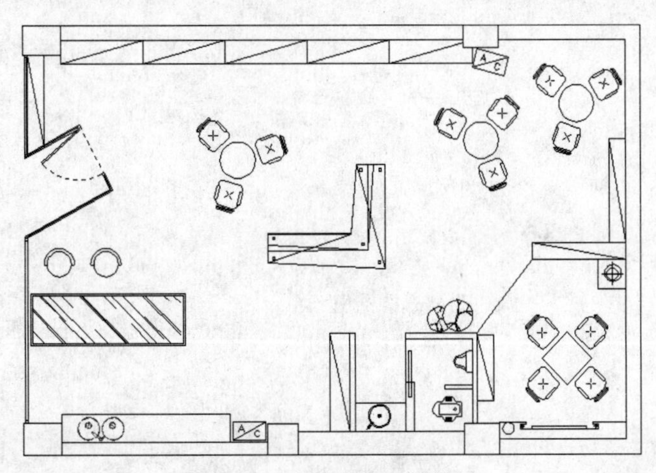

图 11-59　咖啡店布置图效果

2. 使用“矩形”命令▭、“直线”命令╱、“镜像”命令⫶和“偏移”命令⊂，绘制咖啡店立面图并标注尺寸及材质，完成后效果如图 11-60 所示。

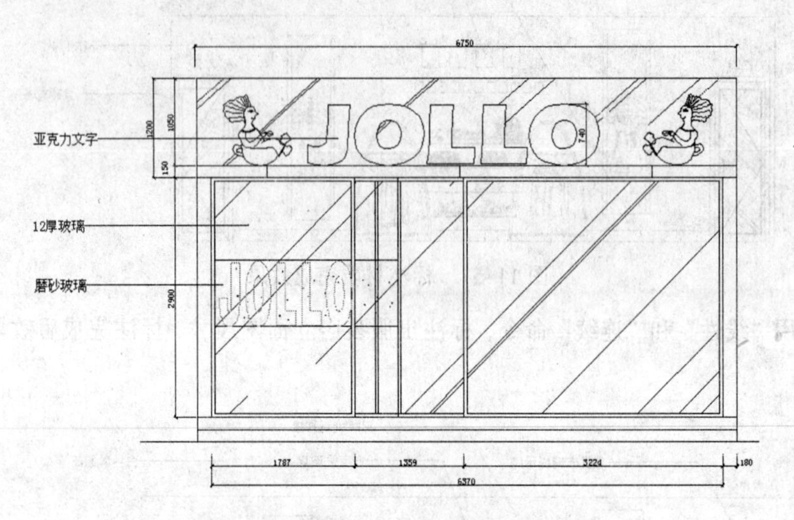

图 11-60　咖啡店立面图及标注文字效果

第12章

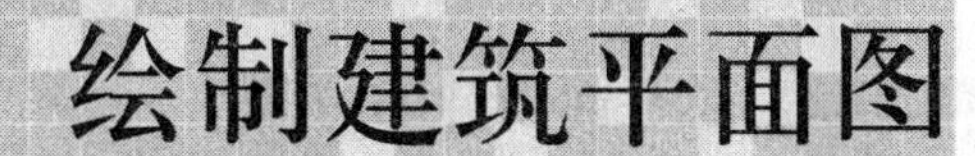

学习目标

- 绘制运动场平面图
- 绘制幼儿园平面图

12.1 了解建筑的平面图

从外观上看，地球上的建筑物可谓千姿百态，似乎没有什么规律。和外观一样，对于建筑物的建筑构思、结构选型和功能等设计问题，同样没有统一的规律可循。同时，建筑的设计还是个综合问题，因为它涉及到艺术，它需要逻辑推理和理性思考，也需要跳跃性思维。因此对于初学这个专业的学生，了解建筑的平面图是接触这一看似复杂的课题的开始。

12.1.1 总平面设计

所谓总平面设计，指的是建筑师对建筑体量在用地环境中的规划和分布。它是对建筑形体组织体量组合与诸如自然条件、城市环境、交通系统等因素之间关系的一种反映。

对于总平面设计，可以从以下 3 个方面进行考虑。

1. 建筑与环境

建筑都是存在于环境之中的，因此，环境好坏会对建筑产生深远影响。建筑与环境是一个统一的整体，建筑物形体组合、立面处理时以及内部空间的组织和安排都应该考虑到自然环境的因素，如建筑周围的地形、植被等情况。总而言之，要考虑建筑与环境之间的影响和联系，在视觉甚至听觉上，以最大限度对环境进行利用，并将建筑与环境进行融合。

2. 建筑与地形

地形会对建筑的外观产生一定的影响。例如，一些建筑会出现诸如三角形、梯形、扇形或其他一些不规则形状，这都是受到地形影响的结果。地形虽然可以制约建筑的设计，但如果能将这些制约条件巧妙的利用起来，让剖面设计与地形进行合理搭配，则可以获得很好的效果，形成鲜明的特点。当然，对于地形的利用应该适度，对环境的加工、整理或改造应该仅限于对建筑的烘托，而不应该让环境中所蕴涵的自然美遭到破坏。

3. 外部空间

对于外部空间，人们的认识是逐渐形成的。外部空间通常包括“开敞”和“封闭”两种形式。其中，开敞式是以空间包围建筑物，而封闭式则是以建筑实体围合而形成的空间。除了这两种形式之外，还有“半开敞”和“半封闭”等空间形式。当然，无论是哪一种形式，都应该考虑到人的活动这一重要因素。

4. 其他因素

除此之外，地段的大小、形状、道路交通状况、相邻建筑情况、朝向、常年风向等内容也都是影响建筑物布局的因素。

12.1.2 总平面设计的方法

对于一个总平面设计而言，首先要完成的任务是在图纸的基础上，对建筑进行现场实测。这一步骤可以帮助设计人员获得直观的环境信息，从而对之前所绘制的图纸信息进行纠正，并确定设计的风格。之后，还要掌握诸如交通、车流、人流、地理、绿化、地势、地形等现状的具体情况。这一步，对于确定建筑施工的具体细节将起到重要的参考作用。建筑，当然离不开人的各种活动，因而，人文景观和传统文化也是需要考虑的重要因素。此外，诸如风向、日照和气候特征等自然因素也在考虑范围之内。最后，还要确定好平面设计与实际建筑的比例。比例的准确度越高，对于日后施工的精确度也越高。通常情况下，选用的比例有“1:300:500，1:1000，1:1500 ，1:2000”四种。

12.2 绘制运动场平面图

12.2.1 建立运动场平面图区域

（1）在快速访问工具栏中单击“新建”按钮，在弹出的“选择样板”对话框中选择模板样式。

（2）选择“格式”→“单位”命令，在弹出的“图形单位”对话框中设置其长度、角度和缩放比例，单击“确定”完成，如图 12-1 所示。

（3）选择“格式”→“图形界限”命令，在“命令提示区”中输入“0，0↙”。

（4）在“命令提示区”中输入“@10000，70000↙”。

（5）在“命令提示区”中输入“Z↙”，再次输入“A↙”。

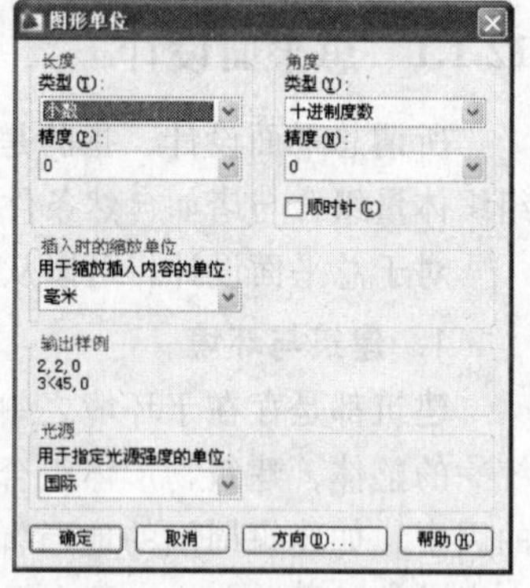

图 12-1 “图形单位”对话框

12.2.2 绘制辅助线

（1）单击“图层”工具栏“图层特性管理器”按钮，在“图层特性管理器”对话框中单击“新建”按钮，并将其命名为“辅助线”层，其颜色选取“红色”，其他设置为默认。单击“置为当前”按钮，将该图层设为当前图层。

（2）单击状态栏中的“正交”按钮，打开正交模式。单击“绘图”工具栏中“直线”按钮。

（3）单击指定起始点，向下绘制第一条辅助线，如图 12-2 所示。

（4）单击“修改”工具栏中“偏移”按钮，在“命令提示区”输入“18874↙”，在绘图区选择垂直线，单击，完成偏移后效果如图 12-3 所示。

（5）使用偏移命令依次偏移出 45124，26250，20079，完成纵向辅助线，效果如图 12-4 所示。

图 12-2　绘制垂直线　　图 12-3　偏移线段效果　　图 12-4　绘制纵向辅助线

（6）单击“绘图”工具栏中“直线”按钮，单击指定起始点，向右绘制一条直线。

（7）使用偏移命令依次偏移出 11671，50158，6499，完成横向辅助线，效果如图 12-5 所示。

图 12-5　绘制横向辅助线

12.2.3　绘制运动场平面图

（1）单击“图层”工具栏“图层特性管理器”按钮，在“图层特性管理器”对话框中单击“新建”按钮，并将其命名为“平面图”层，其他设置为默认。单击“置为当前”按钮，将该图层设为当前图层，如图 12-6 所示。

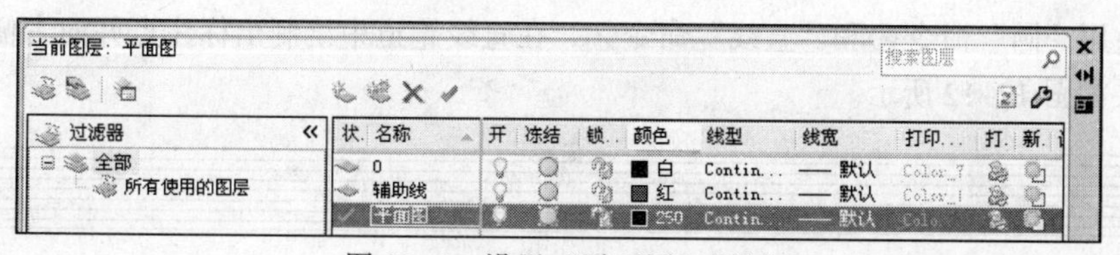

图 12-6　设置“平面图”图层

（2）单击“绘图”工具栏中“直线”按钮，在辅助线中指定起始点。

（3）在绘图区中单击指定起始点，单击状态栏中的“正交”按钮，依据辅助线绘制出运动场地轮廓，如图 12-7 所示。

（4）单击“修改”工具栏中“圆角”按钮，在“命令提示区”中输入“R↙”，“5000↙”，分别单击右侧两条段线，将其进行圆角效果，如图 12-8 所示。

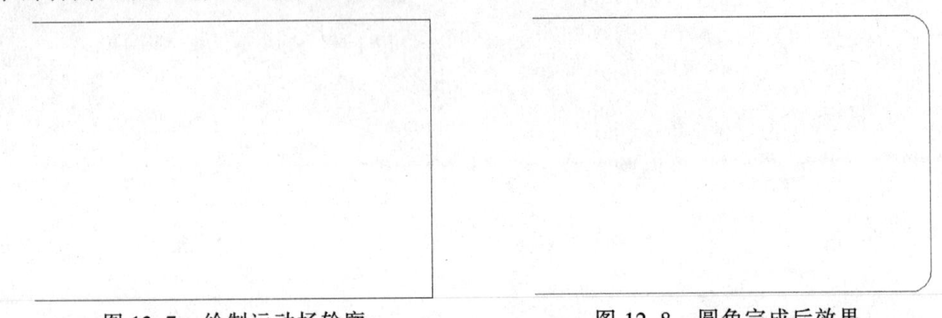

图 12-7　绘制运动场轮廓　　　　图 12-8　圆角完成后效果

（5）单击“绘图”工具栏中“直线”按钮，在运动场地中指定起始点，向右绘制第一条直线。

（6）单击“修改”工具栏中“阵列”按钮，在弹出的“阵列”对话框中选择“矩形阵列”单选按钮，设置行数为“9”，设置列数为“1”，在“偏移距离和方向”选项区域中设置偏移参数，如图 12-9 所示。

（7）单击“选择对象”前面的“选择对象”按钮，在视图中选择直线右击返回到“阵列”对话框，单击“确定”按钮，阵列完成后效果如图 12-10 所示。

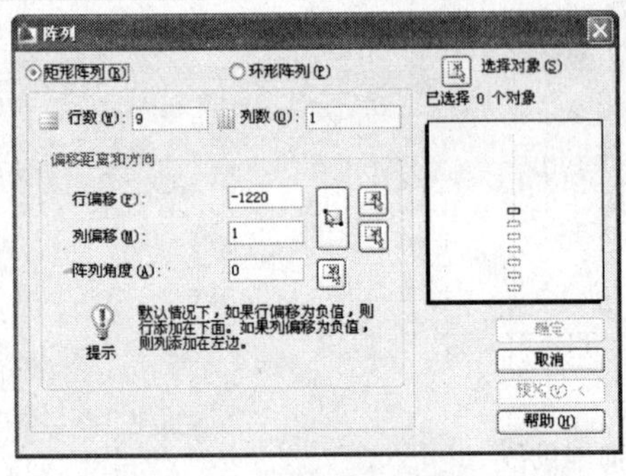

图 12-9　“阵列”对话框　　　　图 12-10　偏移完成后效果

（8）使用“直线”命令，将运动场地两端闭合，绘制完成后效果如图 12-11 所示。

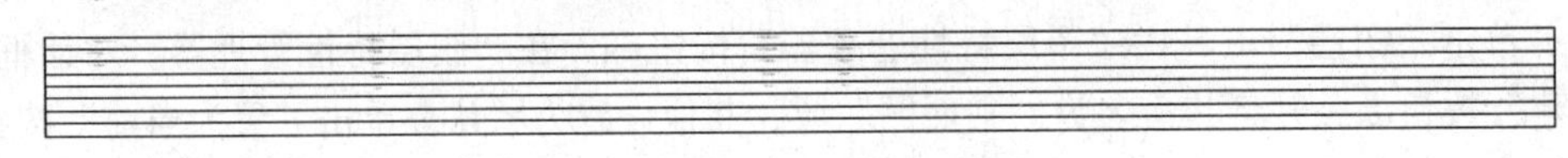

图 12-11　闭合场地两端

（9）使用“圆”命令和“直线”命令，在直线跑道中绘制出标注点并向右侧复制一个，完成后效果如图 12-12 所示。

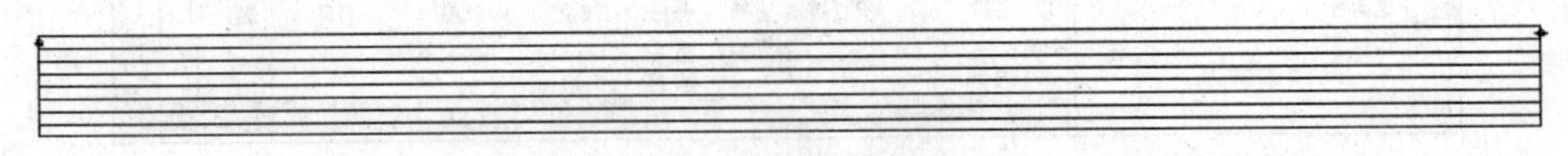

图 12-12　绘制跑道标注点

（10）单击“绘图”工具栏中“直线”按钮，在运动场底部位置指定起始点，向右绘制第一条直线。

（11）单击“修改”工具栏中“阵列”按钮，在弹出的“阵列”对话框中选择“矩形阵列”单选按钮，设置行数为“9”，设置列数为“1”，在“偏移距离和方向”选项区域中设置偏移参数，如图 12-13 所示。

（12）单击“选择对象”前面的“选择对象”按钮，在视图中选择直线右击返回到“阵列”对话框，单击“确定”按钮，阵列完成后效果如图 12-14 所示。

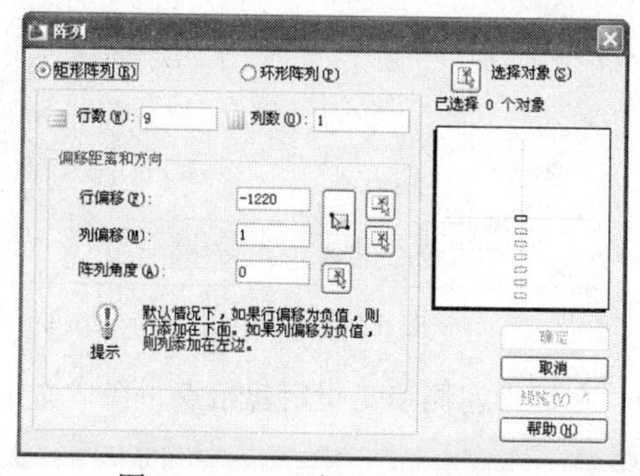

图 12-13　“阵列”对话框

图 12-14　阵列完成后效果

（13）单击“绘图”工具栏中“圆弧”命令，在上下跑道中绘制一条圆弧，绘制完成后效果如图 12-15 所示。

（14）单击“修改”工具栏中“偏移”按钮，在“命令提示区”输入“1280↙”，选择圆弧并单击，完成偏移后效果如图 12-16 所示。

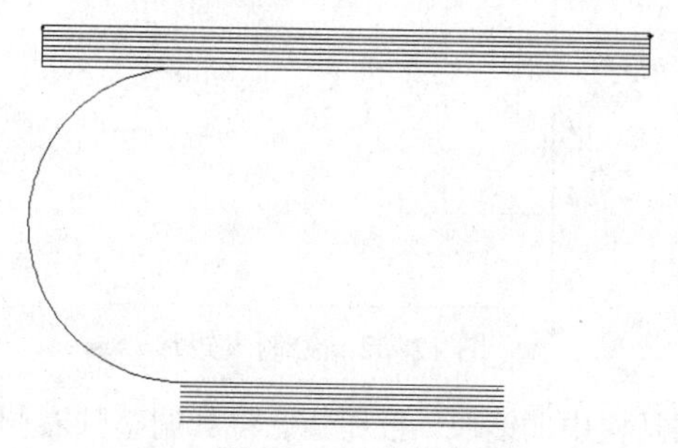
图 12-15　绘制圆弧

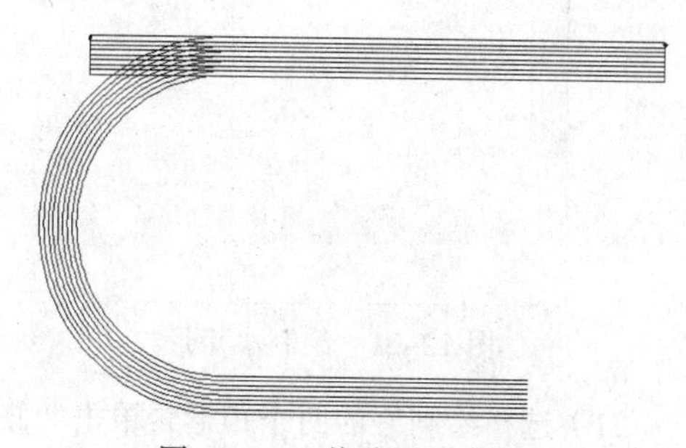
图 12-16　偏移圆弧完成效果

（15）用同样的方法绘制右侧圆弧并偏移出圆弧跑道，完成后效果如图 12-17 所示。

（16）单击“绘图”工具栏中“矩形”按钮，依据辅助线绘制出一个矩形，如图 12-18 所示。

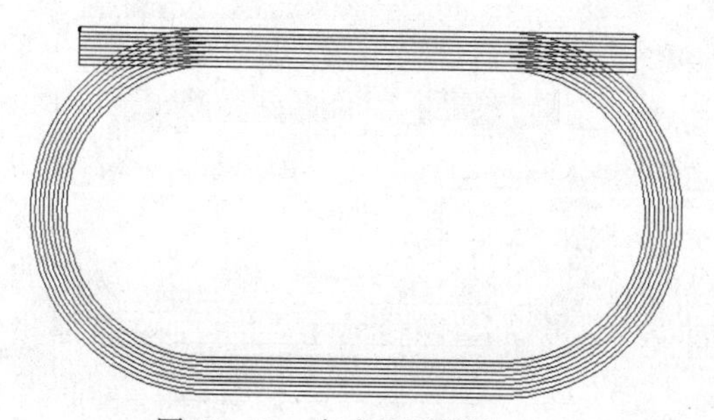
图 12-17　完成圆弧跑道

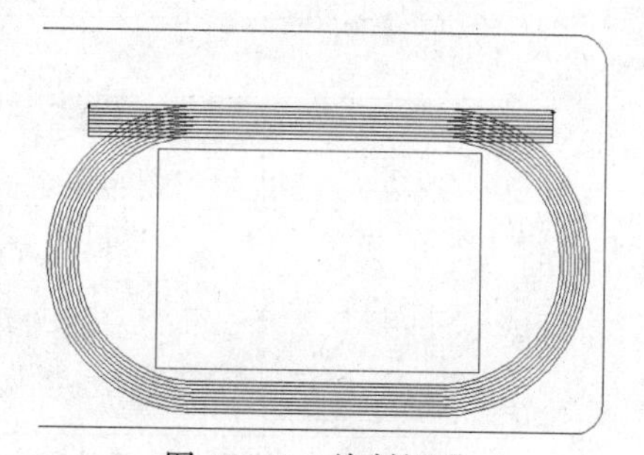
图 12-18　绘制矩形

（17）单击“绘图”工具栏中“直线”按钮⁄，依据辅助线在矩形中心位置绘制一条垂直线，如图 12-19 所示。

（18）单击“绘图”工具栏中“圆”按钮⊙，在矩形中心指定圆心点，在命令提示区中输入“150↙”绘制完成后效果如图 12-20 所示。

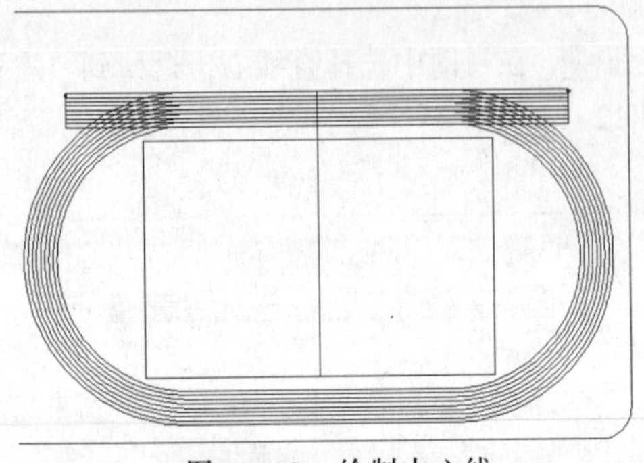

图 12-19　绘制中心线

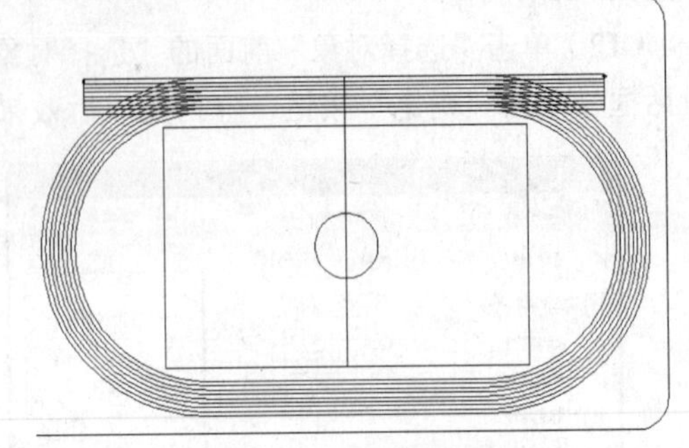

图 12-20　绘制圆形

（19）单击“绘图”工具栏中“矩形”按钮□，在矩形左侧单击指定起始点，在“命令提示区”中输入“5300，18320↙”如图 12-21 所示。

（20）单击“绘图”工具栏中“矩形”命令按钮□，在矩形左侧中单击指定起始点，在“命令提示区”中输入“16500，40320↙”如图 12-22 所示。

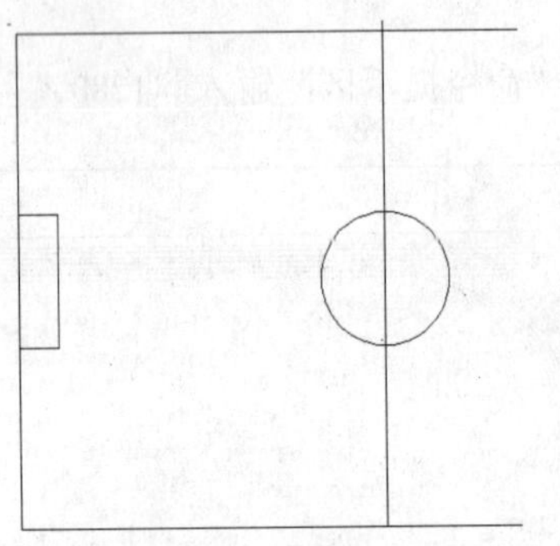

图 12-21　绘制小矩形

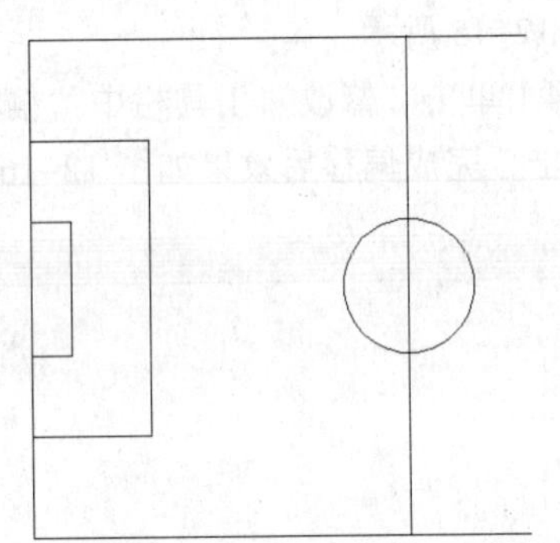

图 12-22　绘制大矩形

（21）选择绘制好的两个矩形，单击“修改”工具栏中“镜像”按钮⚠，将其调整到右侧中，完成后效果如图 12-23 所示。

（22）单击“绘图”工具栏中“直线”按钮⁄，在直线跑道上方绘制 3 条垂直线，如图 12-24 所示。

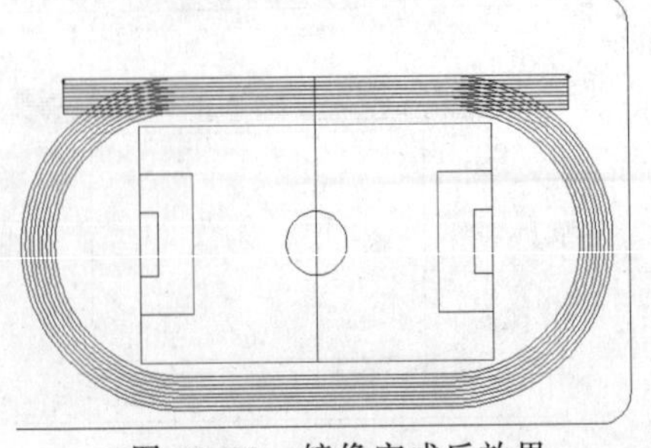

图 12-23　镜像完成后效果

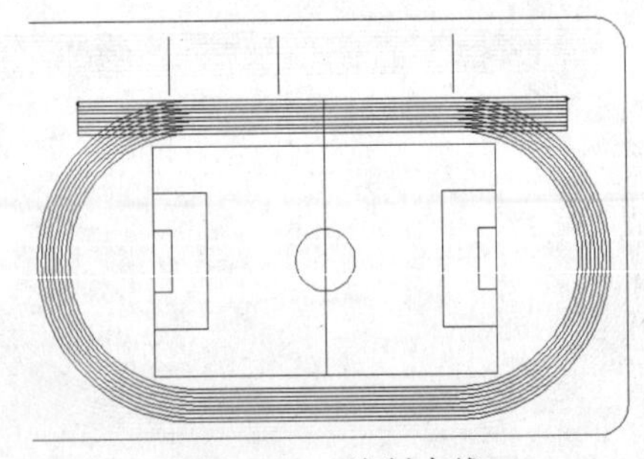

图 12-24　绘制直线

（23）单击“绘图”工具栏中“圆”按钮，在绘图区中指定起始点并绘制出一个圆形，如图 12-25 所示。

（24）单击“修改”工具栏中“阵列”按钮，在弹出的“阵列”对话框中选择“矩形阵列”单选按钮，设置行数为“1”，设置列数为“3”，在“偏移距离和方向”选项区域中设置偏移参数，如图 12-26 所示。

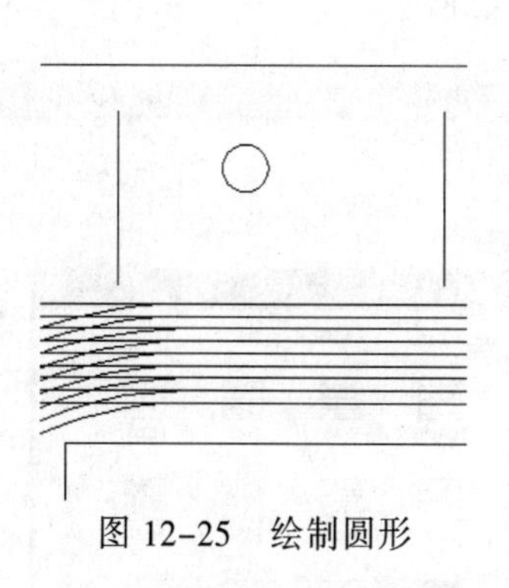

图 12-25　绘制圆形

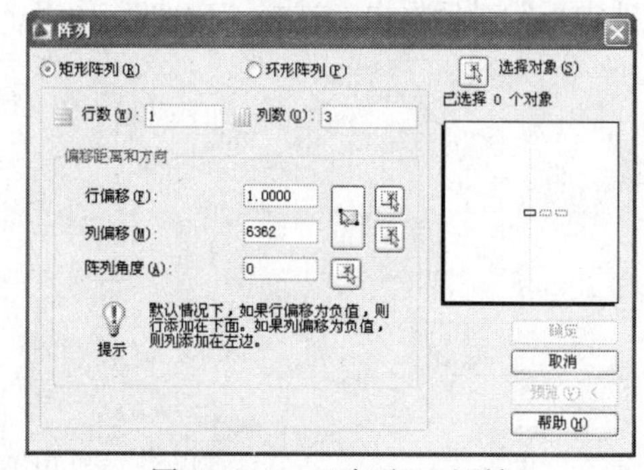

图 12-26　“阵列”对话框

（25）单击“选择对象”前面的“选择对象”按钮，选择图，右击返回到“阵列”对话框，单击“确定”按钮，阵列完成后效果如图 12-27 所示。

（26）用同样的方法绘制右侧圆形并进行阵列命令，完成后效果如图 12-28 所示。

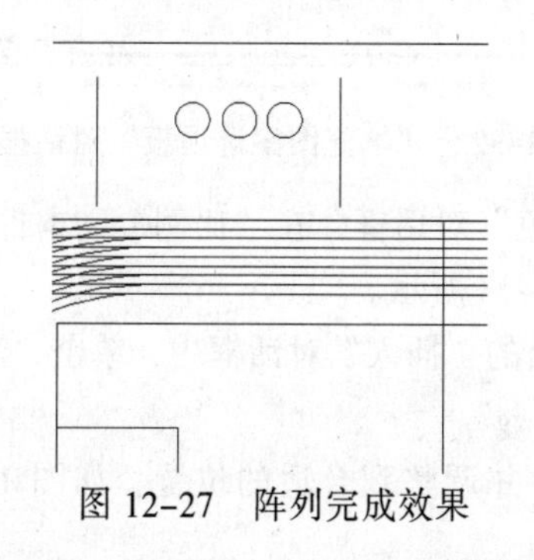

图 12-27　阵列完成效果

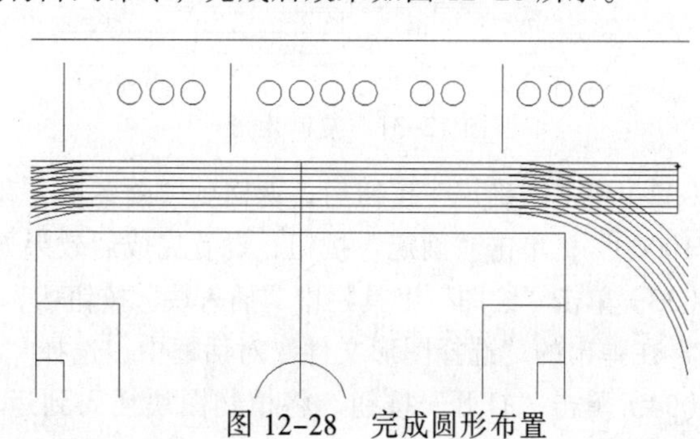

图 12-28　完成圆形布置

（27）通过以上的方法，分别布置运动场周围圆形，在布置中可以利用“阵列”命令、“复制”命令、“删除”命令和“旋转”按钮，完成后效果如图 12-29 所示。

（28）单击“绘图”工具栏中“矩形”按钮，在运动场底部中单击指定起始点，在“命令提示区”中输入“@20900，3000↙”，如图 12-30 所示。

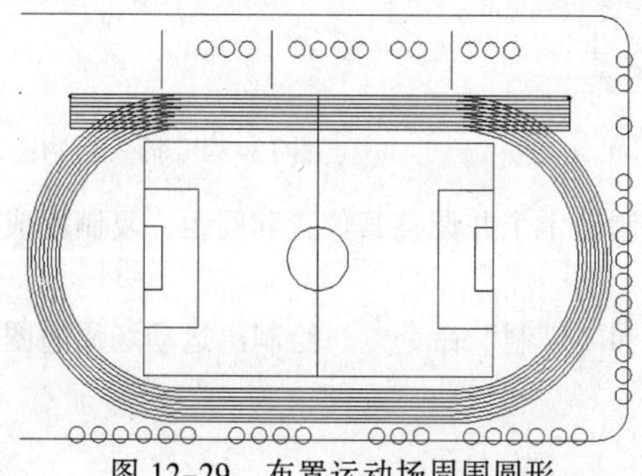

图 12-29　布置运动场周围圆形

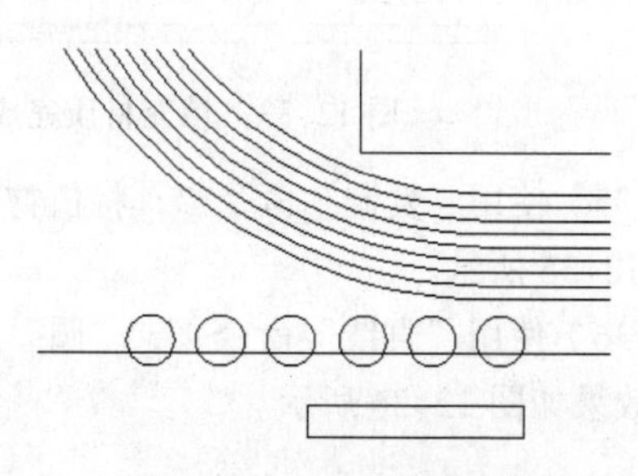

图 12-30　阵列完成后效果

（29）单击“修改”工具栏中“复制”按钮，选择矩形，将其调整到合适的位置并复制 3 个，复制完成后效果如图 12-31 所示。

（30）单击“绘图”工具栏中“图案填充”按钮，在弹出的“图案填充和渐变色”对话框中，单击“添加拾取点”按钮，将十字光标在矩形中单击。

（31）右击返回对话框，在“图案填充和渐变色”对话框中单击“浏览”按钮，在弹出的“填充图案选项板”对话框中，选择“DOTS”图案，如图 12-32 所示。

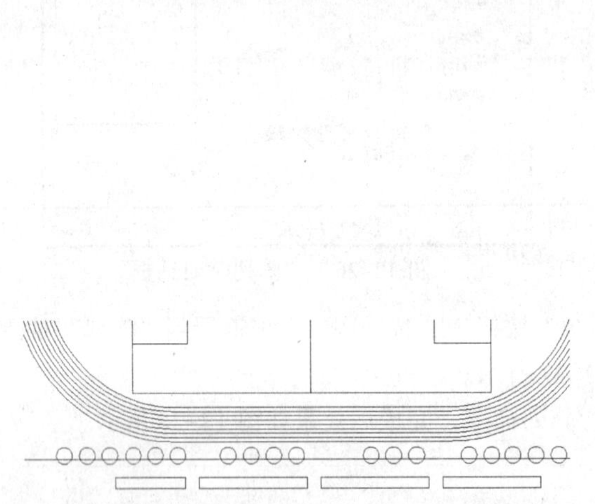

图 12-31　复制矩形

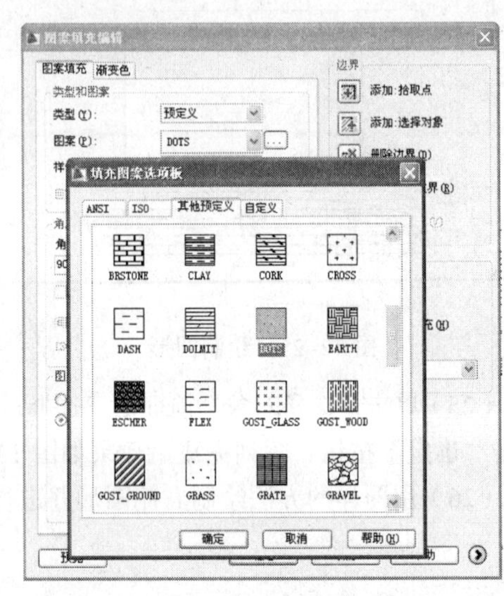

图 12-32　“填充图案选项板”对话框

（32）单击“确定”按钮后，返回到“图案填充和渐变色”对话框，在“比例”文本框中输入“10000”，单击“确定”按钮，设置完成后效果如图 12-33 所示。

（33）单击“绘图”工具栏中“插入块”按钮，在弹出的“插入”对话框中，单击“浏览”按钮，在弹出的“选择图形文件”对话框中，选择“植物.dwg”。

（34）单击“打开”按钮，将植物图块插入到运动场中并调整到合适的位置，如图 12-34 所示。

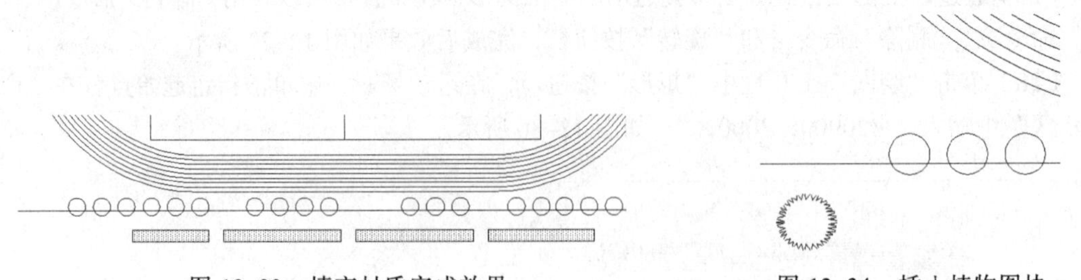

图 12-33　填充材质完成效果　　　　图 12-34　插入植物图块

（35）使用“复制”命令，将植物向右复制若干个并调整其位置和间距，复制完成后效果如图 12-35 所示。

（36）使用“直线”命令、“圆”命令和“复制”命令，绘制出运动场周边图形，完成后效果如图 12-36 所示。

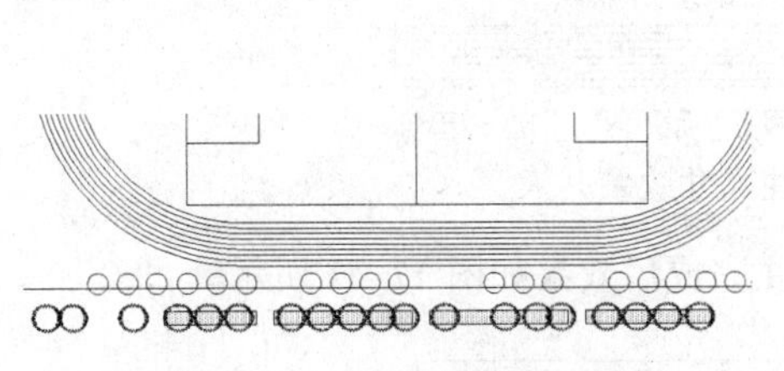

图 12-35　完成植物布置效果

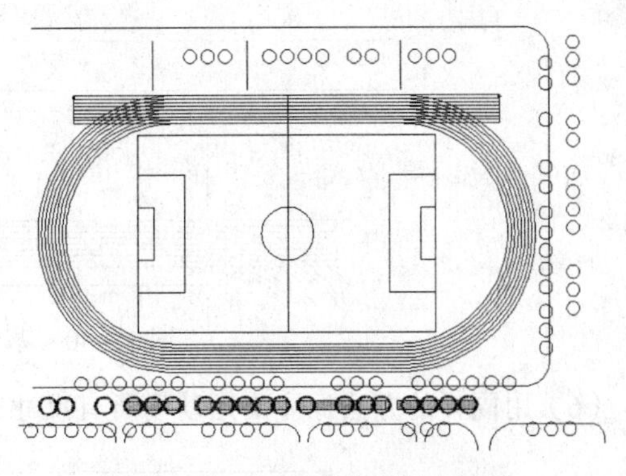

图 12-36　完成运动场周边图形

12.2.4　标注运动场平面图尺寸

（1）单击“图层”工具栏“图层特性管理器”按钮，在“图层特性管理器”对话框中单击“新建”按钮，并将其命名为“标注尺寸”层，其他设置为默认。单击“置为当前”按钮，将该图层设为当前图层，如图 12-37 所示。

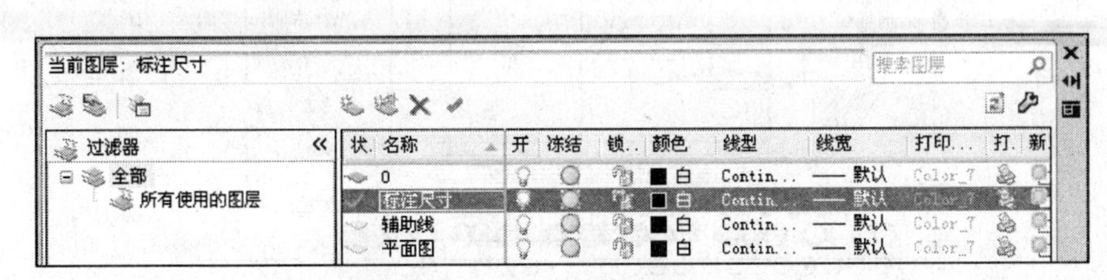

图 12-37　设置“标注尺寸”图层

（2）选择“格式”→“标注样式”命令，在弹出“标注样式管理器”对话框中，设置其各项参数。

（3）选择“标注”→“线性”命令，在绘图区单击指定起始点，标注尺寸，如图 12-38 所示。

（4）选择“标注”→“连续”命令，在绘图区指定第二个尺寸界线的起始点，然后分别标注平面图尺寸，如图 12-39 所示。

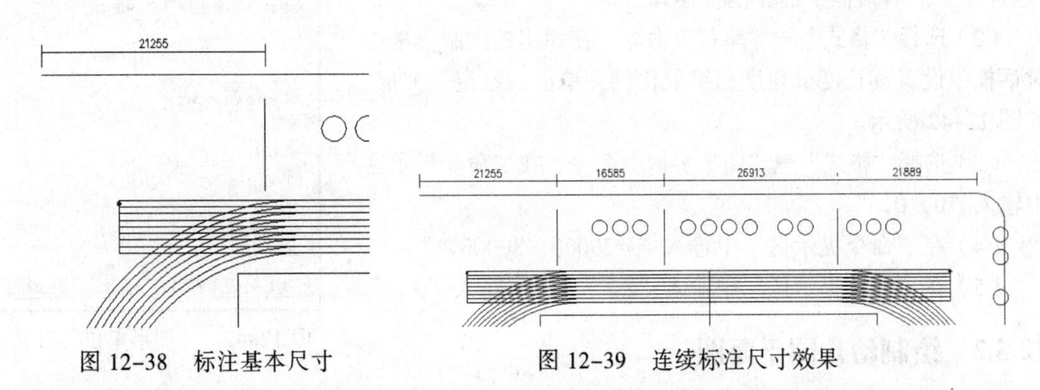

图 12-38　标注基本尺寸　　　　图 12-39　连续标注尺寸效果

（5）选择“标注”→“基线”命令，在绘图区单击指定起始点，标注尺寸，如图 12-40 所示。

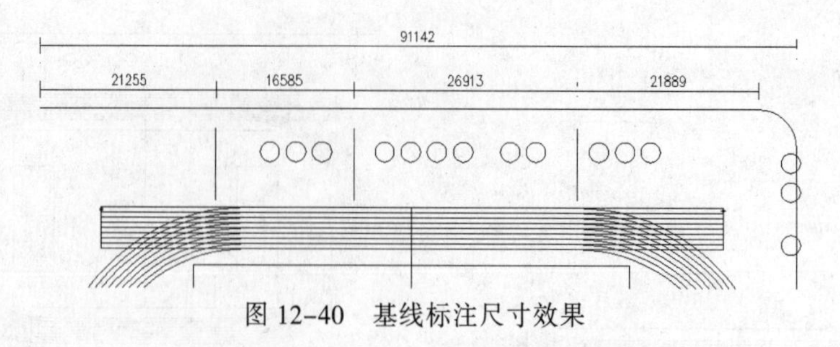

图 12-40　基线标注尺寸效果

（6）用同样的方法标注出运动场所有尺寸，标注完成后效果如图 12-41 所示。

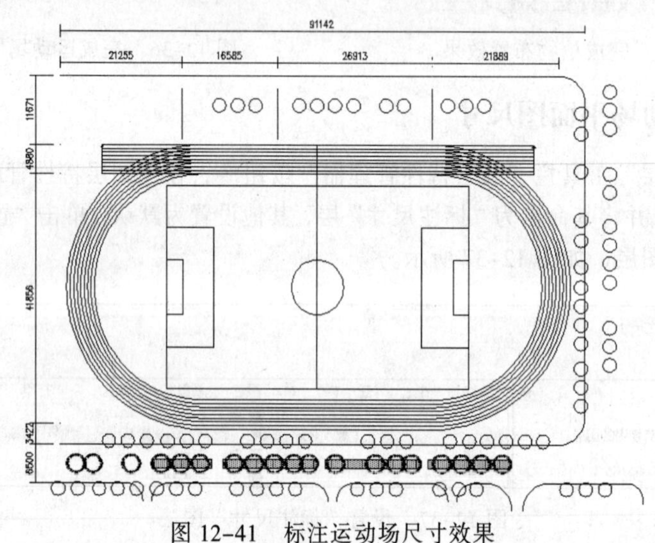

图 12-41　标注运动场尺寸效果

12.3　绘制幼儿园平面图

12.3.1　建立幼儿园平面图区域

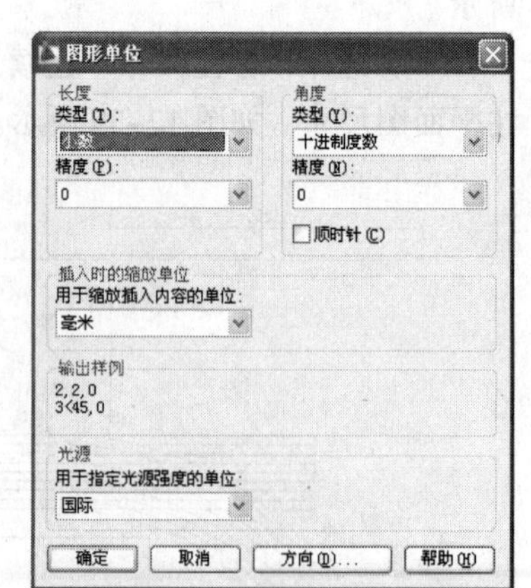

图 12-42　“图形单位”对话框

（1）在快速访问工具栏中单击“新建”按钮，在弹出的“选择样板”对话框中选择模板样式。

（2）选择“格式”→“单位”命令，在弹出的“图形单位”对话框中设置其长度、角度和缩放比例，单击“确定”完成，如图 12-42 所示。

（3）选择“格式”→“图形界限”命令，在“命令提示区”中输入“0，0↙”。

（4）在“命令提示区”中输入“@70000，80000↙”。

（5）在“命令提示区”中输入“Z↙”，再次输入“A↙”。

12.3.2　绘制幼儿园平面图

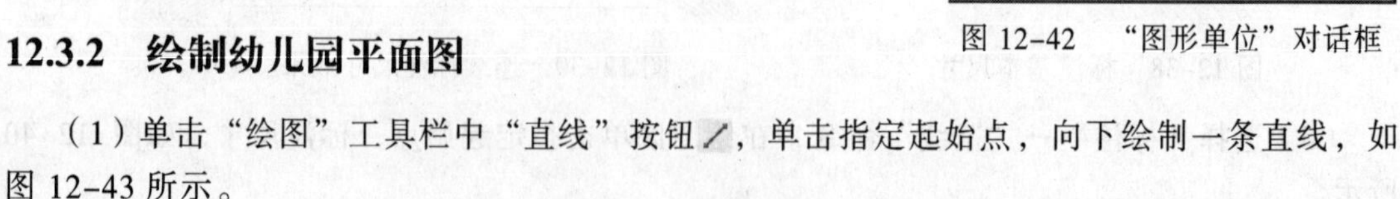

（1）单击“绘图”工具栏中“直线”按钮，单击指定起始点，向下绘制一条直线，如图 12-43 所示。

（2）单击“绘图”工具栏中“圆弧”按钮⌒，在绘图区指定起始点和端点并绘制出圆弧图形，如图 12-44 所示。

（3）单击“绘图”工具栏中“样条曲线”按钮～，在圆弧右侧绘制一条样条曲线，如图 12-45 所示。

图 12-43　绘制直线　　图 12-44　绘制圆弧　　图 12-45　绘制样条曲线

（4）单击“绘图”工具栏中“样条曲线”按钮～，在圆弧底端和直线中间绘制两条样条曲线，作为道路轮廓，如图 12-46 所示。

（5）单击“绘图”工具栏中“直线”按钮／，在两条样条曲线中绘制分隔线，如图 12-47 所示。

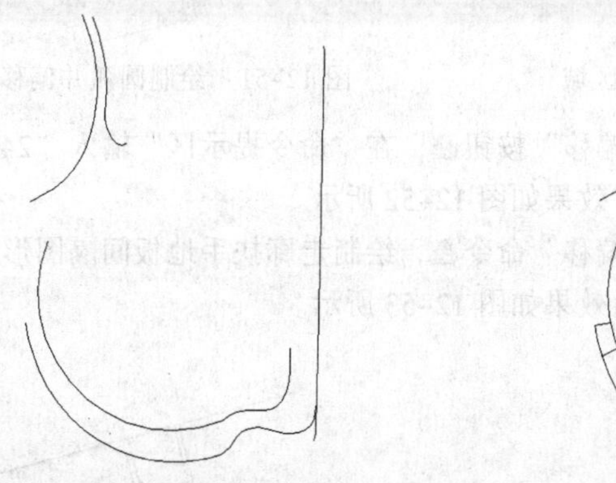

图 12-46　绘制底部曲线　　图 12-47　绘制分隔线

（6）使用“圆弧”命令⌒和“直线”命令／，在道路周围绘制出不同大小的圆弧使其形成树丛效果，如图 12-48 所示。

（7）单击“绘图”工具栏中“修订云线”按钮，在顶部中指定起始点并绘制出草丛区域，如图 12-49 所示。

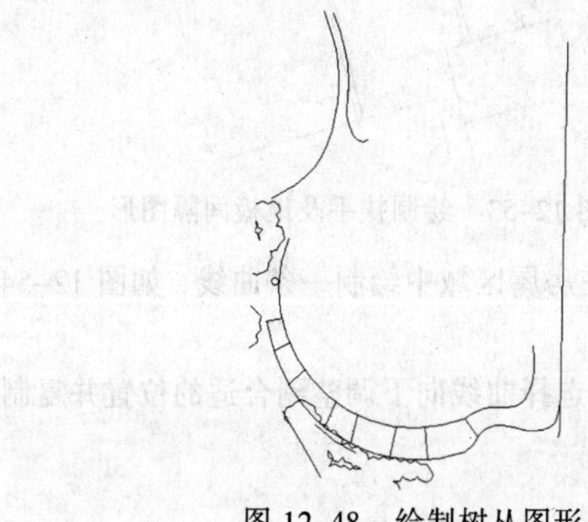

图 12-48　绘制树丛图形

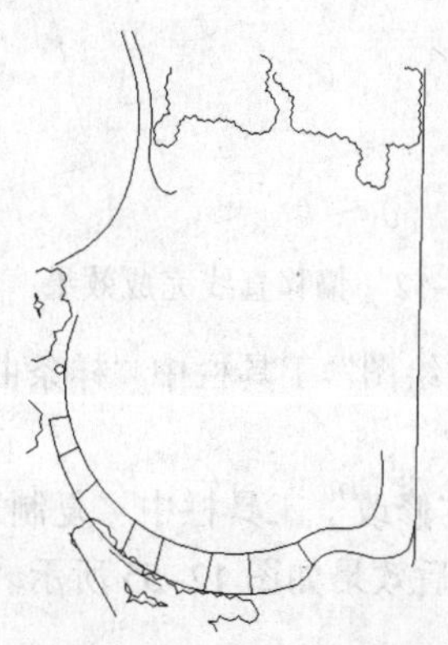

图 12-49　绘制草丛区域

（8）使用“矩形”命令□和“直线”命令╱，在平面图区域中绘制出幼儿园房屋区域范围，如图 12–50 所示。

（9）单击“绘图”工具栏中“圆弧”按钮◜，在楼房区域中绘制圆弧并进行偏移，完成后的阳台图形如图 12–51 所示。

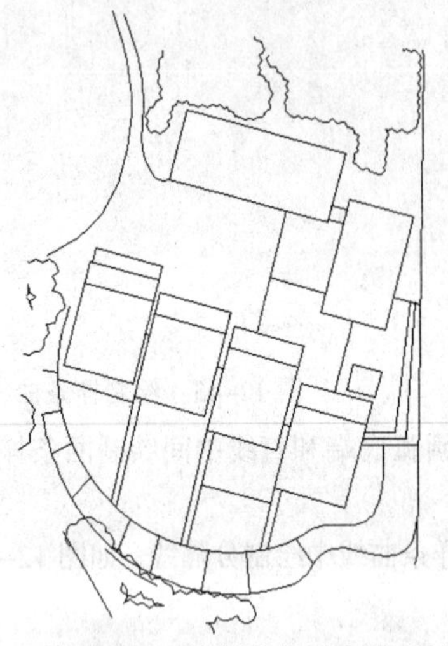

图 12–50　绘制幼儿园房屋区域

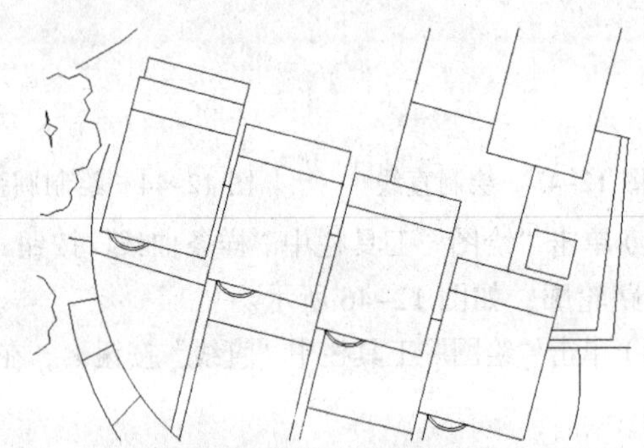

图 12–51　绘制圆弧并偏移

（10）单击“修改”工具栏中“偏移”按钮，在“命令提示区”输入“240↙”，在绘图区选择与房屋连接的直线，单击完成，效果如图 12–52 所示。

（11）使用“直线”命令╱和“偏移”命令，绘制走廊扶手地板间隔图形，然后使用修剪命令将多余的线段进行修剪，完成后效果如图 12–53 所示。

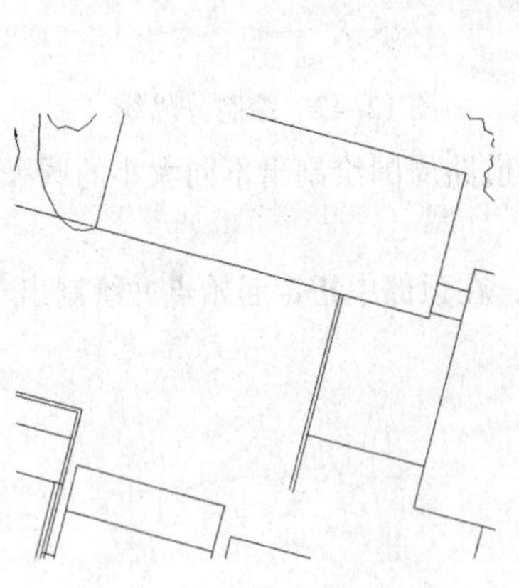

图 12–52　偏移直线完成效果

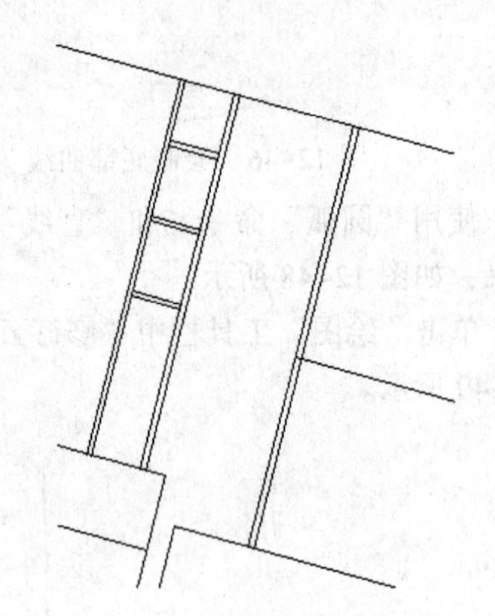

图 12–53　绘制扶手及地板间隔图形

（12）单击“绘图”工具栏中“样条曲线”按钮～，在房屋区域中绘制一条曲线，如图 12–54 所示。

（13）单击“修改”工具栏中“复制对象”按钮，选择曲线向下调整到合适的位置并复制一个，复制完成后效果如图 12–55 所示。

图 12-54 绘制曲线

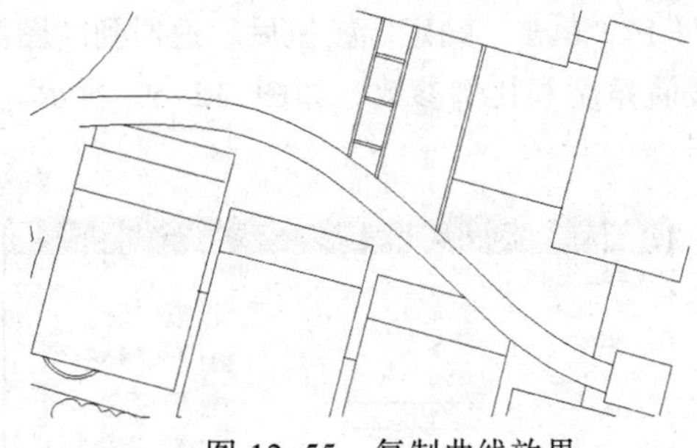

图 12-55 复制曲线效果

（14）单击“修改”工具栏中“偏移”按钮，在“命令提示区”输入“240↙”，分别偏移出上下两端的宽度，完成小桥扶手图形，如图 12-56 所示。

（15）使用“直线”命令和“偏移”命令，绘制地板间隔图形，完成后效果如图 12-57 所示。

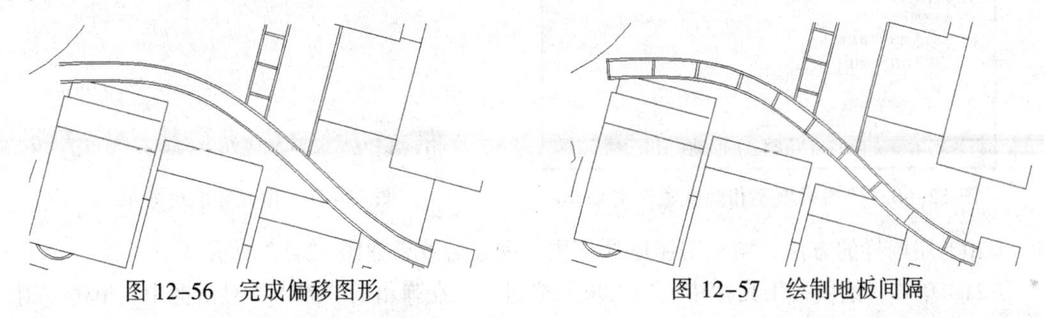

图 12-56 完成偏移图形　　图 12-57 绘制地板间隔

（16）单击“绘图”工具栏中“样条曲线”命令～，在幼儿园区域中绘制出树丛图形，如图 12-58 所示。

（17）单击“绘图”工具栏中“图案填充”按钮，在弹出的“图案填充编辑”对话框中，单击“添加拾取点”按钮，将十字光标在房屋中单击。

（18）右击返回对话框，在“图案填充编辑”对话框中单击“样例”按钮，在弹出的“填充图案选项板”对话框中，选择“ANSI31”图案，如图 12-59 所示。

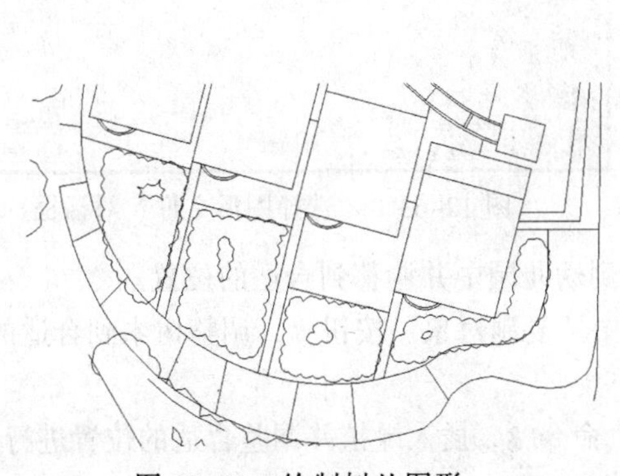

图 12-58 绘制树丛图形

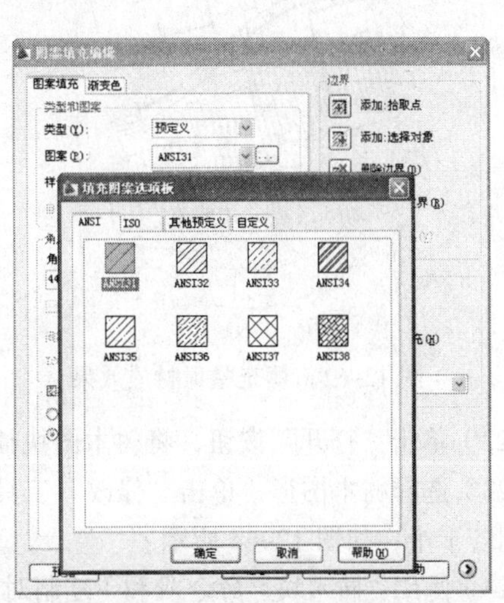

图 12-59 “填充图案选项板”对话框

（19）单击“确定”按钮后，返回到“图案填充编辑”对话框，在“角度和比例”选项区域中设置角度和比例参数，如图 12-60 所示。单击“确定”按钮，设置完成后效果如图 12-61 所示。

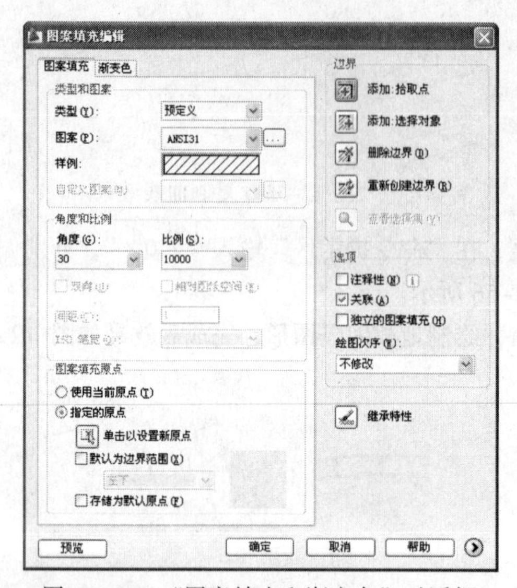

图 12-60　“图案填充和渐变色”对话框

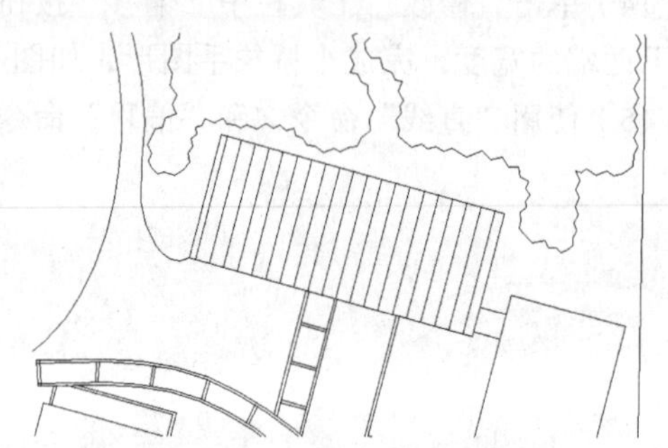

图 12-61　填充完成后效果

（20）用同样的方法，填充房屋屋顶材质，完成后效果如图 12-62 所示。

（21）单击“绘图”工具栏中“插入块”按钮，在弹出的“插入”对话框中，单击“浏览”按钮，在弹出的“选择图形文件”对话框中，选择“树木.dwg”，如图 12-63 所示。

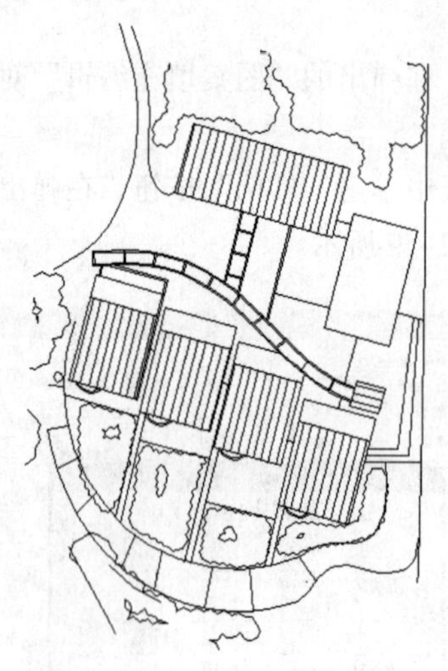

图 12-62　填充屋顶材质效果

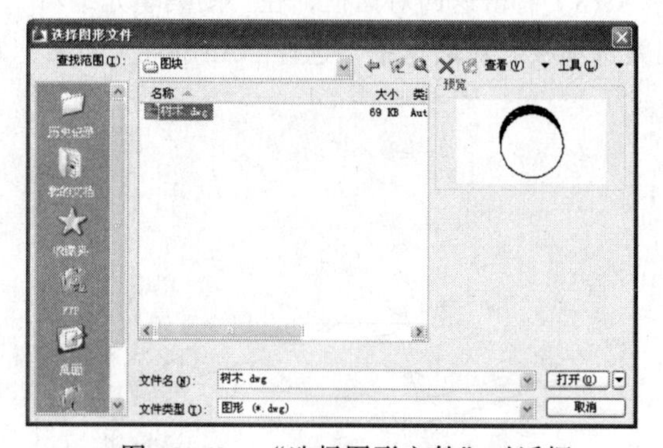

图 12-63　“选择图形文件”对话框

（22）单击“打开”按钮，将树木图块插入到幼儿园中并调整到合适的位置。

（23）选择树木图形，单击“修改”工具栏中“复制对象”按钮，调整树木到合适的位置并复制若干个，如图 12-64 所示。

（24）使用“插入块”命令和“复制对象”命令，插入绿植并调整合适的位置进行复制，完成后绿植布置后效果如图 12-65 所示。

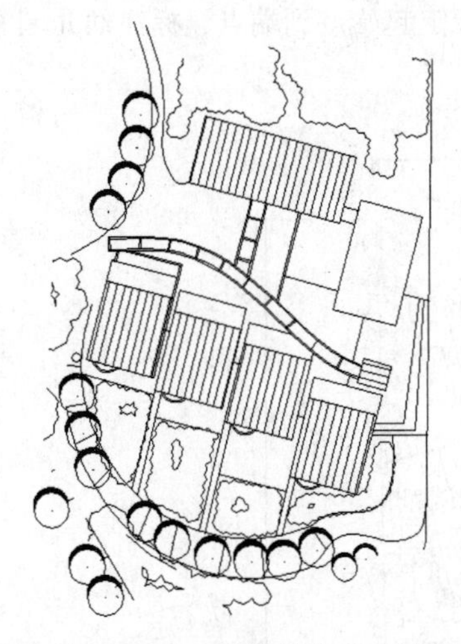

图 12-64　完成树木布置效果

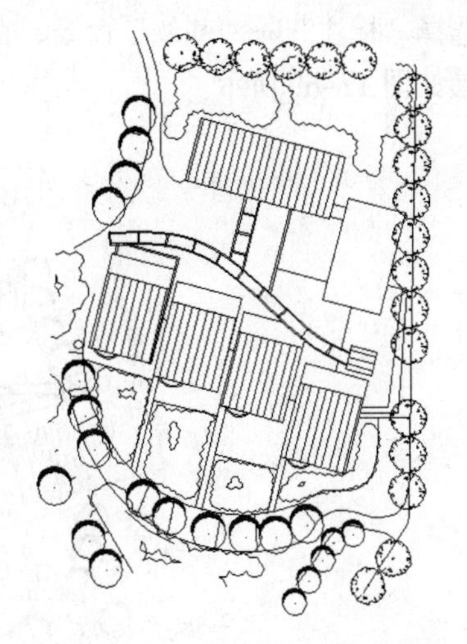

图 12-65　完成绿植布置效果

12.3.3　标注幼儿园平面图尺寸

（1）单击“图层”工具栏“图层特性管理器”按钮，在“图层特性管理器”对话框中单击“新建”按钮，并将其命名为“标注尺寸”层，其他设置为默认。单击“置为当前”按钮，将该图层设为当前图层，如图 12-66 所示。

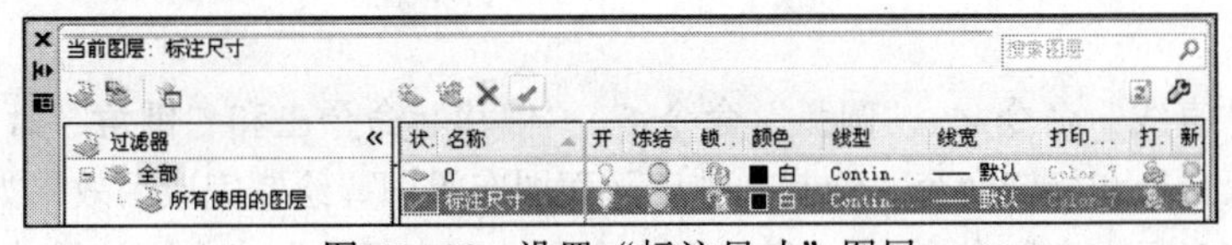

图 12-66　设置“标注尺寸”图层

（2）选择“格式”→“标注样式”命令，在弹出“标注样式管理器”对话框中，设置其各项参数。

（3）单击“标注”工具栏“对齐标注”按钮，右击并选择要标注的对象，移至适当位置后单击完成尺寸标注，如图 12-67 所示。

（4）使用对齐标注命令，标注幼儿园倾斜角度的尺寸，如图 12-68 所示。

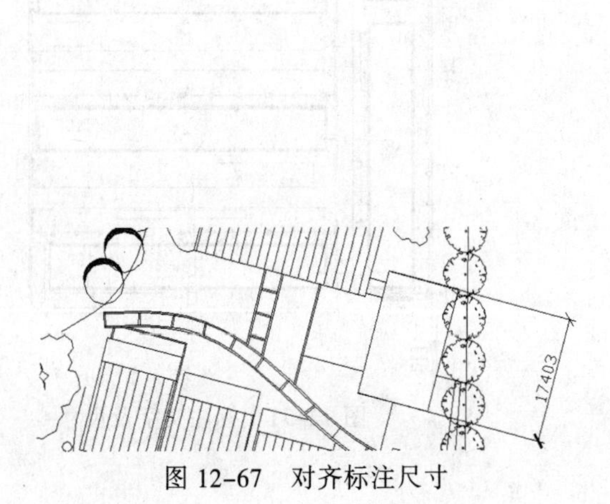

图 12-67　对齐标注尺寸

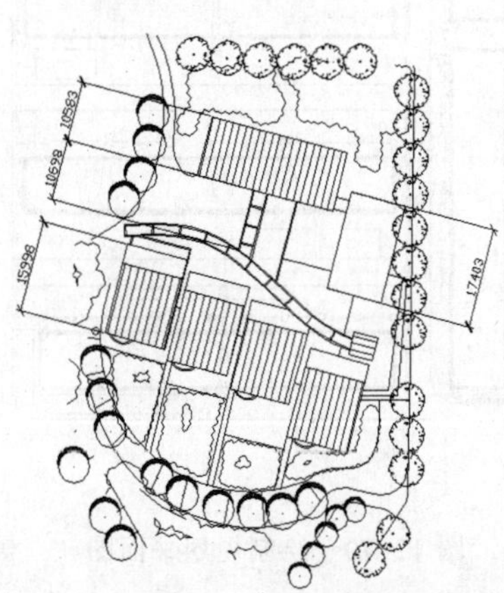

图 12-68　标注倾斜角度尺寸

（5）选择“标注”→“基线”命令，在绘图区指定起始点到端点，标注幼儿园平面图尺寸，完成后效果如图 12-69 所示。

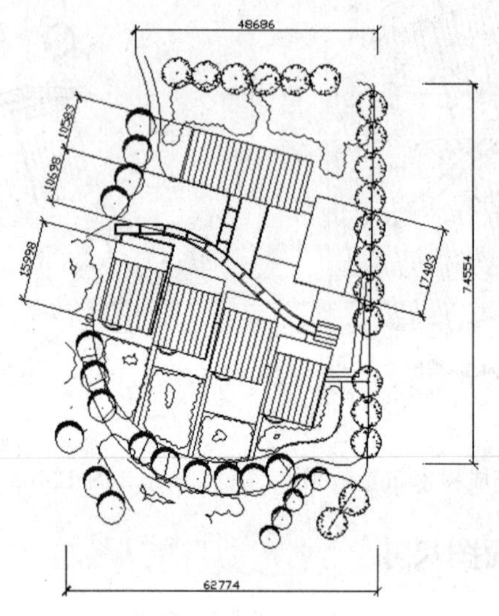

图 12-69　标注尺寸完成效果

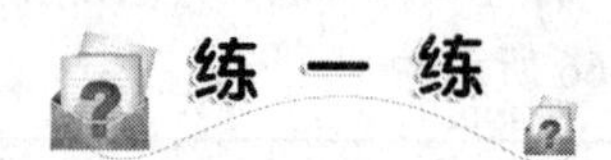

练 一 练

（1）使用“直线”命令、“圆弧”命令、“偏移”命令和“倒角”命令，同时配合复制命令、插入命令和旋转命令，绘制咖啡店平面图布置图，绘制完成后效果如图 12-70 所示。

（2）使用“多行文字”命令 A、“基线”命令和“对齐标注”命令标注尺寸及文字，完成后效果如图 12-71 所示。

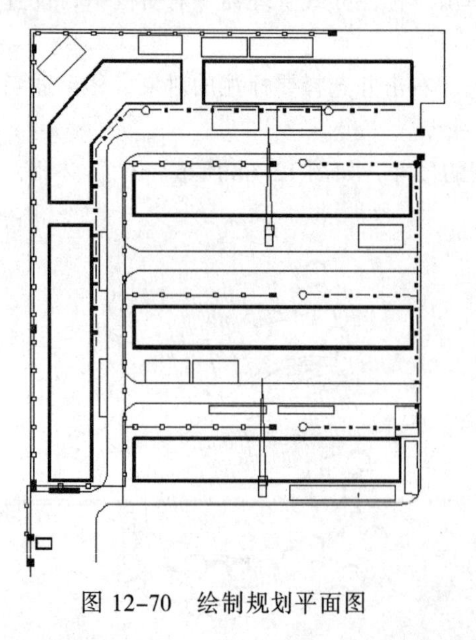

图 12-70　绘制规划平面图

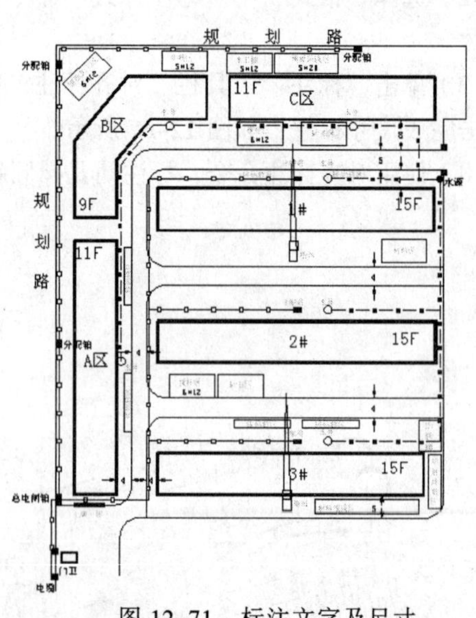

图 12-71　标注文字及尺寸

参 考 文 献

[1] 高文胜. 三维图形设计制作[M]. 北京：清华大学出版社，2008.
[2] 高文胜. 室内设计技术三合一实训教程[M]. 北京：中国铁道出版社，2007.
[3] 孙家广. 计算机辅助设计技术基础[M]. 北京：清华大学出版社，2000.
[4] 刘俊英，梁丰，殷小清，等. AutoCAD 机械设计基础与实例教程[M]. 北京：清华大学出版社，2009.

Learn
more
about it!
笔记栏